辽宁铁岭莲花湖湿地
野生维管束植物图谱

尚佰晓　主编

中国林业出版社

图书在版编目（CIP）数据

辽宁铁岭莲花湖湿地野生维管束植物图谱 / 尚佰晓 主编. — 北京：中国林业出版社, 2015.3

ISBN 978-7-5038-7921-0

Ⅰ.①辽… Ⅱ.①尚… Ⅲ.①水生维管束植物—铁岭市—图谱 Ⅳ.①Q948.8-64

中国版本图书馆CIP数据核字(2015)第058744号

中国林业出版社·生态保护出版中心

责任编辑　刘家玲

出版发行	中国林业出版社
	（北京市西城区德内大街刘海胡同7号　100009）
电　话	(010) 83143519
制　版	北京美光设计制版有限公司
印　刷	北京卡乐富印刷有限公司
版　次	2015年3月第1版
印　次	2015年3月第1次
开　本	787mm×1092mm　1 / 20
印　张	29
字　数	800千字
定　价	280.00元

■ 编委会

主　编　尚佰晓

副主编　李铁庆　王　莉

编　者　尚佰晓　李铁庆　王　莉　刘　冰　杨　晶
　　　　张峰龙　吕兴娜　张　爽　左　力　王　珂
　　　　李敬峰　孙光宇　胡亚明　张　姝　王大勇
　　　　王　浩　王厚鑫　李　多　杨雪霏　王绍军
　　　　辛　鑫　姜　威　程嘉海　李亚焕　王　爽
　　　　张贤光　任文雅

审　校　张淑梅

摄　影　尚佰晓

　　湿地植物是湿地生态系统的生产者，也是湿地生物多样性的主要贡献者。湿地植物是人类重要的天然产品源，可为人类提供木材、水果、蔬菜、药材和其他植物产品；另外，湿地植物不仅具有调节洪水和控制洪水的能力，还能对湿地水体起到净化作用，同时湿地植物种类繁多，形态各异，具有极强的观赏性，为湿地形成旅游资源起到重要作用。

　　铁岭莲花湖湿地位于辽河与其支流柴河、凡河之间的洪泛平原区，是以人工库塘、稻田、河流及浅水型小型湖泊群为主的复合湿地，具有辽河中上游湿地的一般特征，除上游人工湿地的生态用水由铁岭污水处理厂处理后的部分生活污水补给外，湿地生态用水主要由凡河补给。莲花湖湿地总面积约2440公顷，其中核心区约700公顷，缓冲区及实验区约1740公顷。从2008年起，铁岭市政府开始对莲花湖湿地进行扩建及恢复，湿地植被及水质逐年好转，生物多样性得以恢复，2009年铁岭莲花湖湿地被住房和城乡建设部批准为国家城市湿地公园，成为我国第六个、中国北方第一个国家城市湿地公园。

　　莲花湖湿地是辽河中上游流域生物多样性保存相对较好的湿地，动植物资源相对丰富。随着铁岭莲花湖国家城市湿地公园的建设和恢复，每年吸引大量游客前来参观，湿地内的各种资源尤其是植物和鸟类资源备受人们的关注。

　　2011年环境保护部就生物多样性保护示范区、恢复示范区和减贫示范区三种类型开展试点建设，通过申报，环境保护部批准"铁岭莲花湖湿地生物多样性恢复示范项目"（2011～2014年）作为首批生物多样性恢复示范区的试点项目，铁岭市环境保护科学研究院为该项目的承担单位。在开展铁岭莲花湖湿地生物多样性恢复的工作中，我们采集了大量的植物标本，积累了比较完整的资料，为莲花湖湿地植物图谱的编写奠定了坚实的基础。

本书共记载莲花湖湿地水生植物、湿生植物、中生植物及旱生植物81科、269属、405种、24变种、5变型。这些植物绝大部分为湿地内野生维管束植物，个别植物为湿地引入栽培种，且已经处于野生或半野生状态。每种植物配有中文名、学名、别名、科属、生境及分布、用途等信息，并配有1100余幅彩色照片，为铁岭市湿地植物资源的研究、开发和利用提供参考，同时为辽河流域的湿地植物研究及广大相关科技人员和植物爱好者野外识别植物提供参考。

本书中科的排列次序，蕨类植物依据秦仁昌系统（1978年），被子植物依据恩格勒系统（1964年），植物种按照拉丁名字母的顺序排列。本书中植物的中文名及学名主要依据《中国植物志》标出。书中绝大多数照片均为作者本人在莲花湖湿地拍摄，个别植物照片由大连自然博物馆张淑梅研究员及凌源市林业局白瑞兴老师提供。

本书在出版过程中得到大连自然博物馆张淑梅研究员的审核和指导，在野外调查及标本采集的工作中得到了铁岭市环境保护局各级领导的大力支持，在此一并表示衷心的感谢。

由于编著者水平有限，植物标本的鉴定可能存在错误，书中难免出现遗漏，恳请读者批评指正。

编者
2014年12月18日

蕨 类 植 物
PTERIDOPHYTA

001 | 问荆

Equisetum arvense L.
木贼科 Equisetaceae
木贼属 *Equisetum*

别名 马草、笔头草、接骨草

形态特征 多年生草本,高 5～35 厘米。根茎黑棕色。枝二型;能育枝春季先萌发,黄棕色;鞘筒及鞘齿栗棕色,孢子散后能育枝枯萎;不育枝后萌发,绿色,轮生分枝多。鞘筒狭长,绿色,鞘齿中间黑棕色,边缘膜质。孢子囊穗圆柱形,长 1.8～4.0 厘米,成熟时柄伸长。

分布与生境 分布于我国东北、华北地区,俄罗斯远东地区、朝鲜、日本也有分布。生于山地林缘、草坡、疏林下或采伐迹地上。

用途 问荆植株整齐美观,可在园林水景的岸边湿地成片种植。全草入药,有清热凉血、利尿的功能,主治吐血、便血、倒经、咳嗽气喘、淋病等。

孢子囊穗

植株

植株

植株

孢子囊群

002 | 蕨

Pteridium aquilinum (L.) Kuhn var. *latiusculum* (Desv.) Underw. ex Heller
蕨科 Pteridiaceae
蕨属 *Pteridium*

别名 如意菜、狼萁、蕨菜

形态特征 多年生草本，高可达 1 米以上。根状茎横走，幼时被棕褐色绒毛。叶近革质，叶柄黄褐色，基部有锈黄色短毛；叶片阔三角形或长圆三角形，长 30～60 厘米，宽 20～45 厘米，三回羽状；终裂片互生，全缘或下部有 1～3 对浅裂或呈波状圆齿。孢子囊群线形沿叶缘着生，连续或间断，囊群盖二层，内盖近纸质；孢子四面体形，具 3 裂缝，外壁具细微突起。

分布与生境 广布于全国各省、自治区、直辖市（以下简称省区），为世界广布种。生于向阳山坡、林缘或林间空地。

用途 根状茎提取的淀粉称蕨粉，供食用，根状茎的纤维可制绳缆，能耐水湿，嫩叶可食，称蕨菜，是美味山野菜；全株均入药，有清热解毒、消肿、安神的功效，主治疮疖、感冒、痢疾、黄疸、高血压。

幼株
叶

003 | 东北蹄盖蕨

Athyrium brevifrons Nakai ex Kitag.
蹄盖蕨科 Athyriaceae
蹄盖蕨属 *Athyrium*

别名 短叶蹄盖蕨、猴腿蹄盖蕨

形态特征 多年生草本，高 30～100 厘米。叶簇生。能育叶叶柄黑褐色，向上禾秆色或带淡紫红色；叶片卵形至卵状披针形，二回羽状。叶脉上面不显，下面可见，在裂片上为羽状。叶轴和羽轴下面疏被浅褐色、卷缩的棘头状短腺毛。孢子囊群长圆形、弯钩形或马蹄形，生于基部上侧小脉，每裂片1枚，在基部较大裂片上往往有2～3对；囊群盖浅褐色，膜质，边缘啮蚀状。

分布与生境 分布于我国东北、华北各省区，朝鲜和日本也有分布。生于阔叶混交林下或阔叶林下。

用途 幼叶做野菜食用。根状茎入药，有清热解毒、杀虫止痒的功能，主治外感风热、发热、恶风、咽痛、口干、皮疹、虫积腹痛。

植株

孢子囊群

幼株

植株

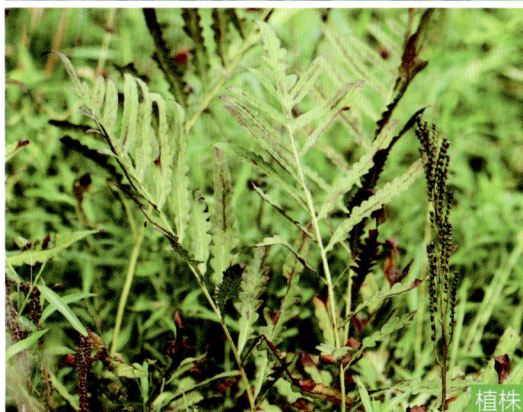
植株

004 球子蕨

Onoclea sensibilis L.
球子蕨科 Onocleaceae
球子蕨属 *Onoclea*

别名 间断球子蕨

形态特征 多年生草本，高 40～70 厘米。根状茎黑褐色，疏被棕褐色鳞片。叶疏生，二型；不育叶叶柄基部棕褐色，向上深禾秆色，疏被棕色鳞片，叶片先端羽状半裂，向下为一回羽状；能育叶低于不育叶，叶片狭缩，二回羽状，羽片狭线形，与叶轴成锐角而极斜向上，小羽片紧缩成小球形，包被孢子囊群，排列于羽轴两侧，孢子囊群圆形，着生于由小脉先端形成的囊托上，囊群盖膜质，紧包着孢子囊群。

分布与生境 分布于我国东北、华北及西北地区，俄罗斯、朝鲜、日本及北美洲国家也有分布。

用途 可用作园林观赏植物，栽植比较容易。根状茎入药，有清热解毒、祛风、止血的功能，主治风湿骨痛、创伤出血、崩漏、肿痛。

孢子囊群

植株

005 | 槐叶苹

Salvinia natans (L.) All.
槐叶苹科 Salviniaceae
槐叶苹属 *Salvinia*

别名 蜈蚣漂、大浮苹、蜈蚣苹

形态特征 小型漂浮植物。茎细长而横走，被褐色节状毛。三叶轮生，上面二叶漂浮水面，形如槐叶，长圆形或椭圆形，长 0.8～1.4 厘米，宽 5～8 毫米，全缘，近无柄；叶草质，上面深绿色，下面密被棕色茸毛。下面一叶悬垂水中，细裂成线状，被细毛，形如须根，起着根的作用。孢子果 4～8 个簇生于沉水叶的基部，小孢子果表面淡黄色，大孢子果表面淡棕色。

分布与生境 广布于全国各省区，日本、越南、印度及欧洲、北美洲各国也有分布。生于水田、沟塘和河湖池沼中。

用途 全草入药，煎服治疗虚劳发热、湿疹，外敷治疗疮肿毒、瘀血肿痛和烧烫伤。

植株

植株

006 | 满江红

Azolla imbricata (Roxb.) Nakai
满江红科 Azollaceae
满江红属 *Azolla*

植株

别名 红苹、紫藻、红浮萍

形态特征 小型漂浮植物。根状茎横走，羽状分枝，向水下生出须根，主茎不明显。植物体呈卵形或三角状。叶小如芝麻，互生，无柄，覆瓦状排列成两行，叶片深裂为背裂片和腹裂片两部分，背裂片长圆形或卵形，肉质，绿色，在秋后常变为紫红色，上表面密被乳状瘤突，下表面中部略凹陷，基部肥厚形成共生腔；腹裂片贝壳状，无色透明，多少饰有淡紫红色，斜沉水中。孢子果双生于分枝处。

分布与生境 分布于我国东北及长江以南各省区，朝鲜、日本也有分布。生于水田或池塘中。

用途 满江红因与蓝藻共生，是水稻的优良绿肥，也可作牲畜和家禽饲料。全草入药，有解表透疹、祛风利湿的功能，主治麻疹不透、风湿性关节痛、荨麻疹、皮肤瘙痒、水肿、小便不利等。

植株

裸 子 植 物
GYMNOSPERMAE

007 | 红皮云杉

Picea koraiensis Nakai
松科 Pinaceae
云杉属 *Picea*

树皮

别名 红皮臭、高丽云杉、针松

形态特征 乔木，高达 30 米以上，树冠尖塔形。树皮灰褐色或淡红褐色，成不规则薄条片脱落，裂缝常为红褐色。一年生枝黄色、淡黄褐色或淡红褐色。冬芽圆锥形，淡褐黄色或淡红褐色，上部芽鳞稍反曲。叶四棱状条形，长 1.0～2.2 厘米，宽约 1.5 毫米，横切面四棱形，四面有气孔线。球果卵状圆柱形或长卵状圆柱形，成熟前绿色，熟时绿黄褐色至褐色。种子灰黑褐色，种翅淡褐色。花期 5～6 月，球果 9～10 月成熟。

分布与生境 分布于我国东北地区的黑龙江、吉林、辽宁等省，朝鲜及俄罗斯也有分布。本种较耐荫、耐寒，适应性较强，喜生于山的中下部与谷地。

用途 木材可供建筑、枕木、坑木、电柱、家具、木纤维工业原料、细木加工等用材。树干可割取树脂；树皮及球果的种鳞均含鞣质，可提栲胶，可作东北地区的造林及庭园树种。

球果

枝叶

008 | 油松

Pinus tabulaeformis Carr.
松科 Pinaceae
松属 *Pinus*

枝叶

别名 短叶松、短叶马尾松、东北黑松

形态特征 乔木，高达 30 米，老树树冠平顶。树皮灰褐色或褐灰色，裂成不规则鳞状块片，裂缝及上部树皮红褐色。小枝较粗，褐黄色，幼时微被白粉。冬芽矩圆形，芽鳞红褐色，边缘有丝状缺裂。针叶 2 针一束；叶鞘初呈淡褐色，后呈淡黑褐色。雄球花圆柱形，在新枝下部聚生成穗状。球果卵形或圆卵形，长 4～9 厘米，向下弯垂，成熟前绿色，熟时淡黄色或淡褐黄色，宿存。种子卵圆形或长卵圆形，淡褐色有斑纹。花期 4～5 月，球果第二年 10 月成熟。

分布与生境 分布于我国东北、华北、西北及西南地区。本种为喜光、深根性树种，喜干冷气候，在土层深厚、排水良好的酸性、中性或钙质黄土上均能生长良好。

用途 木材可供建筑、电杆、矿柱、造船、器具、家具及木纤维、工业等用材。树干可割取树脂，提取松节油；树皮可提取栲胶。松节、针叶、花粉、松香、松球均供药用。

树皮

球果

11

被子植物
ANGIOSPERMAE

009 | 小叶杨

Populus simonii Carr.
杨柳科 Salicaceae
杨属 *Populus*

植株

别名 南京白杨、河南杨、明杨

形态特征 落叶乔木，高达 20 米，胸径 50 厘米以上，树冠近圆形。树皮幼时灰绿色，老时暗灰色，沟裂。幼树小枝及萌枝有明显棱脊，常为红褐色，后变黄褐色。芽细长，褐色，有黏质。叶菱状卵形、菱状椭圆形或菱状倒卵形，长 3～12厘米，宽 2～8 厘米，中部以上较宽，先端突急尖或渐尖，基部楔形、宽楔形或窄圆形，边缘有细锯齿；叶柄圆筒形，长 0.5～4 厘米。雄花序长 2～7 厘米；雌花序长 2.5～6 厘米。果序长达 15 厘米；蒴果小，2～3 瓣裂，无毛。花期 3～5月，果期 4～6 月。

分布与生境 我国除华东、华南地区外，各省区广为栽培。俄罗斯、朝鲜也有栽培。

用途 木材轻软细致，供民用建筑、家具、火柴杆、造纸等用。为防风固沙、护堤固土、绿化观赏的树种，也是东北和西北防护林和用材林主要树种之一。叶及花入药，叶主治咳嗽痰喘，花主治肠炎。

植株

树皮

枝叶

010 | 细枝柳

Salix gracilior (Siuz.) Nakai
杨柳科 Salicaceae
柳属 *Salix*

别名 蒙古柳

形态特征 灌木或小乔木。小枝纤细，淡黄色或淡绿色，无毛。叶线形或线状披针形，长 3～6 厘米，宽 3～4 毫米，先端渐尖，边缘有腺齿，上面绿色，下面较淡；托叶线形或披针形，常早落。花序与叶近同时开放，细圆柱形；果序较粗或很密，基部具数个全缘小叶；雄花序长 2～3.5 厘米，雄蕊合生；子房密被绒毛。蒴果有绒毛。花期 5 月，果期 5～6 月。

分布与生境 产于我国东北及内蒙古东部等地，俄罗斯、蒙古也有分布。生于河边、沟渠边、沙区低湿地。

用途 作为防风固沙及护堤岸树种，枝条可供编织。

枝叶　果序

011 | 筐柳

Salix linearistipularis (Franch.) Hao
杨柳科 Salicaceae
柳属 *Salix*

别名 蒙古柳

形态特征 灌木或小乔木，高达 8 米。树皮黄灰色至暗灰色。小枝细长。芽卵圆形，淡褐色或黄褐色。叶披针形或线状披针形，长 8～15 厘米，宽 5～10 毫米，两端渐狭，幼叶有绒毛，上面绿色，下面苍白色，边缘有腺锯齿，外卷；托叶线形或线状披针形，边缘有腺齿。花先于叶开放或与叶近同时开放；雄花序长圆柱形，长约 3～3.5 厘米；雌花序长圆柱形，长 3.5～4 厘米；子房卵状圆锥形，有短柔毛，柱头 2 裂。花期 5 月上旬，果期 5 月中旬至下旬。

分布与生境 分布于我国东北、华北及西北等地。生于平原低湿地，河、湖岸边等，常见栽培。

用途 筐柳的枝条细柔，是很好的编织材料。适应性强，不择土壤，也可选作固沙和护堤固岸树种。

枝叶

植株

012 | 旱柳

Salix matsudana Koidz.
杨柳科 Salicaceae
柳属 *Salix*

别名 柳、柳树

形态特征 乔木，高达18米，树冠广圆形。树皮带绿色，老时呈暗灰黑色，纵裂。小枝直立或斜展，浅褐黄色或带绿色，后变褐色。芽微有短柔毛。叶披针形，长5～10厘米，宽1～1.5厘米，上面绿色，下面苍白色或带白色，有细腺锯齿缘，幼叶有丝状柔毛。花序与叶同时开放；雄花序圆柱形，长1.5～2.5厘米，雄蕊2；雌花序较雄花序短，有3～5小叶，轴有长毛。花期4月，果期4～5月。

分布与生境 分布于我国东北、华北、西北、华中各省区，为平原地区习见树种，朝鲜、日本、俄罗斯也有栽植。

用途 木材白色，质轻软，可供建筑、制器具、造纸、人造棉、火药等用；细枝可编筐。为早春蜜源树种，又为固沙保土、四旁绿化树种。叶为冬季羊饲料。根、须根、皮、种子、枝、叶均入药，有清热除湿、消肿止痛的功能，主治急性膀胱炎、小便不利、关节炎、黄水疮、疮毒、牙痛。

植株

果序

树皮

013 | 杞柳

Salix integra Thunb.
杨柳科 Salicaceae
柳属 *Salix*

别名 白杞柳

形态特征 灌木，高 1～3 米。树皮灰绿色。小枝淡黄色或淡红色，有光泽。芽卵形，尖，黄褐色，无毛。叶近对生或对生，萌枝叶有时 3 叶轮生，椭圆状长圆形，长 2～5 厘米，宽 1～2 厘米，先端短渐尖，全缘或上部有尖齿，幼叶呈红褐色，老叶上面暗绿色，下面苍白色，中脉褐色，两面无毛。花先叶开放，基部有 3～4 小叶；雄蕊 2，花丝合生，无毛；雌花序长 1～2 厘米，子房有柔毛，近无柄。花期 5 月，果期 6 月。

分布与生境 分布于我国东北的东部及南部，俄罗斯、朝鲜、日本也有分布。多生于沿河两岸、湿草地或丘陵及山麓地带。

用途 常用于护岸林、水土保持林树种，枝条可供编织。

雄花序

植株

雌花序

雄花序

雄花序

014 | 大黄柳

Salix raddeana Laksch.
杨柳科 Salicaceae
柳属 *Salix*

别名 黄花柳、红心柳

形态特征 灌木或乔木，高达 5 米。枝暗红色或红褐色，幼枝具灰色长柔毛，后脱落。芽大，急尖，暗褐色，通常被毛。叶革质，倒卵状圆形或卵形，长 3.5 ～ 10 厘米，宽 3 ～ 6 厘米，上面有明显的皱纹，下面具灰色绒毛，全缘或有不整齐的齿牙；叶柄长 1 ～ 1.5 厘米，有密毛。花先于叶开放；雄花序多椭圆形，长约 2.5 厘米，轴有柔毛；雌花序长 2 ～ 2.5 厘米，随着雌花受粉后迅速增粗增长。花期 4 月，果期 5 月。

分布与生境 分布于我国东北南部，大、小兴安岭，长白山区，俄罗斯、朝鲜也有分布。生于山坡、林缘，零星分布于低山丘陵地带的阔叶杂木林中或沿河及灌木丛中。

用途 木材的边材带白色，心材带红色，可用于建筑、制器具等多种用途。

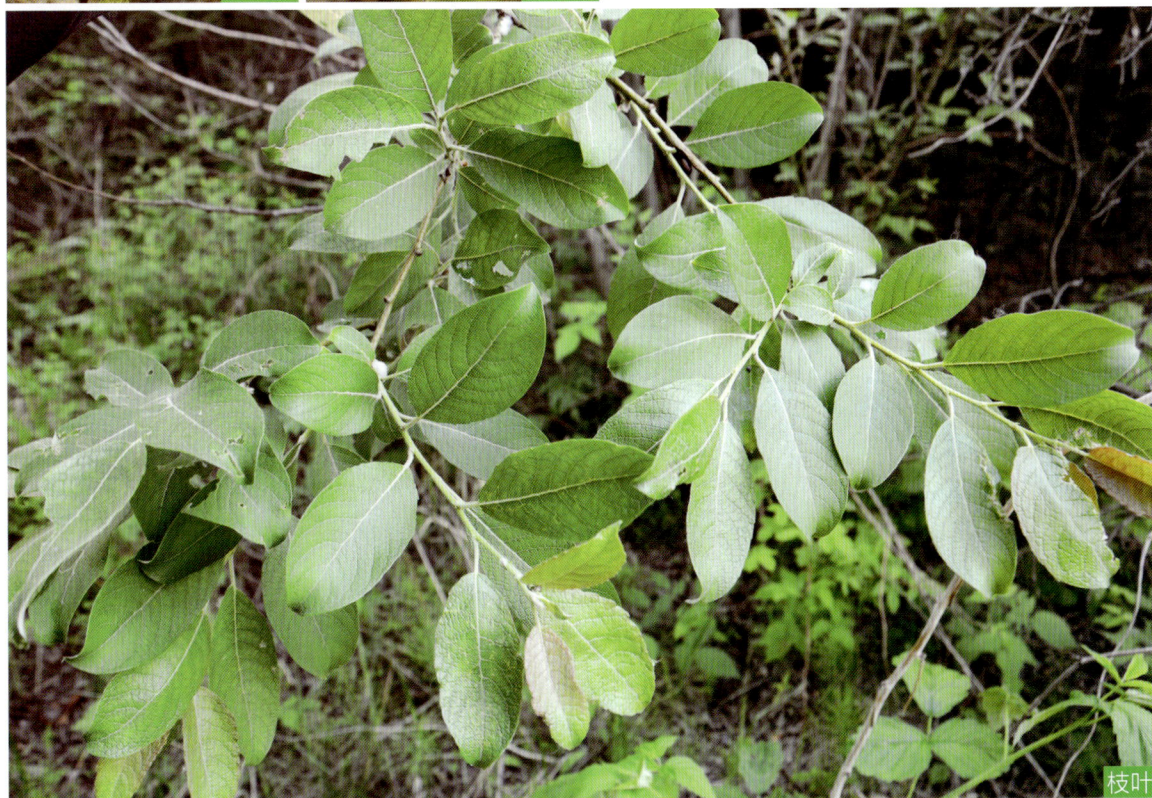

枝叶

015 | 白桦

Betula platyphylla Suk.
桦木科 Betulaceae
桦木属 *Betula*

别名 粉桦、桦皮树

形态特征 乔木，高达30米。树皮灰白色，成层剥裂。小枝红褐色，外被白色蜡层，有时疏生树脂腺体。叶厚纸质，三角状卵形、三角状菱形或三角形，长3～9厘米，宽2～7.5厘米，边缘具重锯齿，有时具缺刻状重锯齿或单齿；叶柄细瘦，长1～2.5厘米。果序单生，圆柱形或矩圆状圆柱形，通常下垂，长2～5厘米；果苞长5～7毫米，背面密被短柔毛至成熟时毛渐脱落，中裂片三角状卵形，侧裂片卵形或近圆形。小坚果狭矩圆形、矩圆形或卵形，膜质翅较果长1/3，与果等宽或较果稍宽。花期4～5月，果期8～9月。

分布与生境 分布于我国东北、西北、华东、西南地区，朝鲜、俄罗斯、日本、蒙古也有分布。散生于山坡或林中，适应性大，分布甚广，尤喜湿润土壤，为次生林的先锋树种。

用途 木材供胶合板、车辆、建筑、造纸、枕木、矿柱等用。树皮可提取桦皮油，也可药用，树汁可生产高级清凉饮料。白桦常被作为重要的园林绿化树种，具有重要的观赏性。皮入药，清热解毒、止咳。

植株

树皮

果序

016 | 榛

Corylus heterophylla Fisch. ex Trautv.
桦木科 Betulaceae
榛属 *Corylus*

果苞与坚果

别名 平榛、榛子

形态特征 灌木或小乔木，高1～7米。树皮灰褐色。枝条暗灰色，小枝黄褐色，密被短柔毛兼被疏生的长柔毛。叶矩圆形或宽倒卵形，顶端凹缺或截形，中央具三角状突尖，边缘具不规则的重锯齿；雄花序单生，长约4厘米。果单生或2～6枚簇生成头状；果苞钟状，密被短柔毛兼有疏生的长柔毛，密生刺状腺体。坚果近球形。花期4～5月，果期9月。

分布与生境 分布于我国东北、华北地区，朝鲜、俄罗斯、日本、蒙古也有分布。常丛生于裸露向阳坡地、沟谷两岸、采伐迹地及林缘低平处。

用途 种仁味美可食，也可入药，有健脾和胃、润肺止咳的功能，主治病后体弱、脾虚泄泻、食欲不振、咳嗽。树皮、叶可提制栲胶，枝条可编筐。榛的花期较早，是早春丰富的蜜源之一。

植株

017 | 春榆

Ulmus davidiana Planch. var. *japonica*
(Rehd.) Nakai
榆科 Ulmaceae
榆属 *Ulmus*

别名 栓皮春榆、日本榆、红榆、白皮榆

形态特征 落叶乔木，高达20米。树皮浅灰色或灰色，纵沟裂。幼枝被柔毛，小枝有时具向四周膨大而不规则纵裂的木栓层。叶倒卵形或倒卵状椭圆形，长4～12厘米，宽1.5～5厘米，先端尾状渐尖或渐尖，基部歪斜，叶面幼时有散生硬毛，后脱落无毛，叶背幼时有密毛，脉腋常有簇生毛，边缘具重锯齿。花簇状聚伞花序。翅果倒卵形或近倒卵形，无毛，长10～19毫米，宽7～14毫米，果核位于翅果中上部或上部，上端接近缺口。花果期4～5月。

分布与生境 分布于我国东北、华北、西北、华东和华中等地，俄罗斯、朝鲜、日本也有分布。生于河岸、溪旁、沟谷、山麓及排水良好的冲积地和山坡。

用途 木材可做家具、器具、室内装修、车辆、造船、地板等；枝皮可代麻制绳，枝条可编筐、嫩果、幼叶可食或作饲料。可选作造林树种。叶入药，有利水、消肿、清热、驱虫的功能，主治小便不通、淋浊、水肿、疥癣等。

小枝

果实

树皮

枝叶

树皮

果实

018 | 榆树

Ulmus pumila L.
榆科 Ulmaceae
榆属 *Ulmus*

别名 榆、家榆、白榆

形态特征 落叶乔木，高达 25 米，在干瘠之地长成灌木状。幼树树皮平滑，灰褐色或浅灰色，大树皮暗灰色，不规则深纵裂。小枝纤细，无毛或有毛，淡黄灰色或灰色。叶椭圆状卵形、长卵形，长 2～8 厘米，宽 1.2～3.5 厘米，先端渐尖或长渐尖，基部偏斜或近对称，边缘具重锯齿或单锯齿。花先于叶开放，在叶腋成簇生状。翅果近圆形，稀倒卵状圆形，长 1.2～2 厘米，果核部分位于翅果的中部，上端不接近或接近缺口，成熟后白黄色。花果期 3～6 月。

分布与生境 分布于我国东北、华北、华东、华中、西北各省区。生于山坡、山谷、川地、丘陵、平原、沙岗及路边田畦等处。长江下游各地有栽培。也为华北及淮北平原农村的习见树木。

用途 木材供家具、车辆、农具、器具、桥梁、建筑等用。树皮磨成粉称榆皮面，掺合面粉中可食用；枝皮纤维坚韧，可代麻制绳索、麻袋或作人造棉与造纸原料；幼嫩翅果及嫩叶可食，叶可作饲料。树皮、叶及翅果均可药用，能安神、利尿、消肿。本树种可用于造林、园林绿化或四旁绿化树种。

植株

枝叶

019 | 葎草

Humulus scandens (Lour.) Merr.
桑科 Moraceae
葎草属 *Humulus*

别名 拉拉秧、拉拉藤

形态特征 一年生缠绕草本。茎、枝、叶柄均具倒钩刺。叶纸质，肾状五角形，掌状 5～7 深裂稀为 3 裂，长、宽约 7～10 厘米，基部心形，表面粗糙，疏生糙伏毛，背面有柔毛和黄色腺体，边缘具锯齿。雄花小，黄绿色，圆锥花序，长约 15～25 厘米；雌花序球果状，径约 5 毫米，苞片纸质，三角形，顶端渐尖，具白色绒毛；子房为苞片包围，柱头 2，伸出苞片外。瘦果成熟时露出苞片外。花期 7～8 月，果期 9～10 月。

分布与生境 我国除新疆、青海外，南北各省区均有分布。常生于沟边、荒地、废墟、林缘边。俄罗斯、朝鲜、日本、越南也有分布。

用途 茎皮纤维可作造纸原料，种子油可制肥皂。全草入药，有清热解毒、利尿消肿的功能，主治淋症、痔疮、小便不利、疟疾、腹泻、肺结核、肺脓疡、肺炎等；外用治痈疖肿毒、湿疹、毒蛇咬伤。

雄花序

植株

雌花序

树皮

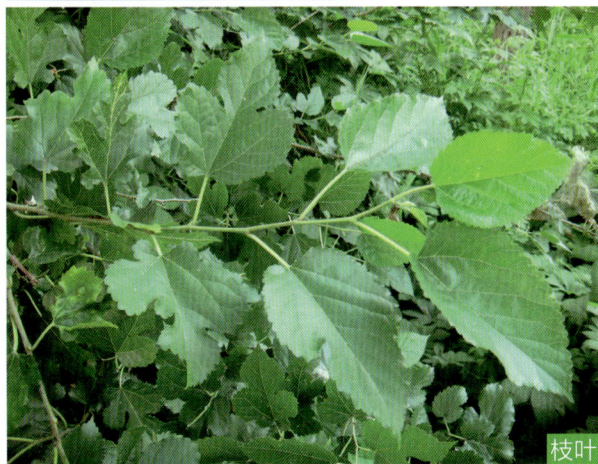
枝叶

020 | 桑

Morus alba L.
桑科 Moraceae
桑属 *Morus*

别名 家桑、桑树

形态特征 小乔木或为灌木，高达 10 米。树皮厚，灰色，具不规则浅纵裂。小枝有细毛，灰褐色，具乳汁。叶卵形或广卵形，长 5～15 厘米，宽 5～12 厘米，先端急尖、渐尖或圆钝，基部圆形至浅心形，边缘锯齿粗钝，有时叶为各种分裂，表面鲜绿色，无毛，背面沿脉有疏毛，脉腋有簇毛；叶柄长 1.5～5.5 厘米，具柔毛。雌雄异株，雄花序下垂，长 2～3.5 厘米，密被白色柔毛；雌花序长 1～2 厘米，被毛，直立或倾斜。聚花果卵状椭圆形，长 1～2.5 厘米，成熟时红色或暗紫色。花期 4～5 月，果期 5～8 月。

分布与生境 本种原产我国中部和北部，现由东北至西南各省区，西北直至新疆均有栽培。朝鲜、日本、蒙古、中亚各国、俄罗斯、欧洲各国以及印度、越南亦均有栽培。喜生于向阳山坡及土层深厚、肥沃的轻松沙质土壤上。

用途 木材坚硬，可制家具、乐器、雕刻等。树皮纤维柔细，可作纺织原料、造纸原料；根皮、果实及枝条入药。叶为养蚕的主要饲料，亦作药用，并可作土农药。桑葚可食或酿酒。

果枝

果实

021 | 透茎冷水花

Pilea pumila (L.) A. Gray
荨麻科 Urticaceae
冷水花属 *Pilea*

别名 肥肉草、亮秆芹

形态特征 一年生草本，高 10 ～ 40 厘米。茎肉质，无毛。叶近交互对生，同对的近等大，菱状卵形或宽卵形，长 1 ～ 9 厘米，宽 0.6 ～ 5 厘米，边缘除基部全缘外，其上有牙齿或牙状锯齿，两面疏生透明硬毛，基出脉 3 条；叶柄长 0.5 ～ 4.5 厘米。花雌雄同株并常同序，雄花花序蝎尾状，密集，生于叶腋，长 1 ～ 3 厘米；雄花花被片常 2，雄蕊 2；雌花花被片 3，近等大，条形。瘦果三角状卵形，扁，长 1.2 ～ 1.8 毫米。花期 6 ～ 8 月，果期 8 ～ 10 月。

分布与生境 除新疆、青海、台湾和海南外，分布几遍及我国，俄罗斯西伯利亚地区、蒙古、朝鲜、日本和北美洲温带地区广泛分布。生于湿润多阴山地林下、林缘、林间小路旁、石砬子裂缝间及河岸边，有时形成小群落。

用途 全草入药，有清热利尿、消肿解毒、安胎的功能，主治消渴病、胎动、水肿、小便淋痛、带下等。

植株

植株

022 | 狭叶荨麻

Urtica angustifolia Fisch. ex Hornem.
荨麻科 Urticaceae
荨麻属 *Urtica*

别名 螫麻子、哈拉海

形态特征 多年生草本，高 50～150 厘米。茎直立，通常单一，四棱形，有螫毛。叶对生，披针形至披针状条形，长 4～15 厘米，宽 1～3.5 厘米，先端长渐尖，基部圆形，稀浅心形，边缘有粗牙齿或锯齿，上面生细糙伏毛和具粗而密的缘毛，下面沿脉疏生细糙毛，基出脉 3 条；叶柄短，疏生刺毛和糙毛；托叶离生，条形。雌雄异株，花序圆锥状，多分枝；雄花花被片 4，在近中部合生；雌花小，近无梗。瘦果卵形或宽卵形，双凸透镜状，近光滑。花期 6～8 月，果期 8～9 月。

分布与生境 分布于我国东北各省，以及内蒙古、河北、山西等地，俄罗斯西伯利亚地区东部、蒙古、朝鲜、日本也有分布。生于灌木林内，山地混交林内湿地、林缘湿地，河谷溪边及山野多荫处。

用途 茎皮纤维可作纺织和造纸原料。茎叶含鞣质，可提制栲胶。幼嫩茎叶可食。全草入药，有祛风湿、凉血定痉的功能，主治高血压；外用治荨麻疹初起、风湿性关节炎、毒蛇咬伤、小儿惊风。

植株

花序

023 卷茎蓼

Fallopia convolvulus (L.) A. Love
蓼科 Polygonaceae
何首乌属 *Fallopia*

别名 卷旋蓼、烙铁头

形态特征 一年生草本。茎缠绕，具纵棱，通常多分枝。叶卵形或心形，长2～6厘米，宽1.5～4厘米，顶端渐尖，基部心形，两面无毛；托叶鞘膜质，偏斜，无缘毛。花序总状，腋生或顶生，花稀疏，下部间断；苞片长卵形，顶端尖，每苞具2～4花；花被5深裂，淡绿色，边缘白色，花被片长椭圆形，外面3片背部具龙骨状突起或狭翅，被小突起；雄蕊8，比花被短；花柱3，极短，柱头头状。瘦果椭圆形，具3棱，黑色，无光泽。花期5～8月，果期6～9月。

分布与生境 分布于我国东北、华北、西北、西南各省区，俄罗斯、朝鲜、日本及欧洲、非洲北部及北美洲国家也有分布。生于湿草地、沟边、耕地等处。

用途 全草入药，有健脾消食的功能，主治消化不良、腹泻等症。

花序

植株

024 | 萹蓄

Polygonum aviculare L.
蓼科 Polygonaceae
蓼属 *Polygonum*

植株

别名 萹蓄蓼、扁竹、竹叶草

形态特征 一年生草本，高 10～40 厘米。茎平卧、上升或直立，自基部多分枝，具纵棱。叶椭圆形，狭椭圆形或披针形，长 1～4 厘米，宽3～12 毫米，顶端钝圆或急尖，基部楔形，边缘全缘，两面无毛，下面侧脉明显；叶柄短或近无柄，基部具关节；托叶鞘膜质，下部褐色，上部白色，撕裂脉明显。花 1～5 朵簇生于叶腋，遍布于植株；花被 5 深裂，花被片椭圆形，绿色，边缘白色或淡红色；雄蕊 8，花丝基部扩展；花柱 3，柱头头状。瘦果卵形，具 3 棱，黑褐色，与宿存花被近等长或稍超过。花期 5～7 月，果期 6～8 月。

分布与生境 分布于我国各省区，北半球温带广泛分布。生于荒地、路旁及河岸沙地上。

用途 全草用作中药，称萹蓄，有清热解毒、杀虫止痒、利尿、消肿、止血功能，主治膀胱热淋、小便短赤、淋沥涩痛、皮肤湿疹、阴痒带下。幼苗可食。可作饲料。

植株

花序

025 | 褐鞘蓼

Polygonum aviculare L. var. *fusco-ochreatum* (Kom.) A. J. Li
蓼科 Polygonaceae
蓼属 *Polygonum*

植株 植株

形态特征 一年生草本，高 10～40 厘米。茎平卧、上升或直立，自基部多分枝，具纵棱。叶椭圆形，狭椭圆形或披针形；叶柄短或近无柄，基部具关节；托叶鞘全部为褐色。花 1～5 朵簇生于叶腋，遍布于植株；花被 5 深裂，花被片椭圆形，绿色，边缘白色或淡红色；雄蕊 8，花丝基部扩展；花柱 3，柱头头状。瘦果卵形，具 3 棱，黑褐色，与宿存花被近等长或稍超过。花期 5～7 月，果期 6～8 月。

分布与生境 分布于我国东北三省，俄罗斯远东地区也有分布。生于山地、田边及路旁。

用途 可作饲料。

026 | 柳叶刺蓼

Polygonum bungeanum Turcz.
蓼科 Polygonaceae
蓼属 *Polygonum*

别名 刺蓼、刺毛马蓼、蚂蚱腿

形态特征 一年生草本，高 30～90 厘米。茎分枝，具纵棱，被稀疏的倒生短皮刺，皮刺长 1～1.5 毫米。叶披针形或狭椭圆形，长 3～10 厘米，宽 1～3 厘米，顶端通常急尖，基部楔形，上面沿叶脉具短硬伏毛，下面被短硬伏毛，边缘具短缘毛，托叶鞘筒状，膜质，具硬伏毛，顶端截形，具长缘毛。总状花序呈穗状，顶生或腋生；苞片漏斗状，包围花序轴，绿色或淡红色，每苞内具 3～4 花；花被 5 深裂，白色或淡红色；雄蕊 7～8；花柱 2，中下部合生，柱头头状。瘦果近圆形，双凸镜状，黑色。花期 7～8 月，果期 8～9 月。

分布与生境 分布于我国东北、华北各省及甘肃、山东及江苏等地。朝鲜、日本、俄罗斯（远东地区）也有分布。生山谷草地、田边、路旁湿地。

植株

茎

花序

027 | 普通蓼

Polygonum humifusum Merk ex C. Koch
蓼科 Polygonaceae
蓼属 *Polygonum*

别名 小果蓼

形态特征 一年生草本，高 20～50 厘米。茎平卧，自基部多分枝。叶椭圆形或倒披针形，长 0.5～2.5 厘米，宽 2～5 毫米，上面中脉明显，侧脉不明显，下面中脉微突出，侧脉明显；叶柄极短，具关节；托叶鞘膜质，下部锈褐色，上部白色，呈撕破状。花 1～5 朵，生于叶腋，遍布于植株；花被开裂至 2/3，花被片长圆形，边缘白色或淡红色。瘦果长卵形，具 3 棱，深褐色，密被小点，稍突出于花被。花期 6～7 月，果期 8～9 月。

分布与生境 分布于我国东北地区。生于荒地、路旁、山沟旁湿地及河岸沙地。

用途 可作饲料。

植株

植株

028 | 水蓼

Polygonum hydropiper L.
蓼科 Polygonaceae
蓼属 *Polygonum*

花序

植株

别名 辣蓼

形态特征 一年生草本，高 30～90 厘米。茎直立，多分枝。叶披针形或椭圆状披针形，长 4～8 厘米，宽 0.5～2.5 厘米，顶端渐尖，基部楔形，边缘全缘，两面无毛，被褐色小点，具辛辣味；托叶鞘筒状，膜质，褐色，长 1～1.5 厘米，通常托叶鞘内藏有花簇。总状花序呈穗状，顶生或腋生，长 3～8 厘米，通常下垂；苞片漏斗状，绿色，每苞内具 3～5 花；花被 5 深裂，稀 4 裂，绿色，上部白色或淡红色；雄蕊 6，比花被短；花柱 2～3，柱头头状。瘦果卵形，双凸镜状或具 3 棱，黑褐色，包于宿存花被内。花期 5～9 月，果期 6～10 月。

分布与生境 分布于我国南北各省区，欧洲各国、中亚各国、印度、朝鲜、日本也有分布。生于水边及路旁湿地。

用途 全草入药，有化湿、行滞、祛风、消肿的功能，主治痧秽腹痛、吐泻转筋、泄泻、痢疾、风湿、痈肿、疥癣、跌打损伤等；根入药，有活血调经、健脾利湿、解毒消肿的功能，主治月经不调、小儿疳积、痢疾、肠炎、疟疾、跌打损伤、蛇虫咬伤。

029 | 酸模叶蓼

Polygonum lapathifolium L.
蓼科 Polygonaceae
蓼属 *Polygonum*

别名 大马蓼、旱苗蓼

形态特征 一年生草本，高 40 ～ 100 厘米。茎直立，具分枝，无毛，节部膨大。叶披针形或宽披针形，长 5 ～ 15 厘米，宽 1 ～ 3 厘米，顶端渐尖或急尖，上面绿色，常有一个大的黑褐色新月形斑点，两面沿中脉被短硬伏毛，全缘；托叶鞘筒状，长 1.5 ～ 3 厘米，膜质，淡褐色。总状花序呈穗状，顶生或腋生，近直立；苞片漏斗状，边缘具稀疏短缘毛；花被淡红色或白色，常 4 深裂，花被片椭圆形；雄蕊通常 6；花柱 2，基部合生，向外弯曲。瘦果宽卵形，双凹，长 2 ～ 3 毫米，黑褐色，有光泽，包于宿存花被内。花期 6 ～ 8 月，果期 7 ～ 9 月。

分布与生境 广布于我国南北各省区，分布于亚洲、欧洲及非洲北部各国。生于田边、路旁、水边、荒地或沟边湿地。

用途 果实为利尿药，主治水肿和疮毒；用鲜茎叶混食盐后捣汁，治霍乱和日射病；外用可敷治疮肿和蛇毒；全草入药，有解毒消炎、开胃利尿的功能，主治咽炎、胃痛、尿路感染。

植株

植株

幼株

030 | 绵毛酸模叶蓼

Polygonum lapathifolium L. var.
salicifolium Sibth.
蓼科 Polygonaceae
蓼属 *Polygonum*

别名 柳叶蓼

形态特征 一年生草本，高 40～100 厘米。茎直立，具分枝，无毛，节部膨大。叶披针形或宽披针形，上面常有一个大的黑褐色新月形斑点，叶下面密生白色绵毛，全缘。总状花序呈穗状，顶生或腋生，近直立；花被淡红色或白色，常 4 深裂，花被片椭圆形；雄蕊通常 6；花柱 2，基部合生，向外弯曲。瘦果宽卵形，双凹，长 2～3 毫米，黑褐色，有光泽，包于宿存花被内。花期 6～8 月，果期 7～9 月。

分布与生境 广布于我国南北各省区，分布于亚洲、欧洲及非洲北部各国。生于田边、路旁、水边、荒地或沟边湿地。

用途 全草入药，具有解毒、健脾、化湿、活血、截疟的功能，用于治疗疮疡肿痛、暑湿腹泻、肠炎痢疾、小儿疳积、跌打伤疼、疟疾。

植株

花序

031 | 长戟叶蓼

Polygonum maackianum Regel
蓼科 Polygonaceae
蓼属 *Polygonum*

花序

别名 马氏蓼

形态特征 一年生草本。茎直立或上升，多分枝，疏生倒生皮刺。叶长戟形，长3～8厘米，顶端急尖，基部心形或近截形，两面密被星状毛，有时混生刺毛，中部裂片披针形或狭椭圆形，宽0.6～2厘米；托叶鞘筒状，顶部具叶状翅，翅边缘具牙齿，每牙齿的顶部具1粗刺毛。花序头状顶生或腋生，花序梗通常分枝；花被5深裂，淡红色；雄蕊8，比花被短；花柱3，中下部合生；瘦果卵形，具3棱，深褐色，有光泽，长约3.5毫米。花期6～9月，果期7～10月。

分布与生境 分布于我国东北、华北、华东、华中、华南各省区。朝鲜、日本、俄罗斯也有分布。生于山谷、湖畔及河边湿地。

植株

植株

032 | 尼泊尔蓼

Polygonum nepalense Meisn.
蓼科 Polygonaceae
蓼属 *Polygonum*

植株

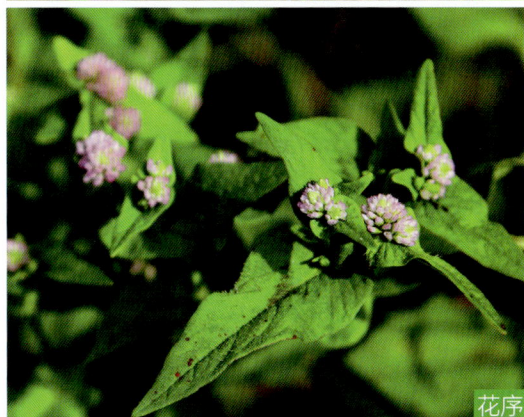
花序

别名 头状蓼

形态特征 一年生草本，高 20～50 厘米。茎直立或倾斜，自基部多分枝，无毛。茎下部叶卵形或三角状卵形，长 3～5 厘米，宽 2～4 厘米，顶端急尖，基部宽楔形，沿叶柄下延成翅，两面疏生黄色透明腺点；茎上部叶近无柄，抱茎；托叶鞘筒状，膜质，淡褐色。头状花序，顶生或腋生，基部常具 1 枚叶状总苞片；花被通常 4 裂，淡紫红色或白色，花被片长圆形；雄蕊 5～6，花药暗紫色；花柱 2，下部合生，柱头头状。瘦果宽卵形，双凸镜状，黑色，包于宿存花被内。花期 5～8 月，果期 7～10 月。

分布与生境 分布于我国各省区，俄罗斯、朝鲜、日本、阿富汗、巴基斯坦、印度、尼泊尔、菲律宾、印度尼西亚及非洲各国也有分布。生于山谷、路旁及水边湿地。

用途 全草入药，有清热解毒、涩肠止痢的功能，主治喉痛、目赤、牙龈肿痛、红白痢疾、大便失常、关节疼痛。

植株

033 | 红蓼

Polygonum orientale L.
蓼科 Polygonaceae
蓼属 *Polygonum*

花序

别名　东方蓼、荭草、狗尾巴花

形态特征　一年生草本，高 1～2 米。茎直立，粗壮，上部多分枝，密被开展的长柔毛。叶宽卵形、宽椭圆形或卵状披针形，长 10～20 厘米，宽 5～12 厘米，顶端渐尖，基部圆形或近心形，微下延，边缘全缘，两面密生短柔毛；叶柄长 2～10 厘米，具开展的长柔毛；托叶鞘筒状，膜质，被长柔毛。总状花序呈穗状，顶生或腋生，长 3～7 厘米；苞片宽漏斗状，草质，绿色，每苞内具 3～5 花；花被 5 深裂，淡红色或白色；雄蕊 7，比花被长；花柱 2，中下部合生，柱头头状。瘦果近圆形，双凹，黑褐色，有光泽，包于宿存花被内。花期 6～9 月，果期 8～10 月。

分布与生境　分布于我国各省区，朝鲜、日本、俄罗斯、菲律宾、印度及欧洲、大洋洲各国也有分布。生于荒地、沟旁及近水肥沃湿地，常成片生长。

用途　果实入约，名"水红花子"，有活血、止痛、消积、利尿功效。

花序

植株

花序

花序

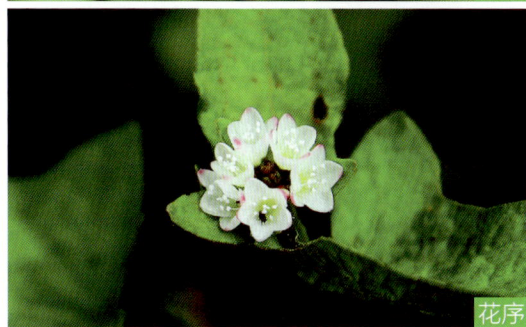
花序

034 戟叶蓼

Polygonum thunbergii Sieb. et Zucc.
蓼科 Polygonaceae
蓼属 *Polygonum*

别名 水麻

形态特征 一年生草本，高 30～90 厘米。茎直立或上升，具纵棱，沿棱具倒生皮刺。叶戟形，长 4～8 厘米，宽 2～4 厘米，顶端渐尖，基部截形或近心形，两面疏生刺毛，中部裂片卵形或宽卵形，侧生裂片较小，卵形；叶柄长 2～5 厘米，具倒生皮刺，通常具狭翅。花序头状，顶生或腋生；花被 5 深裂，淡红色或白色，花被片椭圆形，长 3～4 毫米；雄蕊 8，成 2 轮；花柱 3，中下部合生，柱头头状。瘦果宽卵形，具 3 棱，黄褐色，无光泽。花期 7～9 月，果期 8～10 月。

分布与生境 分布于我国东北、华北、华东、华中及华南各地，朝鲜、日本、俄罗斯也有分布。生于湿草地及水边。

用途 全草入药，具有清热解毒、凉血止血、祛风止痛、止咳的功能，主治痧症、毒蛇咬伤、泻痢。

植株

035 | 酸模

Rumex acetosa L.
蓼科 Polygonaceae
酸模属 *Rumex*

别名 遏蓝菜、酸溜溜

形态特征 多年生草本，高30～120厘米。根为须根。茎直立，具深沟槽，通常不分枝。基生叶和茎下部叶箭形，长3～12厘米，宽2～4厘米，顶端急尖或圆钝，全缘或微波状；叶柄长2～10厘米；茎上部叶较小，具短叶柄或无柄；托叶鞘膜质，易破裂。花序狭圆锥状，顶生，分枝稀疏；花单性，雌雄异株；花梗中部具关节；花被片6，成2轮；雄蕊6；雌花内花被片在果时增大，近圆形，全缘，外花被片椭圆形，反折。瘦果椭圆形，黑褐色，有光泽。花期5～7月，果期6～8月。

分布与生境 分布于我国南北各省区，俄罗斯、朝鲜、日本、高加索地区、哈萨克斯坦及欧洲、美洲各国也有分布。生于湿地、草地、山坡、路旁及林缘等。

用途 全草入药，有凉血止血、泄热通便、利尿、杀虫的功能，主治吐血、便血、月经过多、热痢、目赤、便秘、小便不通、淋浊、恶疮、疥癣、湿疹。嫩茎、叶可作蔬菜及饲料。

植株

植株

036 | 刺酸模

Rumex maritimus L.
蓼科 Polygonaceae
酸模属 *Rumex*

花序 植株

别名 长刺酸模

形态特征 一年生草本，高 20～50 厘米。茎直立，具深沟槽。茎下部叶披针形或披针状长圆形，长 4～20 厘米，宽 1～3 厘米，顶端急尖，基部狭楔形，边缘微波状；叶柄长 1～2.5 厘米，茎上部叶近无柄；托叶鞘膜质，早落。花序圆锥状，具叶，花两性，多花轮生；花梗基部具关节；外花被椭圆形，长约 2 毫米，内花被片果时增大，狭三角状卵形，边缘每侧具 2～3 针刺，针刺长 2～2.5 毫米，全部具长圆形小瘤。瘦果椭圆形，黄褐色，有光泽。花期 5～6 月，果期 6～7 月。

分布与生境 分布于我国东北、华北等地，高加索地区、哈萨克斯坦、俄罗斯、蒙古及欧洲、北美洲各国也有分布。生于河边湿地、田边路旁。

用途 全草入药，能杀虫、清热、凉血，可治痈疮肿痛，秃疮疥癣，跌打肿痛。

037 | 小果酸模

Rumex microcarpus Campd.
蓼科 Polygonaceae
酸模属 *Rumex*

植株

花序

别名 绿萼酸模

形态特征 一年生草本，高 40 ～ 80 厘米。茎直立，上部分枝，无毛，具浅沟槽。茎下部叶长椭圆形，长 10 ～ 15 厘米，宽 2 ～ 5 厘米，顶端急尖或稍钝，基部楔形，边缘全缘，茎上部叶狭椭圆形，较小。花序圆锥状，通常具叶；多花轮生，上部较紧密，下部稀疏，间断；花梗细长，近基部具关节；花被片 6，2 轮，黄绿色，外花被片披针状，内花被片在果时增大，狭三角状卵形，全部具小瘤。瘦果卵形，褐色，有光泽。花期 4 ～ 6 月，果期 5 ～ 7 月。

分布与生境 分布于我国辽宁、河北、江苏、台湾、海南、广西、贵州及云南等省区，孟加拉国、越南及印度也有分布。生于河边、田边路旁、山谷湿地。

038 | 巴天酸模

Rumex patientia L.
蓼科 Polygonaceae
酸模属 *Rumex*

别名 洋铁酸模

形态特征 多年生草本，高90～150厘米。根肥厚，直径可达3厘米；茎直立，粗壮，上部分枝，具深沟槽。基生叶长圆形或长圆状披针形，长15～30厘米，宽5～10厘米，顶端急尖，基部圆形或近心形，边缘波状；叶柄粗壮，长5～15厘米；茎上部叶披针形，较小，具短叶柄或近无柄。花序圆锥状，大型；花两性；花被片6，外花被片长圆形，内花被片在果时增大，全部或一部具小瘤。瘦果卵形，褐色，有光泽。花期5～6月，果期6～7月。

分布与生境 分布于我国东北、华北、西北各地，哈萨克斯坦、俄罗斯、蒙古及欧洲各国也有分布。生于草甸、河边湿地、湿荒地及路旁。

用途 根含鞣质，可提制栲胶。根入药，有清热解毒、活血止血、通便杀虫的功能，主治多种皮肤病、出血症、各种炎症。

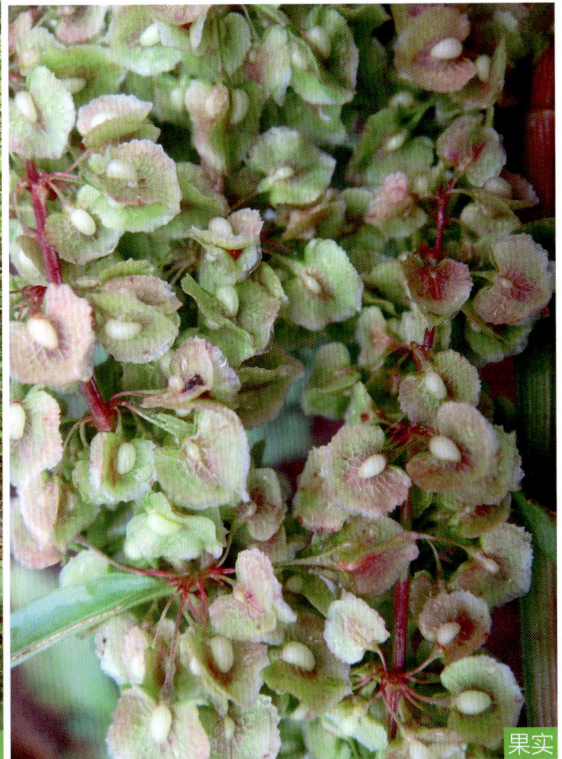

幼株

植株

果实

43

039 | 长刺酸模

Rumex trisetifer Stokes
蓼科 Polygonaceae
酸模属 *Rumex*

别名 海滨酸模、假菠菜

形态特征 一年生草本，高30～80厘米。根粗壮，红褐色。茎直立，褐色或红褐色，具沟槽，分枝开展。茎下部叶长圆形或披针状长圆形，长8～20厘米，宽2～5厘米，顶端急尖，基部楔形，边缘波状，茎上部的叶较小，狭披针形；叶柄长1～5厘米；托叶鞘膜质，早落。花序总状，顶生和腋生，具叶。花两性，多花轮生；花被片6，2轮，黄绿色，外花被片全部具小瘤，边缘每侧具1个针刺，针刺长3～4毫米，直伸或微弯。瘦果椭圆形，黄褐色，有光泽。花期5～6月，果期6～7月。

分布与生境 分布于我国南北各地，越南、老挝、泰国、孟加拉国、印度也有分布。生于田边湿地、水边、山坡草地。

用途 全草入药，性味酸、苦、寒，具有杀虫、清热、凉血的功效，主治痈疮肿痛、秃疮疥癣、跌打肿痛。

植株

花序

040 | 马齿苋

Portulaca oleracea L.
马齿苋科 Portulacaceae
马齿苋属 *Portulaca*

别名　马苋、马齿草、蚂蚁菜、马苋菜、马齿菜

形态特征　一年生草本，全株无毛。茎平卧，伏地铺散，多分枝，淡绿色或带暗红色。叶互生，肥厚，似马齿状，长 0.5～3 厘米，宽 0.4～1.5 厘米，全缘；花无梗，直径 4～5 毫米，常 3～5 朵簇生枝端，午时盛开；萼片 2，对生；花瓣 5，稀 4，黄色；雄蕊通常 8，花药黄色；子房无毛，柱头 4～6 裂，线形。蒴果卵球形，盖裂；种子细小，黑褐色，有光泽，直径不及 1 毫米，具小疣状凸起。花期 5～8 月，果期 6～9 月。

分布与生境　遍布全国各地，广布全世界温带和热带地区。生于菜园、农田、路旁，为田间常见杂草。

用途　全草入药，有清热解毒、散血消瘀的功能，主治热痢脓血、热淋、血淋、带下、金疮脓血；种子明目。嫩茎叶可作蔬菜，味酸。全株可作饲料。

植株

植株

041 | 簇生泉卷耳

Cerastium fontanum Baumg. subsp. *vulgare* (Hartm.) Greuter et Burdet
石竹科 Caryophyllaceae
卷耳属 *Cerastium*

别名 簇生卷耳

形态特征 多年生或一、二年生草本，高10～30厘米。茎单生或丛生，直立或上升，被白色短柔毛和腺毛。基生叶叶片近匙形或倒卵状披针形，基部渐狭呈柄状，两面被短柔毛；茎生叶近无柄，叶片卵形、狭卵状长圆形或披针形，长1～4厘米，宽3～13毫米，顶端急尖或钝尖，两面均被短柔毛，边缘具缘毛。聚伞花序顶生；花梗细，密被长腺毛，花后弯垂；萼片5，长圆状披针形，外面密被长腺毛，边缘中部以上膜质；花瓣5，白色，倒卵状长圆形，等长或微短于萼片，顶端2浅裂，基部渐狭，无毛；雄蕊短于花瓣，无毛；花柱5，短线形。蒴果圆柱形，长8～10毫米，长为宿存萼的2倍，顶端10齿裂。种子褐色，具瘤状凸起。花期5～7月，果期6～8月。

分布与生境 分布于我国东北、华北、西北和长江流域各地，为世界广布种。生于林缘草地、山沟、山坡、河滩沙地及路旁草地。

用途 全草药用，清热解毒。

植株

果

花

植株

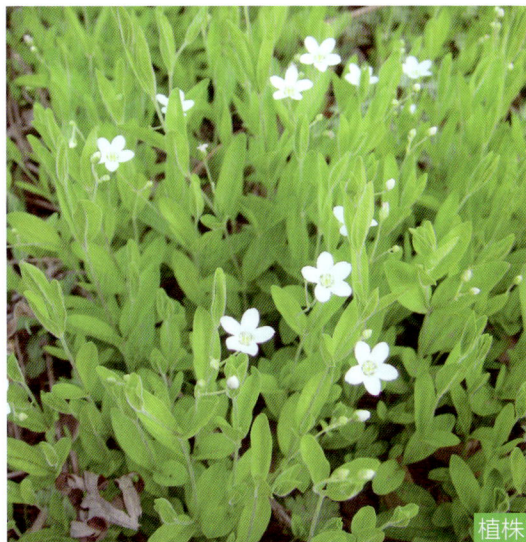
植株

042 | 种阜草

Moehringia lateriflora (L.) Fenzl
石竹科 Caryophyllaceae
种阜草属 *Moehringia*

别名 莫石竹

形态特征 多年生草本，高 5 ～ 25 厘米。具匍匐根状茎；茎直立，纤细，不分枝或分枝，被短毛。叶近无柄，叶片椭圆形或长圆形，长 1 ～ 3 厘米，宽 4 ～ 10 毫米，顶端急尖或钝，边缘具缘毛，下面沿中脉被短毛。聚伞花序顶生或腋生，具 1 ～ 3 朵花；花序梗细长，花梗细，密被短毛；萼片卵形或椭圆形，长约 2 毫米，无毛，顶端钝，边缘白膜质，中脉凸起；花瓣白色，椭圆状倒卵形，顶端钝圆，比萼片长 1 ～ 2 倍；雄蕊 10，基部被柔毛；花柱 3。蒴果长卵圆形，顶端 6 裂。种子近肾形，平滑，种脐旁具白色种阜。花期 6 月，果期 7 ～ 8 月。

分布与生境 分布于我国东北、华北地区，俄罗斯、蒙古、朝鲜、日本及欧洲、北美洲各国也有分布。生于稀疏的针叶林和针阔混交林内、灌丛间、林缘湿草甸及沙丘间低湿地。

用途 可栽植于花坛，供观赏。

花

植株

043 | 鹅肠菜

Myosoton aquaticum (L.) Moench
石竹科 Caryophyllaceae
鹅肠菜属 *Myosoton*

植株

别名 牛繁缕、鹅肠草、鹅儿肠

形态特征 二年生或多年生草本，高 20～80 厘米。具须根。茎下部伏卧，上部直立，多分枝，被腺毛。叶片卵形或宽卵形，长 2.5～5.5 厘米，宽 1～3 厘米，顶端急尖，基部稍心形；茎下部叶具柄，中上部叶常无柄。顶生二歧聚伞花序；花梗细，长 1～2 厘米，花后伸长并向下弯，密被腺毛；萼片卵状披针形或长卵形，外面被腺柔毛；花瓣白色，2 深裂至基部；雄蕊 10，稍短于花瓣；子房长圆形，花柱短，线形。蒴果卵圆形，稍长于宿存萼。种子近肾形，稍扁，褐色，具小疣。花期 5～8 月，果期 6～9 月。

分布与生境 分布于我国各地，广泛分布于北半球温带、亚热带以及非洲北部。生于林缘、山地潮湿地带、河岸砂石地、山区耕地、路旁及沟旁湿地等。

用途 全草入药，有清热凉血、消肿止痛、消积通乳的功能，主治小儿疳积、牙痛、痔疮肿痛、乳痈、乳汁不通、疮疡等症；鲜苗为催乳、净血剂；鲜草捣烂外敷，治扭伤瘀肿及无名肿毒。全草也可作猪饲料。嫩茎叶焯后浸去苦味可食。

花

果

植株

044 | 毛脉孩儿参

Pseudostellaria japonica (Korsh.) Pax
石竹科 Caryophyllaceae
孩儿参属 *Pseudostellaria*

别名 毛假繁缕

形态特征 多年生草本，高 10～20 厘米。块根纺锤形，单一或几个集生，具多数细根。茎直立，上部常呈叉状分枝，被 2 列柔毛。基生叶 2～3 对，叶片披针形，长 1.5～4 厘米，宽 2～5 毫米；上部叶片卵形或宽卵形，长 1.5～3 厘米，宽 1～2 厘米，近无柄，边缘具缘毛，两面疏生短柔毛。开花受精花单生或 2～3 朵呈聚伞花序；花梗纤细被毛；萼片 5，外面中脉及边缘疏生长毛，边缘膜质，无毛；花瓣白色，长约 5 毫米，顶端微缺，基部渐狭，比萼片长近 1 倍；雄蕊 10，短于花瓣，花药褐紫色。闭花受精花腋生，具细长花梗。种子卵圆形，稍扁，褐色，具棘凸。花期 5～6 月，果期 7～8 月。

分布与生境 产于我国东北各地，俄罗斯、日本也有分布。生于针阔混交林、阔叶林下及林缘湿地。

用途 可栽植于花坛，供观赏。

花

植株

49

045 | 长叶繁缕

Stellaria longifolia Muehl. ex Willd.
石竹科 Caryophyllaceae
繁缕属 *Stellaria*

别名 伞繁缕、铺散繁缕

形态特征 多年生草本，高 15～40 厘米。地下茎细长。茎密丛生，柔弱，上升，多分枝，四棱形，棱上带细齿状小凸起而粗糙，极脆。叶片线形或宽线形，长 1.5～3.5 厘米，宽 0.5～2.5 毫米，具明显中脉，全缘，具稀疏短缘毛，叶腋通常生不育短枝。聚伞花序顶生或腋生；苞片卵状披针形，白色，有时边缘膜质，具缘毛；花梗纤细，粗糙，长 0.5～1.5 厘米，花后长达 2.5 厘米；萼片 5，卵状披针形，边缘膜质；花瓣 5，白色，与萼片等长或稍长，2 裂至花瓣近基部；雄蕊 10，花药黄色；子房卵状长圆形；花柱 3。蒴果卵圆形，比宿存萼长 1.5～2 倍，褐黑色，6 齿裂。种子卵圆形或椭圆形，褐色，近平滑。花期 6～7 月，果期 6～8 月。

分布与生境 分布于我国东北、西北各地，朝鲜、蒙古、日本、俄罗斯及欧洲、北美洲国家也有分布。生于林下及林缘湿地、河边湿地、沼泽湿地、山坡潮湿地等。

植株

植株

植株

046 | 繁缕

Stellaria media (L.) Cyr.
石竹科 Caryophyllaceae
繁缕属 *Stellaria*

别名 鹅肠菜、鹅耳伸筋、鸡儿肠

形态特征 一年生或二年生草本，高 10 ～ 30 厘米。茎细弱，直立或上升，基部多少分枝，常带淡紫红色，被 1 列毛。叶片宽卵形或卵形，长 1.5 ～ 2.5 厘米，宽 1 ～ 1.5 厘米，顶端渐尖或急尖，全缘；基生叶具长柄，上部叶常无柄或具短柄。疏聚伞花序顶生；花梗细弱，具 1 列短毛，花后伸长，下垂，萼片 5，卵状披针形，边缘宽膜质，外面被短腺毛；花瓣白色，长椭圆形，比萼片短，2 深裂达基部；雄蕊 3 ～ 5，短于花瓣；花柱 3，线形。蒴果卵形，顶端 6 裂。种子卵圆形至近圆形，稍扁，红褐色，表面具半球形瘤状凸起，脊较显著。花期 6 ～ 7 月，果期 7 ～ 8 月。

分布与生境 广布于我国各地，欧洲、亚洲、非洲北部各国均有分布。生于山坡路旁、果园、住宅周围以及田间和林缘，为常见农田杂草。

用途 全草入药，有清热解毒、凉血消痈、活血止痛的功能，主治痢疾、肠痈、肺痈、乳痈、疔疮肿毒、痔疮肿痛、出血、跌打伤痛、产后瘀滞腹痛、乳汁不下。嫩苗可食。

植株

花

047 | 繸瓣繁缕

Stellaria radians L.
石竹科 Caryophyllaceae
繁缕属 *Stellaria*

别名 垂梗繁缕

形态特征 多年生草本，高 40 ～ 60 厘米，全株伏生绢毛，上部毛较密。根茎细，匍匐，分枝。茎直立或上升，四棱形。叶片长圆状披针形至卵状披针形，长 3 ～ 12 厘米，宽 1.5 ～ 2.5 厘米，顶端渐尖，基部急狭成极短柄，下面中脉凸起。二歧聚伞花序顶生，大型；花梗长 1 ～ 3 厘米，花后下垂；萼片 5，长圆状卵形；花瓣 5，白色，5 ～ 7 裂深达花瓣中部或更深，裂片近线形；雄蕊 10，短于花瓣；子房宽椭圆状卵形；花柱 3，线形。蒴果卵形，6 齿裂。种子肾形，稍扁，黑褐色，表面蜂窝状。花期 6 ～ 8 月，果期 7 ～ 9 月。

分布与生境 分布于我国东北三省及内蒙古、河北，俄罗斯、蒙古、朝鲜、日本也有分布。生于湿草地、沼泽地旁踏头上、河边、林缘、沟旁、丘陵灌丛。

用途 全草入药，有活血化瘀、下乳、催生的功能，主治肠炎、痢疾、肝炎、阑尾炎、产后瘀滞腹痛、乳汁不多、暑热呕吐、淋症、恶疮肿毒、跌打损伤。

植株

花

花

植株

048 | 藜

Chenopodium album L.
藜科 Chenopodiaceae
藜属 *Chenopodium*

别名 灰菜、白藜、灰条藜

形态特征 一年生草本，高 30 ～ 150 厘米。茎直立，粗壮，具条棱及绿色或紫红色色条，多分枝。叶片菱状卵形至宽披针形，上面通常无粉，有时嫩叶的上面有紫红色粉，下面多少有粉，边缘具不整齐锯齿。花两性，花簇于枝上部排列成或大或小的穗状圆锥状或圆锥状花序；花被 5 裂，有粉，先端或微凹，边缘膜质；雄蕊 5，花药伸出花被；柱头 2。种子横生，双凸镜状，黑色，有光泽，表面具浅沟纹；胚环形。花果期 5 ～ 10 月。

分布与生境 分布我国各地，遍及全球温带及热带地区。生于路旁、荒地及田间，为很难除掉的杂草。

用途 全草入药，有清热祛湿、解毒消肿、杀虫止痒的功能，主治发热、咳嗽、痢疾、腹泻、腹痛、疝气、龋齿痛、湿疹、疥癣、白癜风、疮疡肿痛、毒虫咬伤；配合野菊花煎汤外洗，治皮肤湿毒及周身发痒；果实称灰藋子，有清热祛湿、杀虫止痒的功能，主治小便不利、水肿、皮肤湿疮、头疮、耳聋。幼苗可作蔬菜用。茎叶可喂家畜。

花序

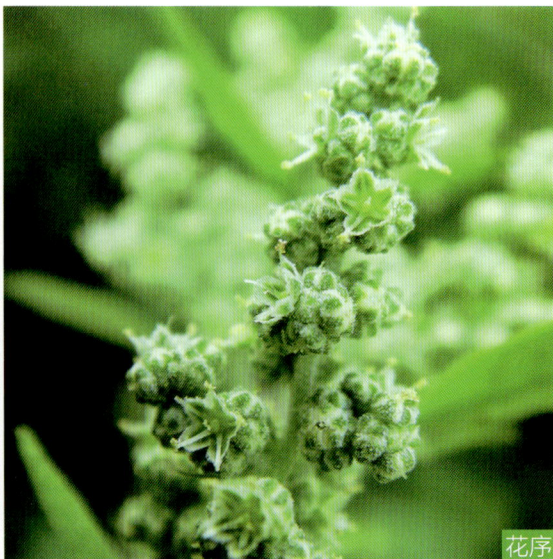
花序

049 | 杖藜

Chenopodium giganteum D. Don.
藜科 Chenopodiaceae
藜属 *Chenopodium*

别名 红盐菜

形态特征 一年生大型草本，高可达 3 米。茎直立，粗壮，基部直径达 5 厘米，具条棱及绿色或紫红色色条，上部多分枝，幼嫩时顶端的嫩叶有彩色密粉而现紫红色。叶片菱形至卵形，长可达 20 厘米，宽可达 16 厘米，上面深绿色，无粉，下面浅绿色，有粉或老后变为无粉，边缘具不整齐的浅波状钝锯齿，上部叶片渐小，有齿或全缘。花序为顶生大型圆锥状花序，多粉，果时通常下垂；花两性，在花序中数个团集或单生；花被 5 裂，绿色或暗紫红色，边缘膜质；雄蕊 5。胞果双凸镜形，果皮膜质。种子横生，黑色或红黑色，表面具浅网纹。花期 8 月，果期 9～10 月。

分布与生境 本种为栽培植物，田园、路旁有半野生，我国东北、西北、华中、华南、西南等地有栽培并已成为半野生状态。

用途 嫩苗可作蔬菜，种子可代粮食用，茎秆用做手杖（称藜杖）。

幼株 植株

植株

050 | 灰绿藜

Chenopodium glaucum L.
藜科 Chenopodiaceae
藜属 *Chenopodium*

别名　白灰菜、白灰条、翻白藜、粉叶藜

形态特征　一年生草本，高 20 ～ 40 厘米。茎平卧或外倾，具条棱及绿色或紫红色色条。叶片矩圆状卵形至披针形，长 2 ～ 4 厘米，宽 6 ～ 20 毫米，肥厚，边缘具缺刻状牙齿，上面无粉，平滑，下面有粉而呈灰白色，有稍带紫红色；中脉明显，黄绿色。花两性，有时兼有雌性，通常数花聚成团伞花序；花被裂片 3 ～ 4，浅绿色；雄蕊 1 ～ 2；柱头 2，极短。胞果顶端露出于花被外，果皮膜质，黄白色。种子扁球形，暗褐色或红褐色，表面有细点纹。花果期 5 ～ 10 月。

分布与生境　我国除台湾、福建、江西、广东、广西、贵州、云南诸省区外，其他各地都有分布；广布于南、北半球的温带地区。生于农田、菜园、村房、水边等有轻度盐碱的土壤上。

用途　全草入药，味、性、功能同藜。嫩苗、嫩茎叶可食。幼嫩植株可作猪饲料。

植株

花序

051 | 小藜

Chenopodium serotinum L.
藜科 Chenopodiaceae
藜属 *Chenopodium*

别名 灰菜、小叶藜

形态特征 一年生草本，高 20 ～ 60 厘米。茎直立，具条棱及绿色色条。叶片卵状矩圆形，长 2.5 ～ 5 厘米，宽 1 ～ 3.5 厘米，通常三浅裂。花两性，数个团集，排列于上部的枝上形成较开展的顶生圆锥状花序；花被近球形，5 深裂；雄蕊 5，开花时外伸；柱头 2，丝形。胞果包在花被内，果皮与种子贴生。种子双凸镜状，黑色，有光泽，表面具六角形细洼。花果期 5 ～ 8 月。

分布与生境 我国除西藏未见标本外各地都有分布，俄罗斯以及欧洲国家也有分布，为普通田间杂草。生于荒地、道旁、垃圾堆、河岸、沟谷等处。

用途 全草入药，有止痒透疹、解毒、杀虫的功能，主治风热感冒、痢疾、腹泻、龋齿痛；外用治皮肤瘙痒、麻疹不透。可作家禽、牲畜饲料。

植株

植株

果实

花序

植株

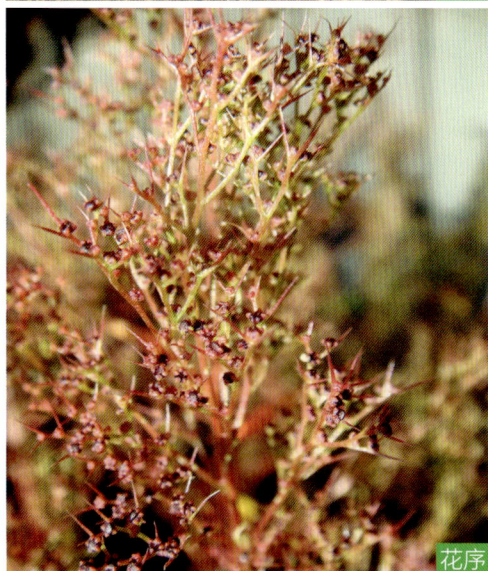
花序

052 | 刺藜

Dysphania aristata (L.) Mosyakin et Clemants
藜科 Chenopodiaceae
刺藜属 *Dysphania*

别名 刺穗藜、针尖藜

形态特征 一年生草本，高 10 ~ 40 厘米，秋后呈紫红色。茎直立，具色条，有多数分枝。叶条形至狭披针形，长达 7 厘米，宽约 1 厘米，全缘，先端渐尖，基部收缩成短柄，中脉黄白色。复二歧式聚伞花序生于枝端及叶腋，最末端的分枝针刺状；花两性，近无柄；花被裂片 5，狭椭圆形，先端钝或骤尖，背面稍肥厚，边缘膜质，果时开展。胞果圆形，果皮透明，与种子贴生。种子横生，顶基扁，周边截平或具棱。花期 8 ~ 9 月，果期 10 月。

分布与生境 分布于我国东北、西北、华北各地，欧洲及亚洲各国均有分布。生于山坡、荒地、路边。

用途 全草入药，有活血、调经、祛风止痒的功能，主治月经过多、痛经、闭经、过敏性皮炎、麻疹及皮肤瘙痒。

植株

053 | 地肤

Kochia scoparia (L.) Schrad.
藜科 Chenopodiaceae
地肤属 *Kochia*

别名 扫帚菜

形态特征 一年生草本，高 50～100 厘米。根略呈纺锤形。茎直立，淡绿色或带紫红色，分枝斜上。叶互生，披针形或条状披针形，长 2～5 厘米，宽 3～7 毫米，无毛或稍有毛。花两性或雌性，通常 1～3 个生于上部叶腋，构成疏穗状圆锥状花序；花被片 5，花被裂片近三角形；翅端附属物三角形至倒卵形，膜质，边缘微波状或具缺刻；柱头 2，丝状花柱极短。胞果扁球形，与种子离生。种子卵形，黑褐色，稍有光泽。花期 6～9 月，果期 7～10 月。

分布与生境 全国各地均有分布，欧洲及亚洲各国也有分布。生于田边、路旁、荒地等处。

用途 幼苗可作蔬菜。果实称"地肤子"，为常用中药，能清湿热、利尿、止痒，治淋症、带下、小便不利、疮毒；外用治皮肤癣及阴囊湿疹。

植株

花序

植株

58

植株

花序

茎

054 猪毛菜

Salsola collina Pall.
藜科 Chenopodiaceae
猪毛菜属 *Salsola*

别名 扎蓬棵、猪毛缨、刺猬草

形态特征 一年生草本，高1米。茎自基部分枝，伸展，茎、枝绿色，有白色或紫红色条纹。叶片丝状圆柱形，长2～5厘米，宽0.5～1.5毫米，顶端有刺状尖。花序穗状，生枝条上部；花被片卵状披针形，自背面中上部生鸡冠状突起；花被片在突起以上部分，近革质，顶端为膜质，向中央折曲成平面，紧贴果实，有时在中央聚集成小圆锥体；柱头丝状，长为花柱的1.5～2倍。种子横生或斜生。花期7～9月，果期9～10月。

分布与生境 分布于我国东北、华北、西北、华东、华中及西南各地，俄罗斯、朝鲜、蒙古、巴基斯坦也有分布。生于路旁沟边、荒地、沙丘或含盐的沙质地，为田间常见杂草。

用途 全草入药，有平肝潜阳、润肠通便的功能，主治高血压、眩晕、失眠、肠燥便秘等症。嫩茎、叶可供食用。

055 | 凹头苋

Amaranthus blitum L.
苋科 Amaranthaceae
苋属 *Amaranthus*

别名 野苋

形态特征 一年生草本，高 10～30 厘米，全株无毛。茎伏卧而上升，从基部分枝。叶片卵形或菱状卵形，长 1.5～4.5 厘米，宽 1～3 厘米，顶端凹缺，全缘或稍呈波状；叶柄长 1～3.5 厘米。花簇生于叶腋，在茎端和枝端者成直立穗状花序或圆锥花序；苞片及小苞片矩圆形；花被片 3，膜质，矩圆形或披针形；雄蕊 3；柱头 3 或 2，果熟时脱落。胞果扁卵形，超出宿存花被片。种子环形，黑色至黑褐色，边缘具环状边。花期 7～8 月，果期 8～9 月。

分布与生境 分布于我国南北各地，日本及欧洲、非洲北部、南美洲国家也有分布。生于田野及宅旁的杂草地上。

用途 茎叶可作猪饲料。全草入药，清热利湿，主治肠炎、痢疾、咽炎、乳腺炎、痔疮肿痛出血、毒蛇咬伤；种子有明目、利大小便、去寒热的功效；鲜根有清热解毒作用。嫩茎叶可食。

花序

植株

056 | 反枝苋

Amaranthus retroflexus L.
苋科 Amaranthaceae
苋属 *Amaranthus*

植株

花序

别名 苋菜

形态特征 一年生草本，高 20 ～ 80 厘米。茎直立，粗壮，单一或分枝，淡绿色，密生短柔毛。叶片菱状卵形或椭圆状卵形，长 5 ～ 12 厘米，宽 2 ～ 5 厘米，顶端锐尖或尖凹，有小凸尖，基部楔形，全缘或波状缘，两面及边缘有柔毛。圆锥花序顶生及腋生，直立，直径 2 ～ 4 厘米，由多数穗状花序形成；苞片及小苞片钻形，白色，背面中肋隆起延伸至顶部成白色尖芒；雄蕊比花被片稍长；柱头 3，有时 2。胞果扁卵形，包裹在宿存花被片内。种子近球形，棕色或黑色。花期 7 ～ 8 月，果期 8 ～ 9 月。

分布与生境 分布于我国东北、华北和西北各地，原产于美洲热带，现广泛传播并归化于世界各地。生于田间、宅旁及杂草地，为常见农田杂草。

用途 嫩茎叶为野菜。可作家畜饲料。种子及全草药用，有清肝火、祛风湿的功能，主治目赤肿痛、目翳不明、高血压、肥胖症等。

057 | 五味子

Schisandra chinensis (Turcz.) Baill.
木兰科 Magnoliaceae
五味子属 *Schisandra*

别名 北五味子

形态特征 落叶木质藤本，长达8米，全株近无毛。幼枝红褐色，老枝灰褐色。叶片宽椭圆形、卵形、倒卵形，长5～10厘米，宽2～5厘米，先端急尖，基部楔形，上部边缘具胼胝质的疏浅锯齿，近基部全缘。花单性，雄花有5枚雄蕊；花被片粉白色或粉红色，6～9片；雌蕊群近卵圆形，子房卵圆形或卵状椭圆体形，柱头鸡冠状。聚合果长1.5～8.5厘米；小浆果红色，近球形或倒卵圆形。种子肾形淡褐色，种皮光滑，种脐明显凹入成"U"形。花期5～7月，果期7～10月。

分布与生境 分布于我国东北、华北、西北各地，俄罗斯、朝鲜、日本也有分布。生于阔叶林、山沟、溪流旁。

用途 果实为著名中药，有敛肺止咳、滋补涩精、止泻止汗、宁心安神的功能，主治久咳虚喘、梦遗滑精、遗尿尿频、久泻不止、自汗、盗汗、津伤口渴、短气脉虚、内热消渴、心悸失眠。其叶、果实可提取芳香油。种仁含有脂肪油，榨油可作工业原料、润滑油。茎皮纤维柔韧，可供绳索。

植株

果实

058 | 尖萼耧斗菜

Aquilegia oxysepala Trautv. et Mey.
毛茛科 Ranunculaceae
耧斗菜属 *Aquilegia*

植株

花

别名　光萼耧斗菜、漏斗菜

形态特征　多年生草本，高 40 ～ 90 厘米。根粗壮，圆柱形，外皮黑褐色。茎直立，上部多少分枝。基生叶数枚，为二回三出复叶；叶片宽 5.5 ～ 20 厘米，三浅裂或三深裂，表面绿色，背面淡绿色；叶柄长 10 ～ 20 厘米，基部变宽呈鞘状；茎生叶数枚，具短柄，向上渐变小。花 3 ～ 5 朵，较大而美丽，微下垂；萼片紫色，稍开展，狭卵形，顶端急尖；花瓣瓣片黄白色，顶端近截形，距长 1.5 ～ 2 厘米，末端强烈内弯呈钩状；雄蕊与瓣片近等长，花药黑色；心皮 5，被白色短柔毛。蓇葖果长 2.5 ～ 3 厘米。种子黑色，长约 2 毫米。5 ～ 6 月开花，7 ～ 8 月结果。

分布与生境　分布于我国东北三省，朝鲜、俄罗斯远东地区也有分布。生于林下、林缘及山麓草地。

用途　全草入药，有活血调经、凉血止血、清热解毒的功能，主治痛经、崩漏、痢疾。可作为园林观赏植物。

059 | 黄花尖萼耧斗菜

Aquilegia oxysepala Trautv. et Mey. f. *pallidiflora* (Nakai) Kitag.
毛茛科 Ranunculaceae
耧斗菜属 *Aquilegia*

别名 漏斗菜

形态特征 本种为尖萼耧斗菜的变型，与尖萼耧斗菜的区别：萼片及花瓣均为黄白色。

分布与生境 在我国分布于辽宁、吉林。生于林内、林缘、草地及高山冻原。在朝鲜也有分布。

用途 用途同尖萼耧斗菜。

花

果

幼株

花序

果

060 | 短尾铁线莲

Clematis brevicaudata DC.
毛茛科 Ranunculaceae
铁线莲属 *Clematis*

别名 林地铁线莲、石通、连架拐

形态特征 藤本。枝有棱，稍带紫褐色，小枝疏生短柔毛或近无毛。一至二回羽状复叶或二回三出复叶，有5～15小叶，有时茎上部为三出叶；小叶片长卵形、卵形至宽卵状披针形或披针形，长2～6厘米，宽1～3.5厘米，边缘疏生粗锯齿或牙齿，有时3裂，两面近无毛或疏生短柔毛。圆锥状聚伞花序腋生或顶生，常比叶短；萼片4，白色，狭倒卵形，两面均有短柔毛；雄蕊无毛，比萼片短。瘦果卵形，密生柔毛，宿存花柱长1.5～3厘米。花期7～9月，果期9～10月。

分布与生境 分布于我国东北、华北、西北、华中、华东、西南地区，俄罗斯、蒙古、朝鲜也有分布。生于山坡灌丛、林缘、林下。

用途 藤条药用，主治尿道感染、尿频、尿道痛、心烦尿赤、口舌生疮、腹中胀满、大便秘结、乳汁不通等症。

植株

061 | 辣蓼铁线莲

Clematis terniflora DC. var. *mandshurica* (Rupr.) Ohwi
毛茛科 Ranunculaceae
铁线莲属 *Clematis*

别名 白须藤、东北铁线莲、山辣椒秧

形态特征 草质藤本，长达2米。茎和分枝除节上有白色柔毛外，其余无毛或近无毛；叶对生，三出羽状复出，小叶片5或7、卵形、长卵形或披针状卵形，长3～8厘米，宽1～5厘米，叶脉突出。圆锥状聚伞花序腋生或顶生，多花，花序较长而挺直，长可达25厘米，花序梗、花梗近无毛或稍有短柔毛；花径2～4厘米，白色；瘦果较小，长4～6毫米，宽2.5～4毫米。花期6～8月，果期7～9月。

分布与生境 分布于我国东北、华北地区，俄罗斯、蒙古、朝鲜也有分布。生于林缘、山坡灌丛及阔叶林下。

用途 根及根茎入药，有祛风湿、通经络、止痹痛、散癖积的功能，主治痛风、顽痹、腰膝酸痛、跌打损伤、诸骨鲠喉等。全草可作农药。种子油可制肥皂。

果

花

062 水葫芦苗

Halerpestes cymbalaria (Pursh) Green
毛茛科 Ranunculaceae
碱毛茛属 *Halerpestes*

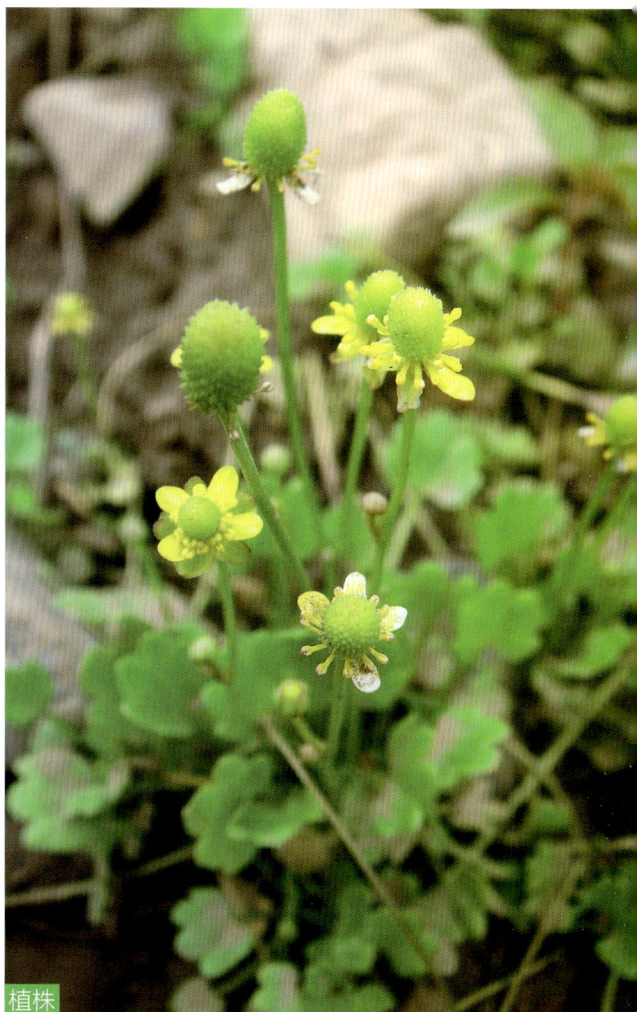

植株 植株

别名　圆叶碱毛茛

形态特征　多年生草本，高 7 ～ 13 厘米。匍匐茎细长，横走。叶基生，具长柄；叶片近圆形、肾形或宽卵形，边缘有 3 ～ 7 个圆齿，有时 3 ～ 5 裂，无毛。花葶 1 ～ 4 条，高 5 ～ 15 厘米，无毛；花小，直径 6 ～ 8 毫米；萼片绿色，卵形，反折；花瓣 5，黄色，基部有长约 1 毫米的爪，爪上端有点状蜜槽。聚合果椭圆球形，直径约 5 毫米。

瘦果小而极多，两面稍鼓起。花果期 5 ～ 8 月，果期 6 ～ 9 月。

分布与生境　分布于我国东北、华北、西北、西南地区，广泛分布于亚洲和北美洲温带地区的国家。生于山谷溪流旁、海岸沙地及盐碱土湿草地。

用途　全草入药，有利水消肿、祛风除湿的功能，主治水肿、腹水、小便不利、风湿痹痛。

063 | 茴茴蒜

Ranunculus chinensis Bunge
毛茛科 Ranunculaceae
毛茛属 *Ranunculus*

别名　茴茴蒜毛茛、水胡椒

形态特征　一年生草本，高 20 ～ 60 厘米。须根多数簇生。茎直立粗壮，与叶柄均密生开展的淡黄色糙毛。基生叶与下部叶有长达 12 厘米的叶柄，为 3 出复叶，叶片宽卵形至三角形，小叶 2 ～ 3 深裂，上部有不等的粗齿或缺刻或 2 ～ 3 裂，顶端尖，两面伏生糙毛；茎上部叶渐变小，叶片 3 全裂，裂片有粗齿牙或再分裂。花序有较多疏生的花，花梗贴生糙毛；萼片 5，外面生柔毛；花瓣 5，黄色或上面白色，基部有短爪和蜜

槽。聚合果长圆形，直径 6 ～ 14 毫米。瘦果扁平，喙极短，呈点状。花期 5 ～ 6 月，果期 6 ～ 9 月。

分布与生境　分布于我国东北、华北、西北、华东、华中、华南、西南地区，俄罗斯、朝鲜、日本、印度也有分布。生于平原与丘陵、溪边、田旁的水湿草地。

用途　全草药用，有消炎退肿、截疟、杀虫的功能，主治黄疸、肝硬化腹水、疮癞、牛皮癣、疟疾、哮喘、牙痛、胃痛、风湿痛。

植株

花与果

064 | 毛茛

Ranunculus japonicus Thunb.
毛茛科 Ranunculaceae
毛茛属 *Ranunculus*

植株

花

别名 老虎脚迹、五虎草、毛脚鸡

形态特征 多年生草本，高 30 ～ 70 厘米。须根多数簇生。茎直立，中空，有槽，具分枝，生开展或贴伏的柔毛。基生叶多数，具长柄，叶柄长达 15 厘米，生开展柔毛；叶片圆心形或五角形，长及宽为 3 ～ 10 厘米，通常 3 深裂不达基部。下部叶与基生叶相似，渐向上的叶叶柄变短，叶片较小，3 深裂；最上部叶线形，全缘，无柄。聚伞花序有多数花，疏散；萼片椭圆形，生白柔毛；花瓣 5，倒卵状圆形，鲜黄色，基部有爪和蜜槽。聚合果近球形，直径 6 ～ 8 毫米。瘦果扁平，无毛，喙短直或外弯。花果期 4 ～ 9 月。

分布与生境 除西藏外，在我国各地广布，俄罗斯、朝鲜、日本也有分布。生于田沟旁、山坡、林下和林缘路边的湿草地上。

用途 全草含原白头翁素，有毒，为发泡剂和杀菌剂；捣碎外敷，可截疟、消肿、治疮癣、风湿性关节炎。

065 | 石龙芮

Ranunculus sceleratus L.
毛莨科 Ranunculaceae
毛莨属 *Ranunculus*

植株

花与果

别名 石龙芮毛莨、苦堇

形态特征 一年生草本，高 10 ～ 50 厘米。须根簇生。茎直立，上部多分枝，具多数节，下部节上有时生根，疏生柔毛。基生叶多数，具长柄，柄长 3 ～ 15 厘米，近无毛；叶片肾状圆形，长 1 ～ 4 厘米，宽 1.5 ～ 5 厘米，3 深裂不达基部。茎生叶多数，下部叶与基生叶相似；上部叶较小，3 全裂，裂片披针形至线形，全缘，无毛，基部扩大成膜质宽鞘抱茎。聚伞花序有多数花；萼片 5，椭圆形，外面有短柔毛；花瓣 5，黄色。聚合果长圆形，长 8 ～ 12 毫米。瘦果极多数，稍扁，喙短至近无。花果期 5 ～ 8 月。

分布与生境 全国各地均有分布，在亚洲、欧洲、北美洲的亚热带至温带地区广布。生于河沟边及平原湿地。

用途 全草含原白头翁素，有毒，药用能清热解毒、消肿散结、止痛、截疟，主治痈疖肿毒、毒蛇咬伤、痰核瘰疬、风湿关节肿痛、牙痛、疟疾。

066 | 唐松草

Thalictrum aquilegifolium L. var. *sibiricum*
Regel et Tiling
毛茛科 Ranunculaceae
唐松草属 *Thalictrum*

别名 翼果白蓬草、草黄连、黑汉子腿

形态特征 多年生草本，高 60 ~ 150 厘米，全株无毛。茎粗壮，粗达 1 厘米，分枝。叶为三至四回三出复叶；小叶草质，顶生小叶倒卵形或扁圆形，长 1.5 ~ 2.5 厘米，宽 1.2 ~ 3 厘米，三浅裂，裂片全缘或有 1 ~ 2 牙齿，两面脉平或在背面脉稍隆起。圆锥花序伞房状，有多数密集的花；萼片白色或外面带紫色，长 3 ~ 3.5 毫米，早落；雄蕊多数，花丝呈棍棒状；心皮 6 ~ 8，有长心皮柄，花柱短，柱头侧生。瘦果倒卵形，有 3 条宽纵翅，宿存柱头长 0.3 ~ 0.5 毫米。花期 6 ~ 7 月，果期 7 ~ 8 月。

分布与生境 分布于我国东北、华北、西北、华东、华中等地，俄罗斯、朝鲜、日本也有分布。生于山坡、林缘。

用途 根及根茎入药，有清热泻火、燥湿解毒的功能，主治热病心烦、湿热泻痢、肺热咳嗽、目赤肿痛、痈肿疮疖。

果实

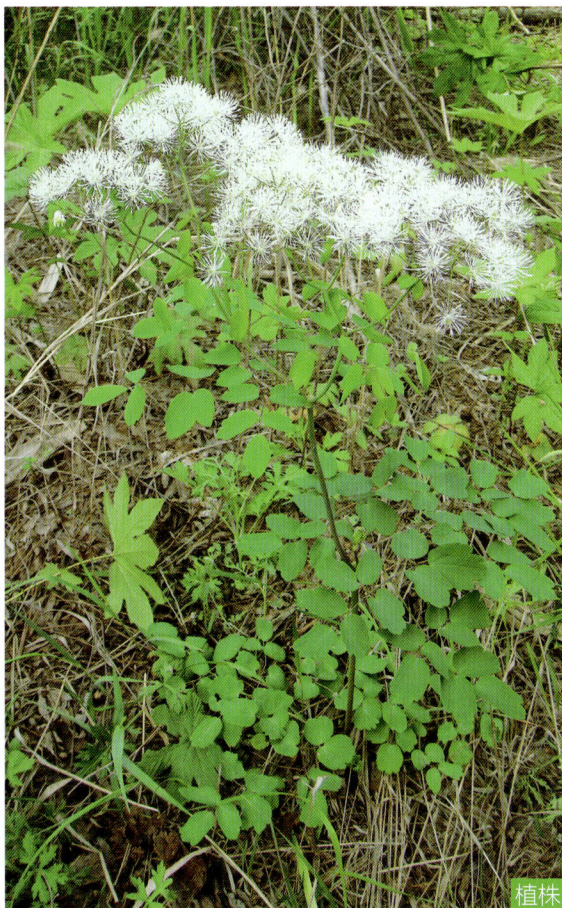
植株

067 | 贝加尔唐松草

Thalictrum baicalense Turcz.
毛茛科 Ranunculaceae
唐松草属 *Thalictrum*

别名 球果白蓬草、马尾黄连

形态特征 多年生草本，高 45～80 厘米，全株无毛。茎中部叶有短柄，为三回三出复叶；小叶草质，顶生小叶宽菱形、扁菱形或菱状宽倒卵形，长 1.8～4.5 厘米，宽 2～5 厘米，三浅裂，裂片有圆齿，脉在背面隆起。花序圆锥状，长 2.5～4.5 厘米；萼片 4，绿白色，早落；雄蕊 10～20，花丝上部渐粗，与花药近等宽；心皮 3～7，花柱直。瘦果卵球形或宽椭圆球形，稍扁，长约 3 毫米，有 8 条纵肋。花期 5～6 月，果期 7 月。

分布与生境 分布于我国东北、华北、西北各地，朝鲜、俄罗斯远东地区也有分布。生于山地林下或湿润草坡。

用途 根及根茎含小檗碱，可代替黄连药用，药用能清热燥湿、泻火解毒，主治湿热泻痢、黄疸、疮疡肿毒、目赤肿痛、感冒发热、癌肿。

果实

植株

植株

花序

果

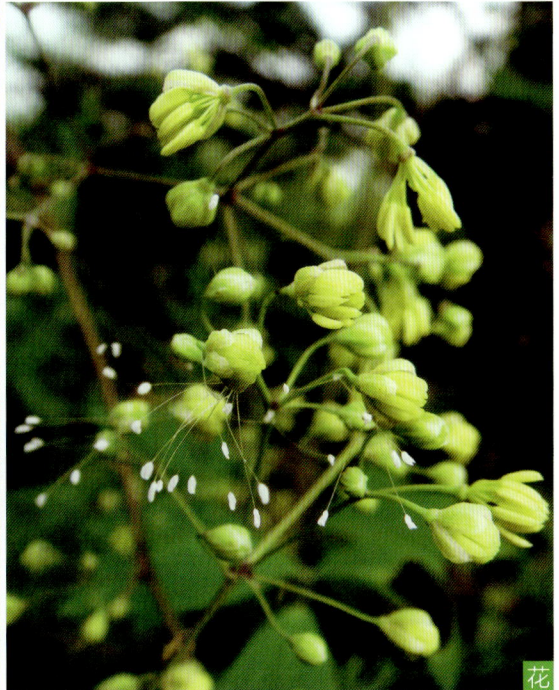
花

068 | 东亚唐松草

Thalictrum minus L. var. *hypoleucum* (Sieb. et Zucc.) Miq.
毛茛科 Ranunculaceae
唐松草属 *Thalictrum*

别名 小果白蓬草、烟锅草、穷汉子腿

形态特征 多年生草本，高达 2 米，植株全部无毛。茎下部叶有长柄，茎中部叶有短柄或近无柄，为四回三出羽状复叶；小叶纸质或薄革质，倒卵形、宽倒卵形或近圆形，长和宽均为 1.5～4 厘米，基部楔形至圆形，三浅裂或有疏牙齿，背面有白粉，粉绿色，脉隆起，脉网明显。圆锥花序开展，长达 30 厘米；萼片 4，淡黄绿色，脱落；雄蕊多数，长约 6 毫米；心皮 3～5，柱头正三角状箭头形。瘦果狭椭圆球形，长约 3.5 毫米，有 8 条纵肋。花期 7～8 月，果期 8～10 月。

分布与生境 分布于我国东北、华北、华东、华南、西南地区，朝鲜、日本也有分布。生于山坡灌丛、林缘、草地或山谷沟边。

用途 根及根茎入药，清热解毒，主治牙痛、急性皮炎、湿疹等症。

069 | 蝙蝠葛

Menispermum dauricum DC.
防己科 Menispermaceae
蝙蝠葛属 *Menispermum*

别名 山豆根、山地瓜秧、蝙蝠藤

形态特征 多年生缠绕性落叶藤本，长达数米。根状茎细长，褐色，垂直生。一年生茎纤细，有条纹，无毛。叶互生，叶柄盾状着生，叶片长和宽均约 3 ~ 12 厘米，边缘有 3 ~ 9 角（或裂）；掌状脉 9 ~ 12 条，均在背面凸起。圆锥花序单生或有时双生，雌雄异株，有花数朵至 20 余朵；雄花小，萼片 4 ~ 8，绿黄色，花瓣 6 ~ 8 或多至 9 ~ 12 片，肉质，凹成兜状，有短爪；雌花外形与雄花相似，退化雄蕊 6 ~ 12，花柱短，子房上位。核果成熟时紫黑色。花期 6 ~ 7 月，果期 8 ~ 9 月。

分布与生境 分布于我国东北及华北地区，俄罗斯、朝鲜、日本也有分布。生于山区林缘路旁、灌丛沟谷。

用途 根状茎入药，清热解毒、祛风止痛，主治咽喉肿痛、肺热咳嗽、疟腮、泻痢、扁桃体炎、牙龈肿痛、湿热黄疸、痈疖肿毒、便秘、虫蛇咬伤等症。

果实

植株

070 | 芡实

Euryale ferox Salisb.
睡莲科 Nymphaeaceae
芡属 *Euryale*

花

别名 鸡头米、鸡头莲、鸡头荷、刺莲藕

形态特征 一年生大型水生草本，全株多刺。沉水叶箭形或椭圆肾形，长 4～10 厘米，两面无刺，叶柄无刺；浮水叶革质，椭圆肾形至圆形，直径 10～130 厘米，盾状，有或无弯缺，全缘，下面带紫色，有短柔毛，两面在叶脉分枝处有锐刺；叶柄及花梗粗壮，长可达 25 厘米，皆有硬刺。花长约 5 厘米；萼片披针形，内面紫色；花瓣紫红色，成数轮排列，向内渐变成雄蕊；无花柱，柱头红色，成凹入的柱头盘。浆果球形，污紫红色，外面密生硬刺。种子球形，黑色。花期 7～8 月，果期 8～9 月。

分布与生境 产于我国南北各地，俄罗斯远东地区、朝鲜、日本、印度也有分布。生在池塘、湖沼中。

用途 种子含淀粉，供食用、酿酒及制副食品用。果实入药，固肾涩精、补脾止泻，主治遗精、白浊、淋浊、带下、小便失禁、大便泄泻；根入药，主治疝气疼痛、白带、无名肿毒。叶入药，主治吐血、便血、妇女产后胞衣不下。全草为猪饲料，又可作绿肥。

植株

071 | 莲

Nelumbo nucifera Gaertn.
睡莲科 Nymphaeaceae
莲属 *Nelumbo*

别名 莲花、荷花、芙蕖、芙蓉

形态特征 多年生水生草本。根状茎横生，肥厚，节间膨大，内有多数纵行通气孔道，节部缢缩，上生黑色鳞叶，下生须状不定根。叶圆形，盾状，直径 25～90 厘米；叶柄圆柱形，长 1～2 米，中空，外面散生小刺。花梗和叶柄等长或稍长，也散生小刺；花直径 10～20 厘米；花瓣红色、粉红色或白色；花药条形，花丝细长，着生在花托之下；花柱极短，柱头顶生。坚果椭圆形或卵形，果皮革质，坚硬，熟时黑褐色。种子（莲子）卵形或椭圆形，种皮红色或白色。花期 6～8 月，果期 8～10 月。

分布与生境 产于我国南北各地，俄罗斯、朝鲜、日本及亚洲南部和大洋洲各国均有分布。自生或栽培在池塘或水田内。

用途 根状茎（藕）作蔬菜或提制淀粉（藕粉）；种子供食用。叶、叶柄、花托、花、雄蕊、果实、种子、莲子心及根状茎均作药用；藕及莲子为营养品，叶（荷叶）及叶柄（荷梗）煎水喝可清暑热。叶为茶的代用品，又作包装材料。花大美丽，可用作园林观赏植物。

植株

花

植株

072 | 五刺金鱼藻

Ceratophyllum platyacanthum Chamisso subsp. *oryzetorum* (Kom.) Les
金鱼藻科 Ceratophyllaceae
金鱼藻属 *Ceratophyllum*

别名 十叶金鱼藻

形态特征 多年生沉水草本。茎平滑，多分枝，节间1～2.5厘米，枝顶端者较短。叶常10个轮生，2次二叉状分歧，裂片条形，长1～2厘米，宽0.3～0.5毫米。花小，单性，腋生，花梗短。坚果椭圆形，褐色，平滑，边缘无翅，有5尖刺，顶生刺长7～10毫米；果实近先端1/3处生2刺，且和果实垂直，直生或少见弯曲；果实基部斜生2刺，长6～8毫米。花期6～7月，果期9～11月。

分布与生境 产于我国黑龙江、辽宁、河北、台湾等省，俄罗斯及日本有分布。生在河沟或池沼中。

用途 可栽植于室内水体、水族箱中，作为水中观赏植物。

植株 植株

073 北马兜铃

Aristolochia contorta Bunge
马兜铃科 Aristolochiaceae
马兜铃属 *Aristolochia*

别名 马兜铃、马斗铃

形态特征 多年生草质藤本，全株无毛。茎长达 2 米以上。叶纸质，卵状心形或三角状心形，长 3～13 厘米，宽 3～10 厘米，边全缘，上面绿色，下面浅绿色，两面均无毛；基出脉 5～7 条。总状花序有花 2～8 朵或有时仅一朵生于叶腋；花被长 2～3 厘米，基部膨大呈球形，直径达 6 毫米，向上收狭呈一长管，管长约 1.4 厘米，绿色，外面无毛，内面具腺体状毛，管口扩大呈漏斗状；檐部一侧极短，有时边缘下翻或稍二裂，另一侧渐扩大成舌片；花药贴生于合蕊柱近基部；子房圆柱形，6 棱；合蕊柱顶端 6 裂。蒴果宽倒卵形或椭圆状倒卵形，长 3～6.5 厘米，直径 2.5～4 厘米，6 棱，平滑无毛，成熟时黄绿色，6 瓣开裂。种子三角状心形，灰褐色，扁平，浅褐色膜质翅。花期 5～7 月，果期 8～10 月。

分布与生境 分布于我国东北、华北各地及陕西、甘肃、江苏、安徽等省，俄罗斯、朝鲜、日本也有分布。生于山沟灌丛间、林缘、溪流旁灌丛中、河岸柳丛间，缠绕于其他树木上。

用途 本种药用，茎叶称天仙藤，有行气活血、止痛、利尿之效；果称马兜铃，有清热降气、止咳平喘、清肠消痔之效；根称青木香，有小毒，具行气、解毒、消肿之效，并有降血压作用。

植株

花序

果实

074 | 短柱金丝桃

Hypericum hookerianum Wight et Arn.
藤黄科 Guttiferae
金丝桃属 *Hypericum*

植株

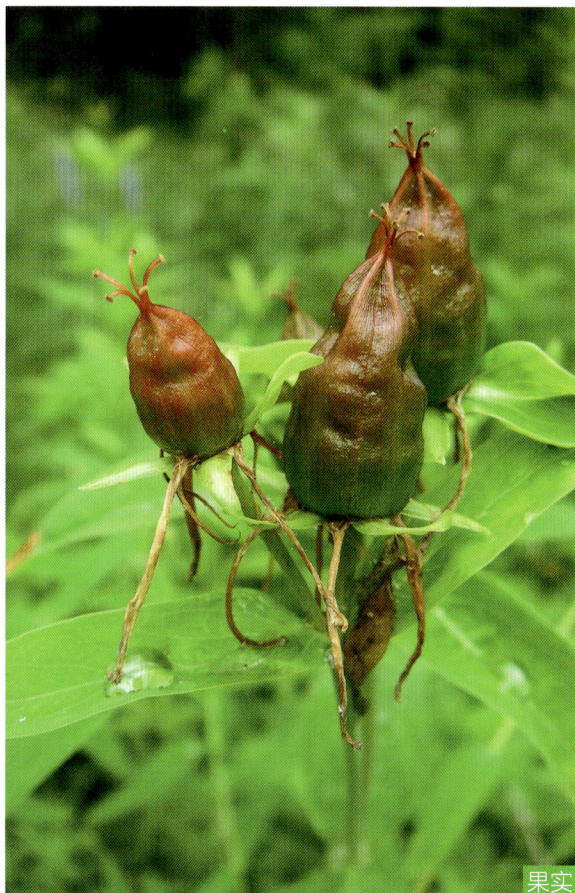
果实

别名　多蕊金丝桃、过路黄

形态特征　多年生草本，高 0.3～1.5 米，丛状。茎直立，幼时具 4 纵线棱。叶具柄，叶柄长 1～4 毫米；叶片狭披针形或长圆状披针形至宽卵形，长 3～7 厘米，宽 0.7～3.0 厘米。花序具 1～5 花，自茎顶端第 1 节生出，近伞房状；花直径 3～6 厘米，多少呈深盂状；萼片离生，在花蕾及结果时直立；花瓣深黄至暗黄色，明显内弯，边缘全缘；雄蕊 5 束，每束有雄蕊 60～80 枚，长约为花瓣的 1/4～1/3，花药金黄色；子房宽卵珠形，长 5～8 毫米，先端锐尖；花柱长 2～4 毫米，长约为子房的 1/3～7/10。蒴果卵珠形至卵珠状圆锥形。种子深红褐色，有浅的线状网纹。花期 4～7 月，果期 9～10 月。

分布与生境　分布于我国东北各地及云南西部、西藏东南部，俄罗斯、朝鲜、日本、尼泊尔、印度、不丹等国也有分布。生于林缘、灌丛间、湿草甸子及江、河、湖边沼泽地。

用途　全草入药，有平肝止血、解毒消肿的功能，主治头痛、吐血、跌打损伤、疮疖。花大、美丽，可用作园林观赏植物。

075 | 长柱金丝桃

Hypericum longistylum Oliv.
藤黄科 Guttiferae
金丝桃属 *Hypericum*

别名 黄海棠

形态特征 多年生草本，高约1米。茎直立，幼时有2～4纵线棱并且两侧压扁，最后呈圆柱形。叶对生，近无柄或具短柄；叶片狭长圆形至椭圆形或近圆形，长1～3.1厘米，宽0.6～1.6厘米，上面绿色，下面多少密生白霜，主侧脉纤弱，约3对。花序具1花，在短侧枝上顶生；花直径2.5～4.5厘米；萼片离生或在基部合生，在花蕾及结果时开张或外弯；花瓣金黄色至橙色，长1.5～2.2厘米，宽0.4～0.8厘米；雄蕊5束，每束约有雄蕊15～25枚；花柱长1～1.8厘米，长约为子房的3.5～6倍，合生几达顶端然后开张；柱头小。蒴果卵珠形，通常略具柄。种子圆柱形，淡棕褐色，有明显的龙骨状突起和细蜂窝纹。花期5～7月，果期8～9月。

分布与生境 分布于我国东北及黄河、长江流域各地，俄罗斯、朝鲜、日本也有分布。生于山坡林缘及草丛中以及向阳山坡和河岸湿地。

用途 用途同短柱金丝桃。

花

植株

076 | 白屈菜

Chelidonium majus L.
罂粟科 Papaveraceae
白屈菜属 *Chelidonium*

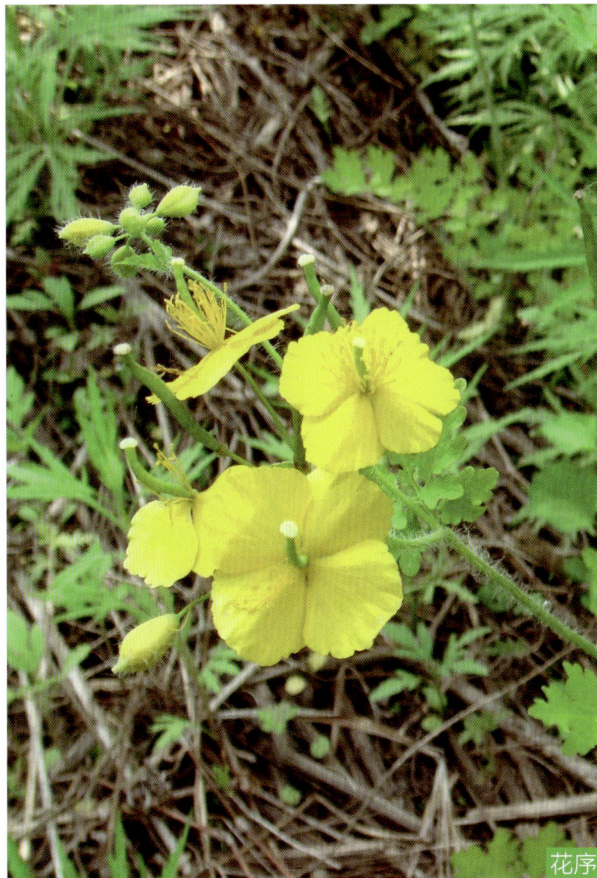

别名 土黄连、水黄连、断肠草、小人血七

形态特征 多年生草本，高 30 ～ 100 厘米。主根粗壮，圆锥形，侧根多，暗褐色。茎聚伞状多分枝，分枝常被短柔毛。基生叶长 8 ～ 20 厘米，羽状全裂，全裂片 2 ～ 4 对，具不规则的深裂或浅裂，裂片边缘圆齿状，表面绿色，无毛，背面具白粉，疏被短柔毛；茎生叶叶片长 2 ～ 8 厘米，宽 1 ～ 5 厘米。伞形花序多花；萼片卵圆形，舟状；花瓣倒卵形，黄色；雄蕊长约 8 毫米，花丝丝状，黄色；子房线形，绿色，无毛，花柱长约 1 毫米，柱头 2 裂。蒴果狭圆柱形，长 2 ～ 5 厘米。种子卵形，暗褐色，具光泽及蜂窝状小格。花期 5 ～ 8 月，果期 6 ～ 9 月。

分布与生境 我国大部分省区均有分布，俄罗斯、朝鲜、日本及欧洲各国也有分布。生于山坡、山谷林缘草地或路旁、石缝。

用途 全草入药，有毒，含多种生物碱，有镇痛、止咳、消肿、利尿、解毒的功能，治胃肠疼痛、痛经、黄疸、疥癣疮肿、蛇虫咬伤；外用消肿。可作农药。可作为园林观赏植物。

花序

植株

077 齿瓣延胡索

Corydalis turtschaninovii Bess.
罂粟科 Papaveraceae
紫堇属 *Corydalis*

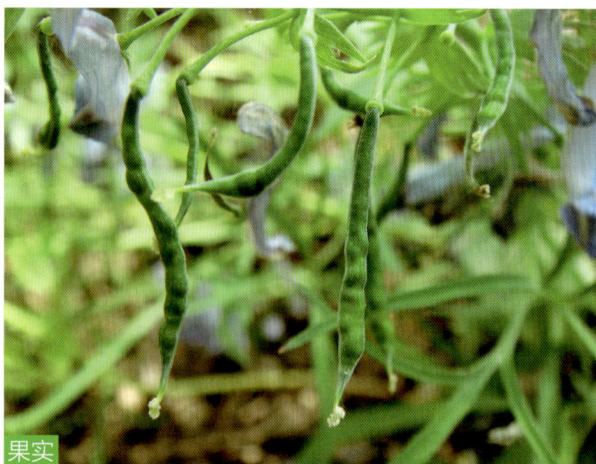
果实

别名 蓝雀花、蓝花菜、元胡

形态特征 多年生草本，高 10～30 厘米。块茎圆球形，直径 1～3 厘米，质色黄，味苦且麻，有时瓣裂。茎基部以上具 1 枚大而反卷的鳞片。茎生叶通常 2 枚，二回或近三回三出，末回小叶变异极大，有全缘的，有具粗齿和深裂的，有篦齿分裂的，裂片宽椭圆形、倒披针形或线形，钝或具短尖。总状花序花期密集，具 6～30 花；苞片楔形，篦齿状多裂，稀分裂较少；萼片小，不明显；花蓝色、白色或紫蓝色；外花瓣边缘常具浅齿，顶端下凹，具短尖；上花瓣长约 2～2.5 厘米；距直或顶端稍下弯，长 1～1.4 厘米；内花瓣长 9～12 毫米；柱头扁四方形，顶端具 4 乳突。蒴果线形，具 1 列种子，多少扭曲。种子平滑，种阜远离。花期 4～5 月，果期 5～6 月。

分布与生境 分布于我国东北各地及内蒙古东北部、河北东北部地区，朝鲜、日本和俄罗斯远东地区东南部有分布。生于杂木林下、林缘、河漫滩及溪沟旁。

用途 块茎入药，为良好的止痛药，有活血行气、止痛的功能，主治胸胁脘腹疼痛、闭经痛经、产后瘀血、跌打肿痛。

植株

植株

花序

078 | 堇叶延胡索

Corydalis fumariifolia Maxim.
罂粟科 Papaveraceae
紫堇属 *Corydalis*

花序

植株

别名 东北延胡索、土元胡

形态特征 多年生草本，高 15 ～ 25 厘米。块茎圆球形，直径约 1 厘米，味微苦。茎直立或上升，基部以上具 1 鳞片，不分枝或鳞片腋内具 1 分枝。叶二回或三回三出，绿色无毛，小叶多变，全缘至深裂，末回裂片线形、披针形、椭圆形或卵圆形，全缘，有时具锯齿或圆齿。总状花序具 5 ～ 15 花；苞片宽披针形，卵圆形或倒卵形，全缘，有时篦齿状或扇形分裂；花淡蓝色或蓝紫色，稀紫色或白色；内花瓣色淡或近白色；外花瓣全缘，稀具齿，顶端下凹；上花瓣长 1.8 ～ 2.5 厘米，瓣片多少上弯，两侧常反折；距直或末端稍下弯，长 7 ～ 12 毫米，常呈三角形；下花瓣直或浅囊状，但常具明显变狭的基部；内花瓣长 8 ～ 11 毫米；柱头近四方形，顶端具 4 短柱状乳突，基部具 2 下延的紧邻花柱的尾状突起。蒴果线形，常呈红棕色，背腹扁平，侧面常具龙骨状突起，具 1 列种子。种子平滑，具倒卵形的种阜。花期 4 ～ 5 月，果期 4 ～ 6 月。

分布与生境 分布于我国东北各地，俄罗斯远东地区也有分布。生于灌丛间、杂木林下、坡地、阴湿山沟腐殖质多的含有沙石的土壤中。

用途 块茎入药，有活血行气、止痛的功能，主治胸胁脘腹疼痛、闭经痛经、产后瘀血、跌打肿痛。

植株

079 | 全叶延胡索

Corydalis repens Mandl et Muehld.
罂粟科 Papaveraceae
紫堇属 *Corydalis*

别名 元胡

形态特征 多年生草本，高 10～20 厘米。块茎球形，直径约 1～1.5 厘米，有时瓣裂，内质近白色，微苦。茎细长，基部以上具 1 个鳞片，枝条发自鳞片腋内。叶二回三出，小叶披针形至倒卵形，全缘，有时分裂，长 0.6～4 厘米，宽 0.5～2 厘米。总状花序 1 至多数；苞片披针形至卵圆形，全缘或顶端稍分裂；花浅蓝色、蓝紫色或紫红色；外花瓣宽展，具平滑的边缘，顶端下凹；上花瓣长 1.5～1.9 厘米，瓣片常上弯；距圆筒形，直或末端稍下弯，长 7～9 毫米；下花瓣略向前伸，长 6～8 毫米；内花瓣长 5～7 毫米，具半圆形的伸出顶端的鸡冠状突起；柱头小，扁圆形，具不明显的 6～8 乳突。蒴果宽椭圆形或卵圆形，具 4～6 种子，2 列。种子光滑，种阜鳞片状，白色。花期 4 月，果期 5 月。

分布与生境 分布于我国东北、华北各地，俄罗斯远东地区和朝鲜也有分布。生于林下或林缘。

用途 块茎入药，有活血行气、止痛的功能，主治气滞腹痛、胃痛、气滞血瘀之经期腹痛、瘀血头痛。

果序

植株

花

080 | 硬毛南芥

Arabis hirsuta (L.) Scop.
十字花科 Cruciferae
南芥属 *Arabis*

别名 野南芥菜、毛筷子芥、毛南芥

形态特征 一年生或二年生草本，高 30～100 厘米，全株被有硬单毛、叉毛。茎常中部分枝，直立。基生叶长椭圆形或匙形，长 2～6 厘米，宽 6～14 毫米，边缘全缘或呈浅疏齿；叶柄长 1～2 厘米；茎生叶多数，常贴茎，长 2～5 厘米，宽 7～13 毫米，边缘具浅疏齿，基部心形或呈钝形叶耳，抱茎或半抱茎。总状花序顶生或腋生，花多数；萼片长椭圆形，长约 4 毫米；花瓣白色，长椭圆形，长 4～6 毫米，宽 0.8～1.5 毫米，基部呈爪状；花柱短，柱头扁平。长角果线形，长 3.5～6.5 厘米，直立，紧贴果序轴，种子每室 1 行，约 25 粒。种子卵形，边缘具窄翅，褐色。花期 5～7 月，果期 6～7 月。

分布与生境 分布于我国大部分地区，亚洲北部和东部地区、欧洲及北美洲也有分布。生于干燥草地或坡地。

用途 幼苗可食。

植株

花序

081 | 垂果南芥

Arabis pendula L.
十字花科 Cruciferae
南芥属 *Arabis*

别名 唐芥、扁担蒿、野白菜、大蒜芥

形态特征 二年生草本，高 30 ~ 150 厘米，全株被硬单毛、叉毛。主根圆锥状，黄白色。茎直立，上部有分枝。茎下部的叶长椭圆形至倒卵形，长 3 ~ 10 厘米，宽 1.5 ~ 3 厘米，顶端渐尖，边缘有浅锯齿，基部渐狭而成叶柄；茎上部的叶狭长椭圆形至披针形，较下部的叶略小，基部呈心形或箭形，抱茎。总状花序顶生或腋生；萼片椭圆形，长 2 ~ 3 毫米，背面被有单毛、叉毛及星状毛；花瓣白色、匙形。长角果线形，长 4 ~ 10 厘米，弧曲，下垂，种子每室 1 行。种子椭圆形，褐色，边缘有环状的翅。花期 6 ~ 9 月，果期 7 ~ 10 月。

分布与生境 分布于我国东北、华北、西北、西南地区，俄罗斯、朝鲜、日本、蒙古也有分布。生于沙丘、山坡、草地、路旁、草甸、林下、河岸等处。

用途 果实入药，有清热解毒、消肿的功能，主治疮痈肿毒、阴道炎、阴道滴虫。

植株

花序

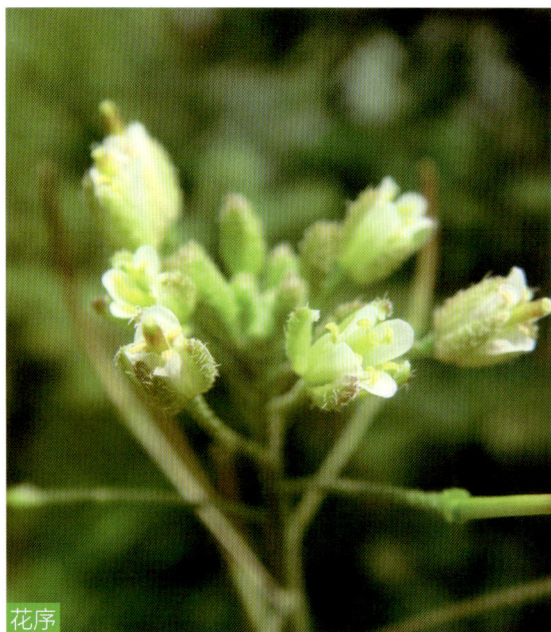
植株

082 | 荠

Capsella bursa-pastoris (L.) Medic.
十字花科 Cruciferae
荠属 *Capsella*

别名 荠菜、菱角菜

形态特征 一年或二年生草本，高 10 ～ 50 厘米，有单毛或分叉毛。茎直立，单一或从下部分枝。基生叶丛生呈莲座状，大头羽状分裂，长可达 12 厘米，宽可达 2.5 厘米，侧裂片 3 ～ 8 对；茎生叶窄披针形或披针形，基部箭形，抱茎，边缘有缺刻或锯齿。总状花序顶生及腋生，果期延长达 20 厘米；花瓣白色，卵形，长 2 ～ 3 毫米，有短爪；花柱长约 0.5 毫米。短角果倒三角形或倒心状三角形，扁平，无毛，顶端微凹，种子 2 行。

种子长椭圆形，浅褐色。花果期 4 ～ 6 月。

分布与生境 分布几遍全国，全世界温带地区广布。野生，偶有栽培。生在山坡、田地、荒地及路旁。

用途 全草入药，有凉血止血、清热利尿的功能，主治肾结核尿血、产后子宫出血、月经过多、肺结核咳血、肾炎水肿、泌尿系结石等。嫩株为美味野菜。种子含油 20% ～ 30%，属干性油，供制油漆及肥皂用。

植株

花序

083 | 弯曲碎米荠

Cardamine flexuosa With.
十字花科 Cruciferae
碎米荠属 *Cardamine*

别名 碎米荠

形态特征 一年或二年生草本，高达 10～30 厘米。茎自基部多分枝，斜升呈铺散状，表面疏生柔毛。叶为基数羽状复叶；基生叶有叶柄，小叶 3～7 对，顶生小叶卵形、倒卵形或长圆形，顶端 3 齿裂，有小叶柄，侧生小叶卵形，较顶生的形小，1～3 齿裂，有小叶柄；茎生叶有小叶 3～5 对，小叶多为长卵形或线形，1～3 裂或全缘，小叶柄有或无。总状花序多数，生于枝顶；萼片长约 2.5 毫米，边缘膜质；花瓣白色，长约 3.5 毫米。长角果线形，扁平，长 12～20 毫米，宽约 1 毫米，与果序轴近于平行排列，果序轴左右弯曲。种子长圆形而扁，长约 1 毫米，黄绿色，顶端有极窄的翅。花期 5 月，果期 5～6 月。

分布与生境 分布于我国南北各地，朝鲜、日本及欧洲、北美洲各国也有分布。生于田边、路旁、湿草地、溪流附近等处。

用途 全草入药，有清热利湿的功能，主治尿道炎、膀胱炎、痢疾、白带；外用将适量鲜草捣烂敷患处可治疗疮等。嫩苗可作野菜食用。

花序

植株

花序

084 | 白花碎米荠

Cardamine leucantha (Tausch) O. E. Schulz
十字花科 Cruciferae
碎米荠属 *Cardamine*

植株

别名 山芥菜

形态特征 多年生草本，高 30～80 厘米。根状茎短而匍匐，着生匍匐茎，其上生有须根。茎单一，不分枝，有时上部有少数分枝密被短柔毛。叶为奇数羽状复叶，通常为 5 小叶，叶有长柄，小叶 2～3 对，叶柄及叶片被短毛。总状花序顶生，分枝或不分枝，花后伸长；萼片长椭圆形，边缘膜质，外面有毛；花瓣白色，长圆状楔形，长 5～8 毫米；花丝稍扩大；雌蕊细长；子房有长柔毛，柱头扁球形。长角果线形，长 1～2 厘米，果瓣散生柔毛，毛易脱落。种子长圆形，栗褐色，边缘具窄翅或无。花期 4～7 月，果期 6～8 月。

分布与生境 分布于我国东北、华北、华南各省区，朝鲜、日本、俄罗斯远东地区也有分布。生于林下、林缘、灌丛下、湿草地、溪流附近及林区路旁等处。

用途 全草晒干，民间用以代茶叶。根状茎可治气管炎；全草及根状茎能清热解毒，化痰止咳；嫩苗可作野菜食用。

植株

花序

085 | 花旗杆

Dontostemon dentatus (Bunge) Ledeb.
十字花科 Cruciferae
花旗杆属 *Dontostemon*

别名 齿叶花旗杆

形态特征 二年生草本，高 10 ～ 50 厘米，植株散生白色弯曲柔毛。茎单一或分枝。叶椭圆状披针形，长 3 ～ 6 厘米，宽 3 ～ 12 毫米，两面稍具毛。总状花序生枝顶，结果时长 10 ～ 20 厘米；萼片椭圆形，具白色膜质边缘，背面稍被毛；花瓣淡紫色，长 6 ～ 10 毫米，宽约 3 毫米，顶端钝，基部具爪。长角果长圆柱形，光滑无毛，宿存花柱短，顶端微凹。种子棕色，长椭圆形，具膜质边缘。花期 5 ～ 7 月，果期 7 ～ 8 月。

分布与生境 分布于我国东北、华北、西北和华东地区，俄罗斯、朝鲜、日本也有分布。生于山坡路旁、林缘、石质地、草地。

用途 全草及种子入药，有润肠通便的功能。

植株

花序

植株

花序

086 | 葶苈

Draba nemorosa L.
十字花科 Cruciferae
葶苈属 *Draba*

别名 猫耳朵菜、大宝、大适

形态特征 一年或二年生草本，高 5～40 厘米。茎直立，单一或分枝，下部密生单毛、叉状毛和星状毛，上部渐稀至无毛。基生叶莲座状，长倒卵形，顶端稍钝，边缘有疏细齿或近于全缘；茎生叶长卵形或卵形，顶端尖，基部楔形或渐圆，边缘有细齿，无柄，上面被单毛和叉状毛。总状花序有花 25～90 朵，密集成伞房状；萼片椭圆形，背面略有毛；花瓣黄色，花期后成白色，顶端凹；花药短心形；雌蕊椭圆形，密生短单毛，柱头小。短角果长圆形或长椭圆形，长 4～10 毫米，宽 1.1～2.5 毫米，被短单毛。种子椭圆形，褐色。花期 3～4 月上旬，果期 5～6 月。

分布与生境 分布于我国东北、华北、西北各地，俄罗斯、朝鲜、日本也有分布。生于坡耕地、田间、路边、草地、山边及林下。

用途 种子含油，供制肥皂用。种子供药用，有祛痰平喘、泻肺引水的功能，主治痰饮、咳嗽、胀满、肺痈等症。幼苗为早春野菜。

植株

果实

十字花科

087 | 光果葶苈

Draba nemorosa L. var. *leiocarpa* Lindbl.
十字花科 Cruciferae
葶苈属 *Draba*

别名 猫耳朵菜

形态特征 本种为葶苈的变种，除短角果光滑无毛外，其他特征同葶苈。

分布与生境 分布于我国东北、华北、西北各地，俄罗斯、朝鲜、日本及欧洲北部各国也有分布。生于坡耕地、田间、路边、草地、山边及林下。

用途 种子含油，供制肥皂用。种子供药用，有祛痰平喘、泻肺引水的功能，主治痰饮、咳嗽、胀满、肺痈等症。幼苗为早春野菜。

幼株

果实

植株

088 | 密花独行菜

Lepidium densiflorum Schrad.
十字花科 Cruciferae
独行菜属 *Lepidium*

植株

花序

形态特征 一年生草本，高 10～30 厘米；茎单一，直立，上部分枝，具疏生柱状短柔毛。基生叶长圆形或椭圆形，长 1.5～3.5 厘米，宽 5～10 毫米，顶端急尖，基部渐狭，羽状分裂，边缘有不规则深锯齿；叶柄长 5～15 毫米；茎下部及中部叶长圆披针形或线形，边缘有不规则缺刻状尖锯齿，有短叶柄；茎上部叶线形，边缘疏生锯齿或近全缘，近无柄；所有叶上面无毛，下面有短柔毛。总状花序有多数密生花，果期伸长；萼片卵形，长约 0.5 毫米；无花瓣或花瓣退化成丝状，远短于萼片；雄蕊 2。短角果圆状倒卵形，长 2～2.5 毫米，顶端圆钝，微缺，有翅，无毛。种子卵形，长约 1.5 毫米，黄褐色，有不明显窄翅。花期 5～6 月，果期 6～7 月。

分布与生境 分布于我国黑龙江、辽宁，原产于北美洲，后传播至朝鲜及欧洲各国。生于荒地、路旁、沟边、草地、耕地旁等处。

用途 种子入药，有泻肺降气、祛痰平喘、利水消肿的功能，主治喘咳痰多、肺痈、水肿、胸腹积水、小便不利、慢性肺源性心脏病、心力衰竭之喘肿、瘰疬结核等症。嫩叶可作野菜食用。

089 | 两栖蔊菜

Rorippa amphibia (L.) Bess.
十字花科 Cruciferae
蔊菜属 *Rorippa*

形态特征　多年生草本植物，高 30～90 厘米。根系发达，主根长而粗。茎直立，较细弱，有纵条纹，稍被绒毛。基生叶和茎下部叶基部渐狭，下延成短耳状半抱茎；茎上部叶略小，椭圆形至披针形，长 3～6 厘米，宽 0.7～2 厘米，边缘有不整齐的锯齿，两面无毛。总状花序顶生，长5～15 厘米，相互排列成圆锥花序；萼片 4，长2～3 毫米；花瓣 4，黄色；雄蕊 6，不超出花瓣。

角果椭圆形至卵状椭圆形，长 3～4 毫米。种子红褐色，排成 2 行。花期 6 月，果期 6～7 月。

分布与生境　该种为近年来随园林绿化引入我国的外来种，东北、华北及长江流域等地区均有分布，美洲、欧洲各国广为分布。生于路旁、草坪地、公园等处。

用途　可作饲料。

植株

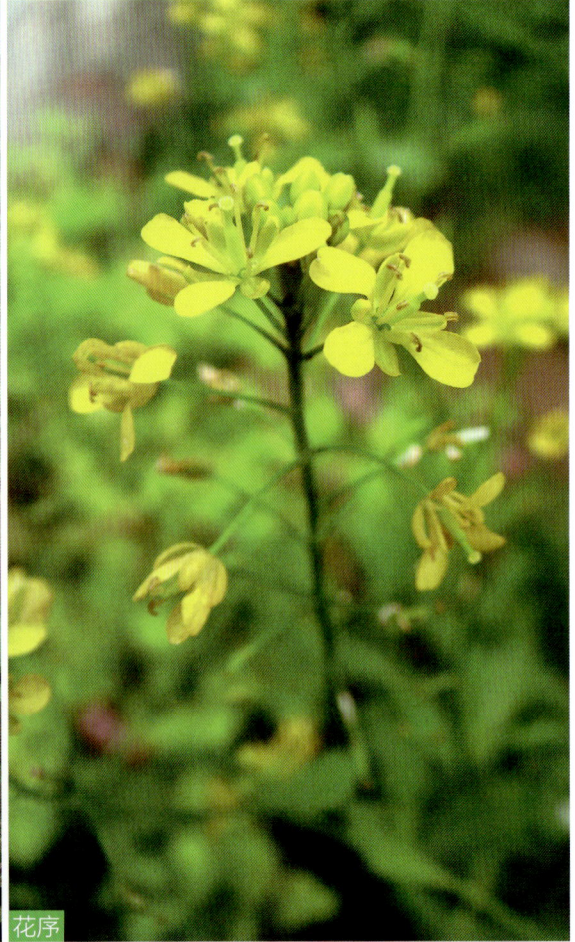

花序

090 | 风花菜

Rorippa globosa (Turcz.) Hayek
十字花科 Cruciferae
蔊菜属 *Rorippa*

别名 球果蔊菜、圆果蔊菜

形态特征 一或二年生直立粗壮草本，高 20～80 厘米。茎单一，基部木质化。茎下部叶具柄，上部叶无柄；叶片长圆形至倒卵状披针形，长 5～15 厘米，宽 1～2.5 厘米，基部渐狭，下延成短耳状而半抱茎，边缘具不整齐粗齿，两面被疏毛。总状花序多数，呈圆锥花序式排列，果期伸长；萼片 4，开展，基部等大，边缘膜质；花瓣 4，黄色，与萼片等长成稍短，基部渐狭成短爪；雄蕊 6，4 强或近于等长。短角果实近球形，径约 2 毫米。种子多数，淡褐色，极细小，扁卵形，一端微凹。花期 4～6 月，果期 7～9 月。

分布与生境 分布于我国东北、华北、华东、华南各地和台湾，俄罗斯、朝鲜、越南也有分布。生于湿地或河岸。

用途 嫩茎和叶可作野菜食用。全草入药，有补肾、凉血的功能，主治乳痈。

植株　花与果

091 | 沼生蔊菜

Rorippa islandica (Oed.) Borb.
十字花科 Cruciferae
蔊菜属 *Rorippa*

植株

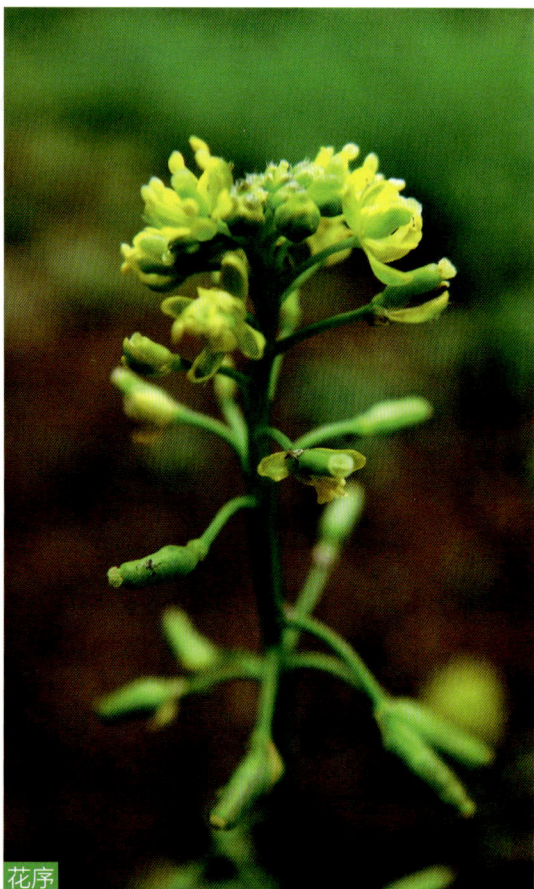

花序

别名　风花菜

形态特征　一或二年生草本，高 15～50 厘米。茎直立，单一或分枝，下部常带紫色，具棱。基生叶多数，具柄；叶片羽状深裂或大头羽裂，长圆形至狭长圆形，长 5～10 厘米，宽 1～3 厘米，裂片 3～7 对，边缘不规则浅裂或呈深波状，基部耳状抱茎；茎生叶向上渐小，近无柄，叶片羽状深裂或具齿，基部耳状抱茎。总状花序顶生或腋生，花小，黄色成淡黄色；萼片长椭圆形，长 1.2～2 毫米；花瓣长倒卵形至楔形，等于或稍短于萼片；雄蕊 6，近等长。短角果长 3～8 毫米，宽 1～3 毫米，果瓣肿胀。种子每室 2 行，褐色，近卵形而扁，一端微凹。花期 4～7 月，果期 6～8 月。

分布与生境　分布于我国东北、华北、西北、西南及华东地区，俄罗斯、朝鲜、日本、印度也有分布。生于湿地、水甸子、路旁、河岸等处。

用途　嫩茎叶焯后可炒食或凉拌，也可蘸酱生食；种子油可食用。全草入药，有清热利尿、解毒、消肿的功能，主治黄疸、水肿、淋症、咽痛、痈肿、烫火伤。

092 | 欧亚葶菜

Rorippa sylvestris (L.) Bess.
十字花科 Cruciferae
葶菜属 *Rorippa*

别名 辽东葶菜

形态特征 一、二年生至多年生草本，高20～60厘米，植株近无毛。茎单一或基部分枝，直立或呈铺散状。叶羽状全裂或羽状分裂，下部叶有柄，基部具小叶耳，边缘具不整齐锯齿；茎上部叶近无柄，裂片渐狭小，边缘齿渐少。总状花序顶生或腋生；萼片长椭圆形，长2～2.5毫米，宽约1毫米；花瓣黄色，长4～4.5毫米，宽约1.5毫米，基部具爪；雄蕊6，近等长，花丝扁平。长角果线状圆柱形。花果期6～9月。

分布与生境 分布于我国辽宁、新疆，亚洲及欧洲均有分布。生于湿地、田边、水沟边及路旁潮湿处。

用途 可作饲料。嫩苗可食。

植株 花序

093 | 费菜

Phedimus aizoon (L.) 't Hart
景天科 Crassulaceae
费菜属 *Phedimus*

别名 土三七

形态特征 多年生草本，高 20 ～ 50 厘米。根状茎粗短。茎 1 ～ 3 条，直立，无毛，不分枝。叶互生，狭披针形至卵状倒披针形，长 3.5 ～ 8 厘米，宽 1.2 ～ 2 厘米，先端渐尖，基部楔形，边缘有不整齐的锯齿；叶坚实，近革质。聚伞花序，下托以苞叶。萼片 5，线形，肉质，不等长；花瓣 5，黄色，长 6 ～ 10 毫米，有短尖；雄蕊 10，较花瓣短；鳞片 5，近正方形，心皮 5，卵状长圆形，基部合生，腹面凸出，花柱长钻形。蓇葖果星芒状排列。种子椭圆形，长约 1 毫米。花期 6 ～ 7 月，果期 8 ～ 9 月。

分布与生境 分布于我国西北、华北、东北及长江流域各地，俄罗斯、朝鲜、日本也有分布。生于石质山坡、灌丛间、草甸子及沙岗上。

用途 根或全草药用，有止血散瘀、安神镇痛、解毒的功能，主治吐血、衄血、便血、尿血、崩漏、紫斑、外伤出血、跌打损伤、心悸、失眠、疮疖痈肿、烫火伤、毒虫螫伤。嫩茎叶可食。

植株

果实

094 | 垂盆草

Sedum sarmentosum Bunge
景天科 Crassulaceae
景天属 *Sedum*

别名　豆瓣菜、卧茎景天、火连草

形态特征　多年生草本。不育枝及花茎细，匍匐而节上生根，直到花序之下，长 10～25 厘米。3 叶轮生，叶倒披针形至长圆形，长 15～28 毫米，宽 3～7 毫米。聚伞花序，有 3～5 分枝；萼片 5；花瓣 5，黄色，披针形至长圆形，长 5～8 毫米，先端有稍长的短尖；雄蕊 10，较花瓣短；鳞片 10，楔状四方形；心皮 5，长圆形，略叉开，有长花柱。种子卵形，长 0.5 毫米。花期 5～7 月，果期 8 月。

分布与生境　分布于我国东北、华北、华中、华东地区，朝鲜、日本也有分布。生于山坡岩石上。

用途　全草药用，有清热解毒、消肿排脓的功能，主治咽喉肿痛、口腔溃疡、肝炎、痢疾、湿热黄疸、淋症、肺痈、湿疹、带状疱疹；外用可治水火烫伤、痈肿疮疡、毒蛇咬伤等症。

植株　花

095 | 落新妇

Astilbe chinensis (Maxim.) Franch. et Savat.
虎耳草科 Saxifragaceae
落新妇属 *Astilbe*

别名 虎麻、小升麻、马尾参、山花七

形态特征 多年生草本，高 50～100 厘米。根状茎暗褐色，粗壮。茎无毛。基生叶为二至三回三出羽状复叶；小叶片卵形至椭圆形，长 1.8～8 厘米，宽 1.1～4 厘米，先端短渐尖至急尖，边缘有重锯齿，腹面沿脉生硬毛，背面沿脉疏生硬毛和小腺毛；茎生叶 2～3，较小。圆锥花序长 8～30 厘米，宽 2～5 厘米；花序轴密被褐色卷曲长柔毛；花密集；萼片 5，卵形，两面无毛，边缘中部以上生微腺毛；花瓣 5，淡紫色至紫红色，线形，长约 5 毫米，宽约 0.5 毫米；雄蕊 10。蒴果长约 3 毫米；种子褐色。花果期 6～9 月。

分布与生境 分布于我国东北、华北、西北、西南地区，俄罗斯、朝鲜、日本也有分布。生于山谷溪边、阔叶林下、草甸子等处。

用途 根状茎、茎、叶含鞣质，可提制栲胶。根及根状茎入药，性辛、苦、温，有散瘀止痛、祛风除湿、清热止咳的功能，主治风热感冒、头身疼痛、咳嗽等。

花序

植株

花序

096 | 扯根菜

Penthorum chinense Pursh
虎耳草科 Saxifragaceae
扯根菜属 *Penthorum*

果实

别名 干黄草、水杨柳、水泽兰

形态特征 多年生草本，高 40 ～ 60 厘米。根状茎分枝；茎不分枝，稀基部分枝，具多数叶，中下部无毛，上部疏生黑褐色腺毛。叶互生，无柄或近无柄，披针形至狭披针形，长 4 ～ 10 厘米，宽 0.4 ～ 1.2 厘米，先端渐尖，边缘具细重锯齿，无毛。聚伞花序具多花；花小型，黄白色；萼片 5，革质，三角形；无花瓣；雄蕊 10，长约 2.5 毫米；雌蕊长约 3.1 毫米，心皮 5 或 6，下部合生。蒴果红紫色，直径 4 ～ 5 毫米。种子卵状长圆形，甚小，表面具小丘状突起。花果期 7 ～ 10 月。

分布与生境 分布于我国东北、华东、西南地区，俄罗斯、朝鲜、日本也有分布。生于河岸、湿地或沟渠旁。

用途 全草及根茎入药，有清热、利湿、解毒、活血、平肝、健脾的功能，主治黄疸、水肿、小便不利、带下、痢疾、闭经、跌打损伤、尿血、崩漏、毒蛇咬伤等。嫩苗可食。

植株

花序

097 | 山桃

Amygdalus davidiana (Carr.) C. de Vos ex Henry
蔷薇科 Rosaceae
桃属 *Amygdalus*

别名 山毛桃、野桃

形态特征 乔木，高可达 10 米，树冠开展。树皮暗紫色，光滑。小枝细长，直立，幼时无毛，老时褐色。叶片卵状披针形，长 5 ～ 13 厘米，宽 1.5 ～ 4 厘米，先端渐尖，基部楔形，两面无毛，叶边具细锐锯齿；叶柄长 1 ～ 2 厘米，无毛，常具腺体。花单生，先于叶开放；花萼无毛；萼筒钟形；萼片卵形至卵状长圆形，紫色，先端圆钝；花瓣，粉红色，先端圆钝，稀微凹；雄蕊多数，几与花瓣等长或稍短；子房被柔毛，花柱长于雄蕊或近等长。果实近球形，直径 2.5 ～ 3.5 厘米，淡黄色，外面密被短柔毛；核球形或近球形，两侧不压扁，顶端圆钝，基部截形，表面具纵、横沟纹和孔穴，与果肉分离。花期 3 ～ 4 月，果期 7 ～ 8 月。

分布与生境 分布于我国辽宁、山东、河北、河南、山西、陕西、甘肃、四川、云南等地。生于山坡、山谷沟底、荒野疏林、灌丛内。

用途 本种抗旱耐寒，又耐盐碱土壤，为桃、梅、李等果树的砧木，也可供观赏。木材质硬而重，可做各种细工及手杖。果核可做玩具或念珠。种仁可榨油供食用。

花

果实

果枝

098 | 龙芽草

Agrimonia pilosa Ldb.
蔷薇科 Rosaceae
龙芽草属 *Agrimonia*

别名 瓜香草、老鹤嘴、路边黄

形态特征 多年生草本，高 30 ~ 120 厘米。根多呈块茎状，周围长出若干侧根。根茎短，基部常有 1 至数个地下芽。茎直立，被疏柔毛及短柔毛。叶为间断奇数羽状复叶，通常有小叶 3 ~ 4 对，向上减少至 3 小叶；小叶片无柄，倒卵椭圆形或倒卵披针形，长 1.5 ~ 5 厘米，宽 1 ~ 2.5 厘米，顶端急尖至圆钝，边缘有急尖到圆钝锯齿，上面被疏柔毛，下面通常脉上伏生疏柔毛；托叶草质，绿色，镰形。花序穗状总状顶生，花序轴被柔毛；苞片通常深 3 裂，小苞片对生；萼片 5，三角卵形；花瓣黄色，长圆形；雄蕊 5 ~ 15 枚；花柱 2，柱头头状。果实倒卵圆锥形，外面有 10 条肋，被疏柔毛，顶端有数层钩刺，幼时直立，成熟时靠合。花期 7 ~ 9 月，果期 8 ~ 10 月。

分布与生境 我国南北各地均有分布，欧洲中部以及俄罗斯、蒙古、朝鲜、日本和越南北部均有分布。生于荒山坡草地、路旁、草甸、林下、林缘及山下河边等处。

用途 全草入药，有收敛、止血、消炎、驱虫的功能，主治咯血、吐血、疟疾、痈肿；根茎入药，主治绦虫病。全株富含鞣质，可提制栲胶。可作农药。嫩苗可食。

植株

花序

099 | 山杏

Armeniaca sibirica (L.) Lam.
蔷薇科 Rosaceae
杏属 *Armeniaca*

别名 西伯利亚杏

形态特征 灌木或小乔木，高2～5米。树皮暗灰色。小枝无毛，灰褐色或淡红褐色。叶片卵形或近圆形，长5～10厘米，宽3～7厘米，先端长渐尖至尾尖，基部圆形至近心形，叶边有细钝锯齿，两面无毛，稀下面脉腋间具短柔毛；叶柄长2～3.5厘米，无毛。花单生，直径1.5～2厘米，先于叶开放；花萼紫红色；萼筒钟形，基部微被短柔毛或无毛；萼片长圆状椭圆形，花后反折；花瓣白色或粉红色；雄蕊几与花瓣近等长；子房被短柔毛。果实扁球形，直径1.5～2.5厘米，黄色或橘红色，有时具红晕，被短柔毛；核扁球形，易与果肉分离，两侧扁，顶端圆形，基部一侧偏斜，不对称，表面较平滑，腹面宽而锐利；种仁味苦。花期3～4月，果期6～7月。

分布与生境 分布于我国黑龙江、吉林、辽宁、内蒙古、甘肃、河北、山西等地，蒙古东部和东南部、俄罗斯远东地区和西伯利亚地区也有分布。生于干燥向阳山坡上、丘陵草原或与落叶乔灌木混生。

用途 本种耐寒、抗旱，可作砧木，是选育耐寒杏品种的优良原始材料，也可用于观赏。种仁供药用，可作扁桃的代用品，并可榨油。

果枝

果实

植株

100 | 山楂

Crataegus pinnatifida Bunge
蔷薇科 Rosaceae
山楂属 *Crataegus*

果实

花序

果枝

别名 山里红

形态特征 落叶乔木，高达6米，通常有刺。树皮暗灰色或灰褐色。当年生枝紫褐色，疏生皮孔，老枝灰褐色。叶片宽卵形或三角状卵形，长5～12厘米，宽4～7.5厘米，基部截形至宽楔形，裂片边缘有尖锐稀疏不规则重锯齿，上面暗绿色有光泽，下面沿叶脉有疏生短柔毛；叶柄长2～6厘米，无毛；托叶草质，镰形，边缘有锯齿。伞房花序具多花；花直径约1.5厘米；萼筒钟状；萼片三角卵形至披针形，约与萼筒等长；花瓣倒卵形或近圆形，白色；雄蕊20，短于花瓣，花药粉红色；花柱3～5。果实近球形或梨形，直径1～1.5厘米，深红色，有浅色斑点；小核3～5，外面稍具棱，内面两侧平滑。花期5～6月，果期9～10月。

分布与生境 分布于我国东北、华北、西北地区，朝鲜及俄罗斯西伯利亚地区也有分布。生于山坡林缘、灌丛、沟边及路旁。

用途 山楂可栽培作绿篱和观赏树，秋季果实累累，经久不凋，颇为美观。幼苗可做嫁接山里红或苹果等砧木。果可生吃或做果酱、果糕；干后入药，有健胃、消积化滞、舒气散瘀之效，也可治老年轻、高度高血压。

101 | 毛樱桃

Cerasus tomentosa (Thunb.) Wall.
蔷薇科 Rosaceae
樱属 *Cerasus*

别名 山樱桃、梅桃、樱桃

形态特征 落叶灌木，通常高2～3米。小枝紫褐色或灰褐色，嫩枝密被绒毛到无毛。叶片卵状椭圆形或倒卵状椭圆形，长2～7厘米，宽1～3.5厘米，边缘有急尖或粗锐锯齿，上面被疏柔毛，下面密被灰色绒毛；托叶线形，长3～6毫米，被长柔毛。花单生或2朵簇生，花叶同开，近先叶开放或先叶开放；花梗长达2.5毫米或近无梗；花瓣白色或粉红色；雄蕊20～25枚，短于花瓣；花柱伸出与雄蕊近等长或稍长；子房全部被毛或仅顶端或基部被毛。核果近球形，红色，直径0.5～1.2厘米。花期4～5月，果期6～9月。

分布与生境 分布于我国东北、华北、西北及西南地区，朝鲜和日本也有分布。生于山坡灌丛及庭院。

用途 果实酸甜，可食及酿酒。果实入药，能益气固精，主治泻痢、遗精；种子入药，有表发斑疹、麻疹的功效。花朵密集，可用作园林观赏植物。

植株

果枝

102 | 蚊子草

Filipendula palmata (Pall.) Maxim.
蔷薇科 Rosaceae
蚊子草属 *Filipendula*

别名 合叶子

形态特征 多年生草本，高 60 ～ 150 厘米。茎有棱，近无毛或上部被短柔毛。叶为羽状复叶，有小叶 2 对，顶生小叶特别大，5 ～ 9 掌状深裂，边缘常有小裂片和尖锐重锯齿，上面绿色无毛，下面密被白色绒毛，侧生小叶较小，3 ～ 5 裂，裂至小叶 1/2 ～ 1/3 处；托叶大，半心形，边缘有尖锐锯齿。顶生圆锥花序，花梗疏被短柔毛；花小而多，直径约 5 ～ 7 毫米；花瓣白色，倒卵形，有长爪。瘦果半月形，直立，有短柄，沿背腹两边有柔毛。花果期 7 ～ 9 月。

分布与生境 分布于我国东北及华北地区，俄罗斯、蒙古、朝鲜、日本也有分布。生于山坡草地、河岸湿地及草甸。

用途 全草可提制栲胶。花含芳香油，可提取香料。全草及根入药，主治风湿、癫痫、冻伤、烧伤及痛风。可用作园林观赏植物。

植株 果实

103 | 路边青

Geum aleppicum Jacq.
蔷薇科 Rosaceae
路边青属 *Geum*

别名 水杨梅、兰布政

形态特征 多年生草本，高 50～100 厘米。须根簇生。茎直立，被开展粗硬毛。基生叶为大头羽状复叶，通常有小叶 2～6 对，小叶大小极不相等，顶生小叶最大，菱状广卵形或宽扁圆形，长 4～8 厘米，宽 5～10 厘米，边缘常浅裂，有不规则粗大锯齿，两面疏生粗硬毛；茎生叶羽状复叶，有时重复分裂，向上小叶边缘锯齿逐渐减少。花序顶生，疏散排列；萼片卵状三角形，副萼片狭小，披针形，顶端渐尖稀 2 裂；花瓣黄色，先端圆形或微凹；花柱顶生，在上部 1/4 处扭曲。聚合果倒卵球形，瘦果被长硬毛。花果期 7～10 月。

分布与生境 分布于我国东北及华北地区，广布北半球温带及暖温带。生于山坡、草地、沟旁、林间隙地及林缘。

用途 全株含鞣质，可提制栲胶。全草入药，有补虚益肾、活血解表的功能，主治头晕目眩、四肢无力、遗精阳痿、表虚感冒、咳嗽吐血、月经不调、骨折等。种子含干性油，可用制肥皂和油漆。鲜嫩叶可食用。

花与果

植株

104 | 蕨麻

Potentilla anserina L.
蔷薇科 Rosaceae
委陵菜属 *Potentilla*

别名　鹅绒委陵菜、莲菜花

形态特征　多年生草本。根向下延长，纺锤形。茎匍匐，节处生根，外被伏生或半开展疏柔毛。基生叶为间断羽状复叶，有小叶 6～11 对，叶柄被伏生或半开展疏柔毛。小叶对生或互生，无柄或顶生小叶有短柄；小叶片长 1～2.5 厘米，宽 0.5～1 厘米，边缘有多数尖锐锯齿或呈裂片状，上面被疏柔毛或脱落几无毛，下面密被紧贴银白色绢毛。单花腋生；花梗长 2.5～8 厘米；花直径 1.5～2 厘米；花瓣黄色、倒卵形、顶端圆形，比萼片长 1 倍。

分布与生境　分布于我国东北、华北、西北及西南地区，遍布于亚洲、欧洲及北美洲各国。生于湿润沙地、湿草地、水边及碱性沙地。

用途　全草含鞣质，可提制栲胶及黄色染料，并为蜜源植物和饲料。全草入药，有凉血止血、解毒止痢、祛风除湿、健脾益气的功能，主治各种出血、细菌性痢疾、风湿痹痛、偏头痛、脾虚腹泻。嫩茎叶可食。

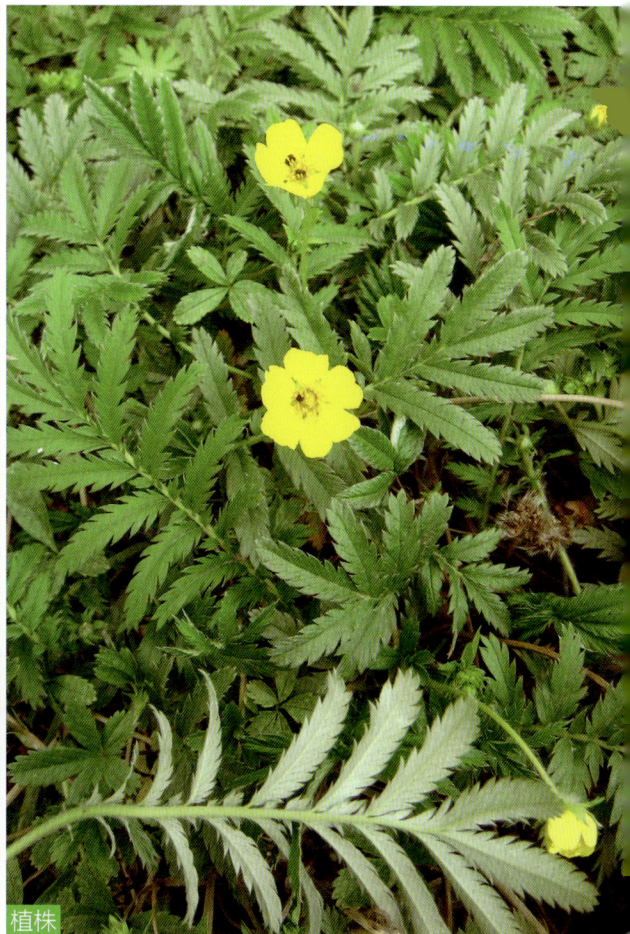

花　植株

105 | 委陵菜

Potentilla chinensis Ser.
蔷薇科 Rosaceae
委陵菜属 *Potentilla*

别名 萎陵菜、一白草、生血丹、扑地虎

形态特征 多年生草本，高 20 ～ 70 厘米。根粗壮，圆柱形，稍木质化。花茎直立或上升。基生叶为羽状复叶，有小叶 5 ～ 15 对，间隔 0.5 ～ 0.8 厘米，叶柄被短柔毛及绢状长柔毛；小叶片对生或互生，无柄，长 1 ～ 5 厘米，宽 0.5 ～ 1.5 厘米，边缘羽状中裂，上面被短柔毛，下面被白色绒毛；茎生叶托叶草质，绿色，边缘锐裂。伞房状聚伞花序；萼片三角卵形，外面被短柔毛及少数绢状柔毛；花瓣黄色，顶端微凹，比萼片稍长。瘦果卵球形，深褐色，有明显皱纹。花期 5 ～ 6 月，果期 7 ～ 10 月。

分布与生境 分布于我国东北、华北、西北、西南地区，俄罗斯、朝鲜、日本也有分布。生于山坡、林缘、荒地、路旁及沙质地等处。

用途 全草入药，能清热解毒、消炎止血，主治肠炎、痢疾、吐血、便血、咳嗽、百日咳、咽喉炎、疥疮、痈肿等。根可提制栲胶。可作猪饲料。嫩茎可食。

花

植株

106 | 翻白草

Potentilla discolor Bunge
蔷薇科 Rosaceae
委陵菜属 *Potentilla*

花

别名 鸡腿根、天藕、翻白萎陵菜、叶下白

形态特征 多年生草本，高 10～45 厘米。根粗壮，下部常肥厚呈纺锤形。花茎直立，上升或微铺散，密被白色绵毛。基生叶有小叶 2～4 对，间隔 0.8～1.5 厘米，叶柄密被白色绵毛，小叶对生或互生，无柄，小叶片长 1～5 厘米，宽 0.5～0.8 厘米，边缘具圆钝锯齿，上面被稀疏白色绵毛，下面密被白色或灰白色绵毛；茎生叶 1～2，有掌状 3～5 小叶。聚伞花序有花多数，疏散，花梗长 1～2.5 厘米，外被绵毛；萼片三角状卵形，外面被白色绵毛；花瓣黄色，顶端微凹或圆钝，比萼片长。瘦果近肾形，宽约 1 毫米，光滑。花期 5～6 月，果期 6～9 月。

分布与生境 我国南北各地均有分布，俄罗斯、朝鲜、日本也有分布。生于草甸、干山坡、路旁、草原。

用途 全草入药，以根为佳，能解热、消肿、止痢、止血。块根含丰富淀粉，嫩苗可食。

植株

107 | 莓叶委陵菜

Potentilla fragarioides L.
蔷薇科 Rosaceae
委陵菜属 *Potentilla*

别名 过路黄、委陵菜、雉子筵、毛猴子

形态特征 多年生草本。根极多，簇生。花茎多数，丛生，上升或铺散，长 8～25 厘米，被开展长柔毛。基生叶羽状复叶，有小叶 2～3 对，小叶有短柄或几无柄，小叶片长 0.5～7 厘米，宽 0.4～3 厘米，边缘有多数急尖或圆钝锯齿，近基部全缘，两面绿色，被平铺疏柔毛，下面沿脉较密；茎生叶，常有 3 小叶，叶柄短或几无柄。伞房状聚伞花序顶生，多花，松散；花直径 1～1.7 厘米；萼片三角卵形，顶端急尖至渐尖；花瓣黄色，顶端圆钝或微凹；花柱近顶生，上部大，基部小。成熟瘦果近肾形，直径约 1 毫米，表面有脉纹。花期 4～6 月，果期 6～8 月。

分布与生境 分布于我国东北、华北及西北地区，俄罗斯、朝鲜、日本也有分布。生于湿地、山坡、路旁、林下及草甸。

用途 全草入药，有补阴虚、止血的功能，主治妇科出血症、肺结核等。

花

植株

108 | 蛇含委陵菜

Potentilla kleiniana Wight et Arn.
蔷薇科 Rosaceae
委陵菜属 *Potentilla*

别名 蛇含萎陵菜、蛇含、五皮风

形态特征 多年生草本。多须根。花茎上升或匍匐，常于节处生根并发育出新植株。基生叶5小叶，连叶柄长3～20厘米；小叶几无柄或稀有短柄，长0.5～4厘米，宽0.4～2厘米，两面绿色，被疏柔毛；基生叶托叶膜质，淡褐色，茎生叶托叶草质，绿色。聚伞花序密集枝顶如假伞形，花梗密被开展长柔毛；萼片三角卵圆形，顶端急尖或渐尖；花瓣黄色，倒卵形，顶端微凹，长于萼片。瘦果近圆形，一面稍平，直径约0.5毫米，具皱纹。花果期4～9月。

分布与生境 分布于我国东北、华北、华中及西南地区，朝鲜、日本、印度也有分布。生于草甸、河边及林边湿地。

用途 全草入药，能清热解毒、镇痛、消肿、化痰、止咳，主治小儿惊风、痈肿、赤眼、蛇虫咬伤及金创出血；全草洗净捣烂，冲入沸水浸泡，趁热坐熏，可治痔疮。

莲花湖湿地南侧入水口附近的岸边滨水地带现片状丛生的蛇含委陵菜重瓣变型种（*Potentilla kleiniana* f. sp.），与蛇含委陵菜的区别为花重瓣。

花

植株

植株

花

109 | 曲枝委陵菜

Potentilla rosulifera H. Lévl.
蔷薇科 Rosaceae
委陵菜属 *Potentilla*

别名 匍枝萎陵菜、匐枝委陵菜

形态特征 多年生草本，须根簇生并有匍匐枝。匍匐枝常弯曲成膝状，在节处生根发出新植物。基生叶3出掌状复叶；小叶片菱状卵形、菱状倒卵形，长1～3.5厘米，宽1～2厘米，上面被稀疏开展长柔毛，匍匐枝上叶与基生叶相似，花茎上叶1～2，顶端有3～4齿；基生叶及匍匐枝上托叶膜质，花茎上托叶草质。伞房花序顶生，花6～8朵，松散；花瓣黄色，倒卵长圆形，顶端微凹，比萼片长半倍；花柱近顶生，基部细，柱头头状扩大。花期5月，果期6～7月。

分布与生境 分布于辽宁省，日本和朝鲜也有分布。生于山坡灌丛间及山地林缘。

用途 东北地区民间全草入药，水煮可治痢疾泻肚。

植株

植株

花

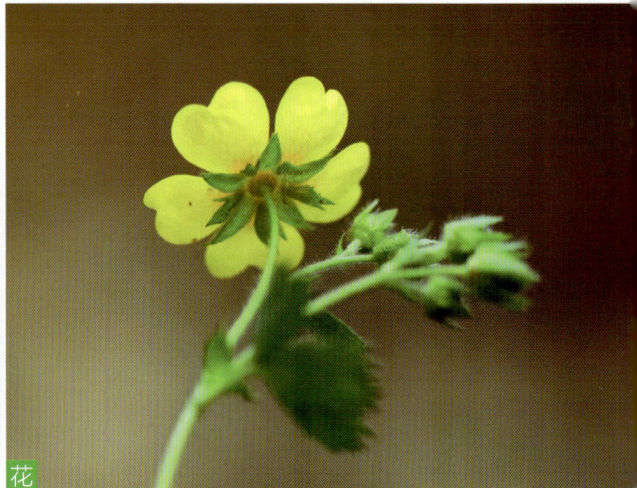
花

110 | 朝天委陵菜

Potentilla supina L.
蔷薇科 Rosaceae
委陵菜属 *Potentilla*

别名 伏萎陵菜、仰卧委陵菜、铺地委陵菜、鸡毛菜

形态特征 一年生或二年生草本，高 10～50 厘米。主根细长，并有稀疏侧根。茎平展，上升或直立，多分枝。基生叶羽状复叶，有小叶 2～5 对，小叶片长 1～2.5 厘米，宽 0.5～1.5 厘米，边缘有圆钝或缺刻状锯齿；茎生叶与基生叶相似，向上小叶对数逐渐减少；基生叶托叶膜质，茎生叶托叶草质。花自叶腋生；花梗长 0.8～1.5 厘米，常密被短柔毛；花瓣黄色，顶端微凹，与萼片近等长或较短。瘦果长圆形，先端尖，表面具脉纹，腹部鼓胀若翅或有时不明显。花果期 3～10 月。

分布与生境 产于我国南北大部分省区，广布于北半球温带及部分亚热带地区。生于田边、荒地、河岸沙地、草甸、山坡湿地。

用途 本种为常见农田杂草。可作为蜜源植物。

植株

植株

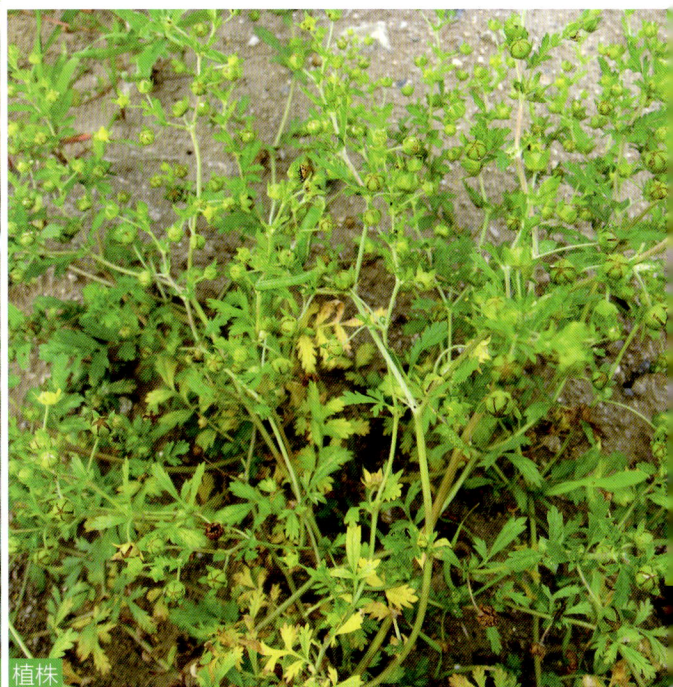
植株

111 | 沙梨

Pyrus pyrifolia (Burm. f.) Nakai
蔷薇科 Rosaceae
梨属 *Pyrus*

别名 麻安梨

形态特征 乔木，高达15米。小枝嫩时具黄褐色长柔毛或绒毛，后脱落；二年生枝紫褐色或暗褐色，具稀疏皮孔。冬芽长卵形，鳞片边缘和先端稍具长绒毛。叶片卵状椭圆形或卵形，长7～12厘米，宽4～6.5厘米，先端长尖，基部圆形或近心形，边缘有刺芒锯齿。伞形总状花序，具花6～9朵；总花梗和花梗幼时微具柔毛；苞片膜质，线形，边缘有长柔毛；花直径2.5～3.5厘米；萼片三角卵形，长约5毫米；花瓣卵形，先端啮齿状，基部具短爪，白色；雄蕊20；花柱5，稀4。果实近球形，浅褐色，有浅色斑点，先端微向下陷，萼片脱落。种子卵形，微扁，深褐色。花期4～5月，果期8月。

分布与生境 本种原产我国华中、华南、西南地区，我国南北各地均有栽培，朝鲜、日本也有栽培。

用途 果实可食。花大、美丽，可作为园林观赏树木。

果实

果枝

花

112 | 山刺玫

Rosa davurica Pall.
蔷薇科 Rosaceae
蔷薇属 *Rosa*

别名 刺玫蔷薇、刺玫果、红根

形态特征 直立灌木，高约 1.5 米。小枝紫褐色或灰褐色，有带黄色皮刺。小叶 7～9，小叶片长 1.5～3.5 厘米，宽 5～15 毫米，边缘有单锯齿和重锯齿，中脉和侧脉突起，有腺点和稀疏短柔毛。花单生于叶腋，或 2～3 朵簇生；花梗长 5～8 毫米，无毛或有腺毛；萼筒近圆形，光滑无毛；萼片先端扩展成叶状，边缘有不整齐锯齿和腺毛；花瓣粉红色，倒卵形，先端不平整，基部宽楔形；花柱离生，被毛，比雄蕊短很多。果近球形或卵球形，直径 1～1.5 厘米，红色，光滑，萼片宿存，直立。花期 6～7 月，果期 8～9 月。

分布与生境 分布于我国东北、西北、华北地区，俄罗斯西伯利亚地区东部、朝鲜、蒙古南部也有分布。多生山坡阳处或杂木林边、丘陵草地。

用途 果实入药，有健脾理气、养血调经的功能，主治消化不良、气滞胃痛、腹泻、月经不调等；根入药，主治经血不止。花大、美丽，可作为园林观赏植物。

果实

植株

113 | 牛叠肚

Rubus crataegifolius Bunge
蔷薇科 Rosaceae
悬钩子属 *Rubus*

别名 山楂叶悬钩子、蓬藟、托盘、马林果

形态特征 直立灌木,高1～2米。枝具沟棱,有微弯皮刺。单叶,卵形至长卵形,长5～12厘米,宽达8厘米,开花枝上的叶稍小,下面脉上有柔毛和小皮刺,边缘3～5掌状分裂;叶柄疏生柔毛和小皮刺。花数朵簇生或成短总状花序,常顶生;花萼外面有柔毛,至果期近于无毛;花瓣白色,几与萼片等长;雄蕊直立,花丝宽扁;雌蕊多数,子房无毛。果实近球形,直径约1厘米,暗红色,无毛,有光泽;核具皱纹。花期5～6月,果期7～9月。

分布与生境 分布于我国东北及华北地区,朝鲜和日本也有分布。生于山坡灌丛、林缘及林中荒地。

用途 果酸甜,可生食,制果酱或酿酒。全株含单宁,可提取栲胶。茎皮含纤维,可作造纸及制纤维板原料。果和根入药,补肝肾,涩小便,主治遗精、遗尿、尿频等。

果实

花

植株

118

植株

114 | 库页悬钩子

Rubus sachalinensis Lévl.
蔷薇科 Rosaceae
悬钩子属 *Rubus*

别名 白背悬钩子

形态特征 落叶灌木，高达 2 米。老枝紫褐色，小枝色较浅，具柔毛，被较密直立针刺，并混生腺毛。小叶常 3 枚，不孕枝上有时具 5 小叶，长 3～7 厘米，宽 1.5～5 厘米，边缘有不规则粗锯齿或缺刻状锯齿；叶柄长 2～5 厘米，小叶柄具柔毛、针刺或腺毛。花 5～9 朵成伞房状花序，顶生或腋生；总花梗和花梗具柔毛，密被针刺和腺毛；花萼外面密被短柔毛，具针刺和腺毛；萼片三角披针形，外面边缘常具灰白色绒毛，在花果时常直立开展；花瓣舌状或匙形，白色，短于萼片；花丝几与花柱等长；花柱基部和子房具绒毛。果实卵球形，直径约 1 厘米，红色，具绒毛；核有皱纹。花期 6～7 月，果期 8～9 月。

分布与生境 分布于我国东北、华北、西北地区，俄罗斯、朝鲜、日本及欧洲各国也有分布。生于山坡潮湿地密林下、稀疏杂木林内、林缘、林间草地或干沟石缝、谷底石堆中。

用途 果实可鲜食，也可制作果酱。

果实

植株

115 | 地榆

Sanguisorba officinalis L.
蔷薇科 Rosaceae
地榆属 *Sanguisorba*

别名 黄瓜香、玉札、山枣子

形态特征 多年生草本，高 30～120 厘米。根粗壮，表面棕褐色或紫褐色。茎直立，有棱，无毛。基生叶为羽状复叶，小叶 4～6 对；小叶片长 1～7 厘米，宽 0.5～3 厘米，顶端圆钝稀急尖，基部心形至浅心形，边缘有多数粗大圆钝稀急尖的锯齿，无毛；基生叶托叶膜质，褐色，茎生叶托叶大，草质，外侧边缘有尖锐锯齿。穗状花序椭圆形，圆柱形或卵球形，直立；苞片膜质，比萼片短或近等长；萼片 4 枚，紫红色，花瓣状；雄蕊 4 枚，与萼片近等长或稍短；柱头顶端扩大，盘形，边缘具流苏状乳头。果实包藏在宿存萼筒内，外面有斗棱。花果期 7～10 月。

分布与生境 广布于我国各地，欧洲、亚洲北温带亦广布。生于山坡、林缘、草甸及灌丛中。

用途 根入药，有凉血止血、解毒敛疮的功能，主治咯血、衄血、吐血、尿血、便血、痔血、崩漏、烫伤、湿疹、皮肤溃疡、痈肿疮毒。嫩叶可食，又作代茶饮。

植株

花序

植株

116 | 珍珠梅

Sorbaria sorbifolia (L.) A. Br.
蔷薇科 Rosaceae
珍珠梅属 *Sorbaria*

别名 山高粱条子、八本条、华楸珍珠梅、东北珍珠梅

形态特征 灌木，高达2米。小枝圆柱形，稍屈曲，无毛。羽状复叶，小叶片11～17枚，连叶柄长13～23厘米，宽10～13厘米；小叶片对生，披针形至卵状披针形，长5～7厘米，宽1.8～2.5厘米，先端渐尖，稀尾尖，基部近圆形或宽楔形，稀偏斜，边缘有尖锐重锯齿。顶生大型密集圆锥花序，长10～20厘米，直径5～12厘米；花直径10～12毫米；萼筒钟状，外面基部微被短柔毛；萼片三角卵形，萼片约与萼筒等长；花瓣白色；雄蕊40～50，生在花盘边缘；心皮5。蓇葖果长圆形，有顶生弯曲花柱；萼片宿存，反折，稀开展。花期7～8月，果期9月。

分布与生境 分布于我国东北、西北及华北地区，俄罗斯、朝鲜、日本、蒙古也有分布。生于山坡疏林、山脚、溪流沿岸。

用途 可用作园林观赏植物。茎皮及果穗入药，有活血消淤、消肿止痛的功能，主治骨折、跌打损伤。

植株

花序

121

117 | 斜茎黄耆

Astragalus adsurgens Pall.
豆科 Leguminosae
黄耆属 *Astragalus*

别名 直立黄芪、沙打旺

形态特征 多年生草本，高 20～100 厘米。根粗壮，暗褐色，有时有长主根。茎数个丛生，直立或斜上。羽状复叶有 9～25 片小叶；托叶三角形，渐尖，长 3～7 毫米；小叶长圆形、近椭圆形或狭长圆形，长 10～25 毫米，宽 2～8 毫米，基部圆形或近圆形，有时稍尖，上面疏被伏贴毛，下面较密。总状花序长圆柱状、穗状，生多数花，排列密集；花萼管状钟形，被黑褐色或白色毛，或有时被黑白混生毛，萼齿狭披针形，长为萼筒的 1/3；花冠近蓝色或红紫色，旗瓣长 11～15 毫米，倒卵圆形，先端微凹，基部渐狭，翼瓣较旗瓣短，瓣片长圆形，与瓣柄等长，龙骨瓣长 7～10 毫米，瓣片较瓣柄稍短；子房被密毛，有极短的柄。荚果长圆形，长 7～18 毫米，两侧稍扁，背缝凹入成沟槽，顶端具下弯的短喙，被黑色、褐色或和白色混生毛，假 2 室。花期 6～8 月，果期 8～10 月。

分布与生境 分布于我国东北、华北、西北、西南地区，俄罗斯、蒙古、日本、朝鲜和北美洲温带地区都有分布。生于向阳山坡灌丛及林缘地带。

用途 种子入药，为强壮剂，治神经衰弱。为优良牧草和水土保持植物。

植株

花与果

118 | 华黄耆

Astragalus chinensis L. f.
豆科 Leguminosae
黄耆属 *Astragalus*

别名 地黄耆

形态特征 多年生草本，高 30～90 厘米。茎直立，通常单一，无毛，具深沟槽。奇数羽状复叶，具 17～25 片小叶；小叶椭圆形至长圆形，长 1.5～2.5 厘米，宽 4～9 毫米，先端钝圆，具小尖头，上面无毛，下面疏被白色伏毛，稀近无毛。总状花序生多数花，稍密集；花萼管状钟形，长 6～7 毫米，外面疏被白色伏毛，萼齿三角状披针形，长约 2 毫米，内面被伏贴的白色短柔毛；花冠黄色，旗瓣长 12～16 毫米，先端微凹，基部渐狭成瓣柄，翼瓣小，长 9～12 毫米，龙骨瓣与旗瓣近等长。荚果椭圆形，长 10～15 毫米，宽 5～6 毫米，膨胀，先端具长约 1 毫米的弯喙，无毛，密布横皱纹，果瓣坚厚，假 2 室。种子肾形，长 2.5～3 毫米，褐色。花期 6～7 月，果期 7～8 月。

分布与生境 分布于我国东北及西北部分省区。生于向阳山坡、路旁、沙质地及河岸的砂砾地或草地等处。

用途 种子入药，补益肝肾，主治肝肾亏虚、头目昏花。可作为园林观赏植物和水土保持植物。

植株

果实

119 | 达乌里黄耆

Astragalus dahuricus (Pall.) DC.
豆科 Leguminosae
黄耆属 *Astragalus*

别名 兴安黄耆

形态特征 一年生或二年生草本，高达80厘米，被开展、白色柔毛。茎直立，分枝，有细棱。羽状复叶有11～19片小叶；小叶长圆形、倒卵状长圆形或长圆状椭圆形，长5～20毫米，宽2～6毫米，先端圆或略尖，基部钝或近楔形，小叶柄长不及1毫米。总状花序较密，生10～20花；花萼斜钟状，萼筒长1.5～2毫米，萼齿线形或刚毛状；花冠紫色，旗瓣近倒卵形，先端微缺，基部宽楔形，翼瓣长约10毫米，瓣片弯长圆形，先端钝，基部耳向外伸，龙骨瓣长约13毫米；子房有柄，被毛。荚果线形，长1.5～2.5厘米，宽2～2.5毫米，先端凸尖喙状，假2室。种子淡褐色或褐色，肾形，有斑点，平滑。花期7～9月，果期8～10月。

分布与生境 分布于我国东北、华北、西北等地区，俄罗斯、蒙古、朝鲜也有分布。生于向阳山坡、河岸砂砾地及草地、草甸、路旁等处。

用途 全株可作饲料，大牲畜特别喜食，故有驴干粮之称。种子入药，有补肾益肝、固精明目的功能。为优良的水土保持植物。

植株

植株

花序

花与果

120 | 紫穗槐

Amorpha fruticosa L.
豆科 Leguminosae
紫穗槐属 *Amorpha*

别名 椒条、棉条、棉槐、紫槐

形态特征 落叶灌木，丛生，高1～4米。小枝灰褐色，被疏毛，后变无毛，嫩枝密被短柔毛。叶互生，奇数羽状复叶，有小叶11～25片；小叶卵形或椭圆形，长1～4厘米，宽0.6～2.0厘米，先端圆形，锐尖或微凹，有一短而弯曲的尖刺，基部宽楔形或圆形，上面无毛或被疏毛，下面有白色短柔毛，具黑色腺点。穗状花序常1至数个顶生和枝端腋生，长7～15厘米，密被短柔毛；花萼长2～3毫米，被疏毛或几无毛，萼齿三角形，较萼筒短；旗瓣心形，紫色，无翼瓣和龙骨瓣；雄蕊10。荚果下垂，长6～10毫米，宽2～3毫米，微弯曲，顶端具小尖，棕褐色，表面有凸起的疣状腺点。花果期5～10月。

分布与生境 本种原产于美国东北部和东南部，现我国南北各地均有栽培。

用途 枝叶作绿肥、家畜饲料；茎皮可提取栲胶，枝条编制篓筐；果实含芳香油，可作油漆、甘油和润滑油之原料。本种为优良的水土保持及蜜源植物。花入药，有清热凉血、止血的功能，主治大肠下血、咯血、吐血及崩漏等。

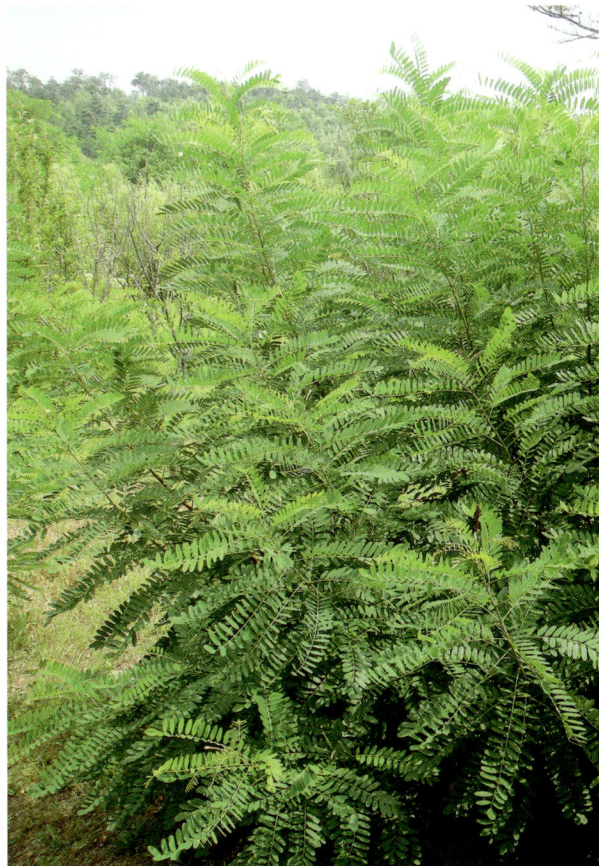
植株

121 | 合萌

Aeschynomene indica L.
豆科 Leguminosae
合萌属 *Aeschynomene*

别名 田皂角

形态特征 一年生草本或亚灌木状，高达 1 米。茎直立，多分枝，无毛，小枝绿色。叶具 20 ～ 30 对小叶或更多；托叶膜质，基部下延成耳状，通常有缺刻或啮蚀状；小叶近无柄，长 5 ～ 9 毫米，宽 2 ～ 2.5 毫米，先端钝圆或微凹，具细刺尖头，基部歪斜，全缘，上面密布腺点，下面稍带白粉。总状花序比叶短，腋生；小苞片卵状披针形，宿存；花萼膜质，无毛；花冠淡黄色，具紫色的纵脉纹，易脱落，旗瓣大，近圆形，基部具极短的瓣柄，翼瓣篦状，龙骨瓣比旗瓣稍短，比翼瓣稍长或近相等；雄蕊二体；子房扁平，线形。荚果线状长圆形，长 3 ～ 4 厘米，宽约 3 毫米；荚节 4 ～ 8，平滑或中央有小疣凸，不开裂，成熟时逐节脱落。种子黑棕色，肾形。花期 7 ～ 8 月，果期 8 ～ 10 月。

分布与生境 分布于我国东北、华北、华东、华中、华南、西南地区，朝鲜、日本以及亚热带和大洋洲各国家也有分布。生于田间稍湿地、向阳草地、河岸沙地等处。

用途 全草入药，有清热利湿、消肿解毒、平肝明目、利尿、杀虫的功能，主治尿路感染、小便不利、黄疸型肝炎、腹水、肠炎、痢疾、小儿疳积、夜盲症、结膜炎、荨麻疹；外用治外伤出血、疮疖肿毒；种子可治眼疾，有毒，不可食用。本种为优良的绿肥植物。茎髓质地轻软，耐水湿，可制遮阳帽、浮子、救生圈和瓶塞等。

植株

植株

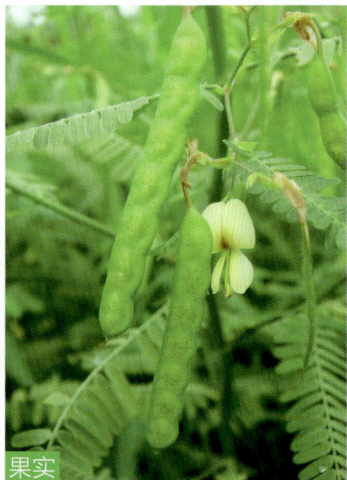
果实

122 | 豆茶决明

Cassia nomame (Sieb.) Kitag.
豆科 Leguminosae
决明属 *Cassia*

别名 山扁豆、山茶叶

形态特征 一年生草本，高 30～60 厘米。茎稍有毛，分枝或不分枝。叶长 4～8 厘米，有小叶 8～28 对，在叶柄的上端有黑褐色、盘状、无柄腺体 1 枚；小叶长 5～9 毫米，带状披针形，稍不对称。花生于叶腋，有柄，单生或 2 至数朵组成短的总状花序；萼片 5，分离；花瓣 5，黄色；雄蕊 4 枚，有时 5 枚；子房密被短柔毛。荚果扁平，有毛，开裂，长 3～8 厘米，宽约 5 毫米。种子扁，近菱形，平滑。花期 7～9 月，果期 9～10 月。

分布与生境 原产于热带美洲，我国南北各地均有分布。生于山坡和原野的草丛中。

用途 全草入药，有清肝利湿、消瘀化积的功能，主治湿热黄疸、暑热吐泻、水肿、劳伤积瘀、疔疮痈肿等症。叶苗及嫩果可食。

植株

植株

花

123 | 山皂荚

Gleditsia japonica Miq.
豆科 Leguminosae
皂荚属 *Gleditsia*

别名 山皂角、皂荚树、皂角树、悬刀树、日本皂荚

形态特征 落叶乔木或小乔木，高达 25 米。小枝紫褐色或脱皮后呈灰绿色，光滑无毛；刺略扁，紫褐色至棕黑色，常分枝，长 2～15.5 厘米。叶为一回或二回羽状复叶；小叶 3～10 对，卵状长圆形至长圆形，长 2～7 厘米，宽 1～3 厘米（二回羽状复叶的小叶显著小于一回羽状复叶的小叶），全缘或具波状疏圆齿。花黄绿色，组成穗状花序；花序腋生或顶生，被短柔毛，雄花序长 8～20 厘米，雌花序长 5～16 厘米；萼片 3～4；花瓣 4，被柔毛；雄蕊 6～9；子房无毛，柱头膨大，2 裂。荚果带形，扁平，长 20～35 厘米，宽 2～4 厘米，不规则旋扭或弯曲作镰刀状，果瓣革质，棕色或棕黑色，常具泡状隆起。种子多数，椭圆形，深棕色，光滑。花期 4～6 月，果期 6～11 月。

分布与生境 分布于我国东北、华东、华中地区，朝鲜、日本也有分布。生于山沟阔叶林丛间，有时生于山坡上。

用途 本种荚果含皂素，可代肥皂用以洗涤，并可作染料。种子入药；棘刺入药，有消毒透脓、搜风、杀虫的功能，主治痈疽肿毒、瘰疬、疮疹顽癣、产后缺乳、胎衣不下。嫩叶可食。木材坚实，心材带粉红色，色泽美丽，纹理粗，可作建筑、器具、支柱等用材。常作为园林观赏树木及行道树。

枝叶

小叶

果实

124 | 野大豆

Glycine soja Sieb. et Zucc.
豆科 Leguminosae
大豆属 *Glycine*

植株

别名 小落豆、落豆秧、山黄豆、野黄豆

形态特征 一年生缠绕草本，长 1～4 米，全体疏被褐色长硬毛。叶具 3 小叶；小叶卵圆形或卵状披针形，长 2～6 厘米，宽 1.5～2.5 厘米，先端锐尖至钝圆，基部近圆形，全缘，两面均被绢状的糙伏毛。总状花序通常短，腋生；花小，长约 5 毫米；苞片披针形；花萼钟状，裂片 5，三角状披针形，先端锐尖；花冠淡红紫色或白色，旗瓣近圆形，先端微凹，基部具短瓣柄，翼瓣斜倒卵形，有明显的耳，龙骨瓣比旗瓣及翼瓣短小，密被长毛；花柱短而向一侧弯曲。荚果长圆形，两侧稍扁，种子间稍缢缩，干时易裂，种子 2～3 颗。种子椭圆形，稍扁，褐色至黑色。花期 7～8 月，果期 8～10 月。

分布与生境 除新疆、青海和海南外，遍布我国各地，俄罗斯、朝鲜、日本也有分布。生于湿草地、河岸、湖边、沼泽附近或灌丛中，稀见于林下。

用途 全株为家畜喜食的饲料，可栽作牧草、绿肥和水土保持植物。茎皮纤维可织麻袋。种子含蛋白质、油脂，供食用、制酱、酱油和豆腐等，又可榨油，油粕是优良饲料和肥料。全草还可药用，有补气血、强壮、利尿等功效，主治盗汗、肝火、目疾、黄疸、小儿疳疾。

果实

花序

129

125 | 刺果甘草

Glycyrrhiza pallidiflora Maxim.
豆科 Leguminosae
甘草属 *Glycyrrhiza*

植株　花与果

别名　胡苍耳、马狼秆、马狼柴、狗甘草

形态特征　多年生草本，高 1～2 米。茎直立，多分枝，具棱，密被黄褐色鳞片状腺点。叶长 6～20 厘米；托叶披针形；叶柄无毛，密生腺点；小叶 9～15 枚，披针形或卵状披针形，长 2～6 厘米，宽 1.5～2 厘米，顶端渐尖，具短尖，基部楔形，边缘具微小的钩状细齿。总状花序腋生，花密集成球状；花萼钟状，密被腺点，基部常疏被短柔毛；萼齿 5，与萼筒近等长；花冠淡紫色、紫色或淡紫红色，旗瓣卵圆形，长 6～8 毫米，顶端圆，基部具短瓣柄，翼瓣长 5～6 毫米，龙骨瓣稍短于翼瓣。果序呈椭圆状，荚果卵圆形，顶端具突尖，外面被长约 5 毫米刚硬的刺。种子 2 枚，黑色，圆肾形。花期 6～7 月，果期 7～9 月。

分布与生境　分布于我国东北、华北、西北、华东地区，俄罗斯也有分布。生于湿草地、河岸湿地和河谷坡地。

用途　茎叶作绿肥。茎皮纤维拉力强，宜织麻袋或做编织品。种子可榨油。根入药，有杀虫的功能，外用治阴道滴虫病。可作为优良的水土保持植物。

花

植株

126 | 狭叶米口袋

Gueldenstaedtia stenophylla Bunge
豆科 Leguminosae
米口袋属 *Gueldenstaedtia*

别名 少花米口袋、小花米口袋

形态特征 多年生草本，全株有长柔毛。主根细长，具宿存托叶。基数羽状复叶，叶长 2～15 厘米，被疏柔毛；托叶宽三角形至三角形，基部合生；小叶 7～19 片，早春生的小叶卵形，夏秋的线形，长 0.2～3.5 厘米，宽 1～6 毫米，先端急尖、钝头或截形，顶端具细尖，两面被疏柔毛。伞形花序具 2～3 朵花，有时 4 朵；苞片及小苞片披针形，密被长柔毛；萼筒钟状，长 4～5 毫米；花冠粉红色；旗瓣近圆形，长 6～8 毫米，先端微缺，基部渐狭成瓣柄，翼瓣狭楔形具斜截头，长 7 毫米，瓣柄长 2 毫米，龙骨瓣长 4.5 毫米，被疏柔毛。荚果圆筒形，长 14～18 毫米，被灰白色柔毛。种子肾形，具凹点。花期 4～5 月，果期 5～6 月。

分布与生境 分布于我国东北、西北、华北和华东地区。生于河边沙质地、向阳草地。

用途 全草入药，有清热解毒的功能，主治各种化脓性炎症、痈肿、疔疮肠炎、痢疾、黄疸。

植株

127 | 米口袋

Gueldenstaedtia verna (Georgi) Boriss. subsp. *multiflora* (Bunge) Tsui

豆科 Leguminosae

米口袋属 *Gueldenstaedtia*

别名 米布袋、紫花地丁、地丁、甜地丁

形态特征 多年生草本，高4～20厘米，全株被白色长绵毛，果期后毛渐少。主根圆锥状。分茎极缩短，叶及总花梗于分茎上丛生。奇数羽状复叶，叶在早春时长仅2～5厘米，夏秋间可长达20余厘米，早生叶被长柔毛，后生叶毛稀疏，甚几至无毛；托叶宿存，基部合生，外面密被白色长柔毛；小叶9～21片，椭圆形到长圆形、卵形到长卵形，有时披针形，顶端小叶有时为倒卵形，长4～25毫米，宽2～10毫米，基部圆，先端具细尖、急尖、钝、微缺或下凹成弧形。伞形花序有2～6朵花；花萼钟状，被贴伏长柔毛；花冠紫堇色，旗瓣长13毫米，倒卵形，全缘，先端微缺，基部渐狭成瓣柄，翼瓣长10毫米，斜长倒卵形，具短耳，瓣柄长3毫米，龙骨瓣长6毫米，倒卵形，瓣柄长2.5毫米；子房椭圆状，密被贴伏长柔毛，花柱无毛，内卷，顶端膨大成圆形柱头。荚果圆筒状，被长柔毛。种子三角状肾形，具凹点。花期4～5月，果期5～7月。

分布与生境 分布于我国东北、华北、西北、华东、中南地区，俄罗斯、朝鲜也有分布。生于向阳草地、干山坡、沙质地、草甸草原或路旁等处。

用途 春季采收全草入药，煎服主治各种化脓性炎症、痈肿、疔疮、高热烦躁、黄疸、肠炎、痢疾等。可作饲料。

花

植株

植株

128 | 花木蓝

Indigofera kirilowii Maxim. ex Palibin
豆科 Leguminosae
木蓝属 *Indigofera*

花序

别名 吉氏木蓝

形态特征 小灌木，高达 1 米余。幼枝有棱，疏生白色丁字毛。奇数羽状复叶，互生；小叶 3～5 对，对生，阔卵形、卵状菱形或椭圆形，长 1.5～4 厘米，宽 1～2.3 厘米，先端圆钝或急尖，具长的小尖头，基部楔形或阔楔形。总状花序长 5～20 厘米，疏花；花萼杯状，萼筒长约 1.5 毫米，萼齿披针状三角形，有缘毛；花冠淡红色，稀白色，花瓣近等长，旗瓣椭圆形，先端圆形，外面无毛，边缘有短毛，翼瓣边缘有毛；花药阔卵形，两端有髯毛；子房无毛。荚果棕褐色，圆柱形，内果皮有紫色斑点。种子赤褐色，长圆形。花期 5～7 月，果期 8 月。

分布与生境 分布于我国东北、华北、华东、中南地区，朝鲜、日本也有分布。生于向阳山坡、山脚或岩隙间，有时生于灌丛或树林内。

用途 可用作园林观赏植物。枝条可供编织用。可作饲料。根入药，有祛风除湿的功能，主治风湿性关节痛、疮毒。

植株

129 | 鸡眼草

Kummerowia striata (Thunb.) Schindl.
豆科 Leguminosae
鸡眼草属 *Kummerowia*

别名 掐不齐、牛黄黄、公母草

形态特征 一年生草本，披散或平卧，高 10 ～ 40 厘米。茎和枝上被倒生的白色细毛。叶为三出羽状复叶；小叶纸质，倒卵形、长倒卵形或长圆形，较小，长 6 ～ 22 毫米，宽 3 ～ 8 毫米，先端圆形，稀微缺，基部近圆形或宽楔形，全缘。花小，单生或 2 ～ 3 朵簇生于叶腋；萼基部具 4 枚小苞片；花萼钟状，带紫色，5 裂；花冠粉红色或紫色，旗瓣椭圆形，下部渐狭成瓣柄，具耳，龙骨瓣比旗瓣稍长或近等长，翼瓣比龙骨瓣稍短。荚果圆形或倒卵形，稍侧扁，被小柔毛。花期 7 ～ 9 月，果期 8 ～ 10 月。

分布与生境 分布于我国东北、华北、西北、华东、华中、华南、西南各省区，俄罗斯、朝鲜、日本也有分布。生于路边、田边、溪边、沙质地或山麓缓坡草地等处。

用途 全草入药，有清热解毒、利尿的功能，主治感冒发热、咳嗽胸痛、中暑腹泻、尿路感染、痢疾、肝炎等；鲜草捣烂外敷治肿毒。嫩茎叶可食。可作饲料和绿肥。

花

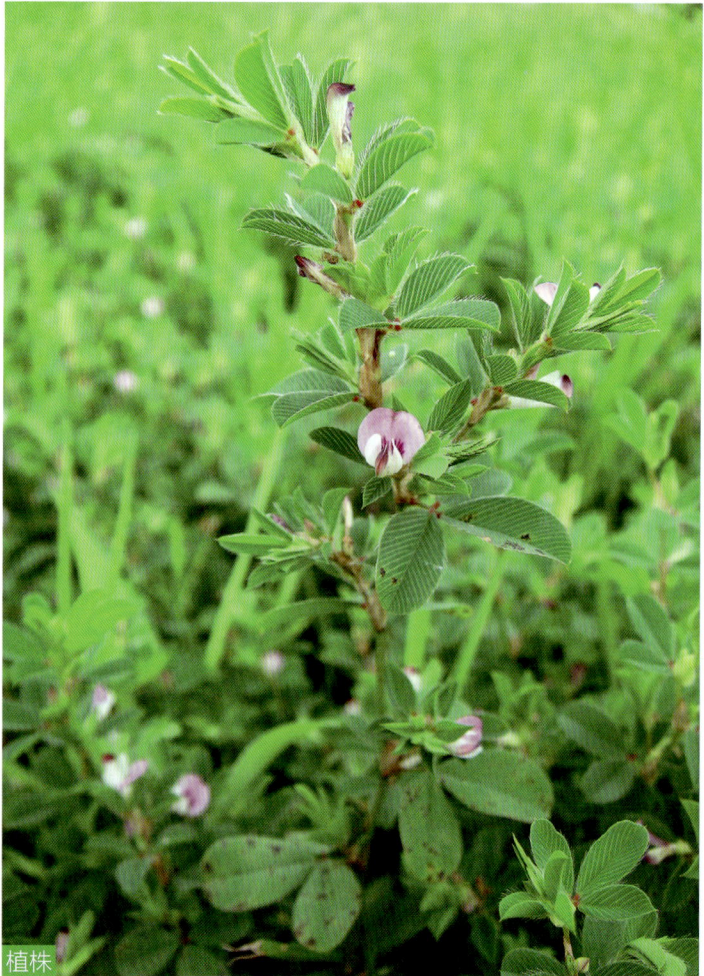
植株

130 | 胡枝子

Lespedeza bicolor Turcz.
豆科 Leguminosae
胡枝子属 *Lespedeza*

别名 萩、胡枝条

形态特征 直立灌木，高 1～3 米。小枝黄色或暗褐色，被疏短毛。羽状复叶具 3 小叶；小叶卵形、倒卵形或卵状长圆形，长 1.5～6 厘米，宽 1～3.5 厘米，先端钝圆或微凹，稀稍尖，具短刺尖，基部近圆形或宽楔形，全缘。总状花序腋生，常构成大型、较疏松的圆锥花序；花萼 5 浅裂，裂片通常短于萼筒；花冠红紫色，旗瓣倒卵形，先端微凹，翼瓣较短，近长圆形，基部具耳和瓣柄，龙骨瓣与旗瓣近等长，先端钝，基部具较长的瓣柄；子房被毛。荚果斜倒卵形，稍扁，表面具网纹，密被短柔毛。花期 7～9 月，果期 9～10 月。

分布与生境 分布于我国东北、华北、西北、华东、华中、华南各地，俄罗斯、朝鲜、日本也有分布。生于山坡、林缘、路旁及杂木林间。

用途 种子油可供食用或作机器润滑油；叶可代茶；枝可编筐。性耐旱，是防风、固沙及水土保持植物，为营造防护林及混交林的伴生树种。枝叶入药，有清热润肺、利水通淋的功能，主治肺热咳嗽、鼻衄、淋病；根入药，主治风湿痹痛、跌打损伤。

植株

花序

135

131 | 牛胡枝子

Lespedeza potaninii Vass.
豆科 Leguminosae
胡枝子属 *Lespedeza*

别名 牛筋子

形态特征 半灌木，高 20～60 厘米。茎斜升或平卧，基部多分枝，有细棱，被粗硬毛。托叶刺毛状，长 2～4 毫米；羽状复叶具 3 小叶，小叶狭长圆形，稀椭圆形至宽椭圆形，长 8～22 毫米，宽 3～7 厘米，先端钝圆或微凹，具小刺尖，基部稍偏斜，上面苍白绿色，无毛，下面被灰白色粗硬毛。总状花序腋生；总花梗长，明显超出叶；花萼密被长柔毛，5 深裂，裂片披针形，长 5～8 毫米，先端长渐尖，呈刺芒状；花冠黄白色，稍超出萼裂片，旗瓣中央及龙骨瓣先端带紫色，冀瓣较短；闭锁花腋生，无梗或近无梗。荚果倒卵形，长 3～4 毫米，双凸镜状，密被粗硬毛，包于宿存萼内。花期 7～9 月，果期 9～10 月。

分布与生境 分布于我国东北、华北、西北、西南各地。生于荒漠草原、草原带的沙质地、砾石地、丘陵地、石质山坡及山麓。

用途 本种为优良的饲用植物，幼嫩枝条各种家畜均喜食。本种耐干旱，可作水土保持及固沙植物。

植株 花序

132 | 紫苜蓿

Medicago sativa L.
豆科 Leguminosae
苜蓿属 *Medicago*

植株　花序

别名　苜蓿、紫花苜蓿

形态特征　多年生草本，高 30～100 厘米。根粗壮，根状茎发达。茎四棱形，无毛或微被柔毛。羽状三出复叶；小叶长卵形、倒长卵形至线状卵形，长 7～16 毫米，宽 3～10 毫米，先端钝圆，具由中脉伸出的长齿尖，边缘三分之一以上具锯齿，下面被贴伏柔毛。花序总状或头状，具花 5～30 朵；萼钟形，萼齿线状锥形，被贴伏柔毛；花冠淡黄色、深蓝色至暗紫色。荚果螺旋状，熟时棕色。种子卵形，长平滑，黄色或棕色。花期 5～7 月，果期 6～8 月。

分布与生境　全国各地都有栽培或呈半野生状态，欧亚大陆和世界各国广泛种植为饲料与牧草。生于田边、路旁、旷野、草原、河岸及沟谷等地。

用途　本种为优良牧草及水土保持植物。春季嫩茎叶可作野菜，并为蜜源植物。根入药，有开胃、排石、利尿的功能，主治胸腹胀满、水肿等。

133 | 白花草木犀

Melilotus alba Medic. ex Desr.
豆科 Leguminosae
草木犀属 *Melilotus*

别名 白花草木樨、白香草木樨、白草木樨

形态特征 一年或二年生草本，高达 2 米。茎直立，多分枝，几无毛。羽状三出复叶；小叶长圆形或倒披针状长圆形，长 15～30 毫米，宽 6～12 毫米，先端钝圆，基部楔形，边缘疏生浅锯齿，上面无毛，下面被细柔毛。总状花序腋生，具花 40～100 朵，排列疏松；萼钟形，微被柔毛，萼齿三角状披针形，短于萼筒；花冠白色，旗瓣椭圆形，稍长于翼瓣，龙骨瓣与翼瓣等长或稍短。荚果椭圆形至长圆形，棕褐色，老熟后变黑褐色。种子卵形，棕色，表面具细瘤点。花期 5～7 月，果期 7～9 月。

分布与生境 分布于我国东北、华北、西北及西南各地，欧洲地中海沿岸、中东、西南亚、中亚及西伯利亚地区均有分布。生于田边、路旁荒地及湿润的砂地。

用途 本种为优良牧草，耐寒、旱及盐碱，可作土壤改良及水土保持植物。茎可作纤维原料。全草入药，有清热解毒、杀虫、利尿的功能，主治皮肤疤痕、丹风、赤白痢、淋症。

植株

花序

134 | 草木犀

Melilotus officinalis (L.) Pall.
豆科 Leguminosae
草木犀属 *Melilotus*

别名 黄香草木犀、辟汗草

形态特征 二年生草本，高达1米以上。茎直立，粗壮，多分枝，微被柔毛。羽状三出复叶；小叶倒卵形、阔卵形、倒披针形至线形，长15～25毫米，宽5～15毫米，先端钝圆或截形，基部阔楔形，边缘具不整齐疏浅齿，上面无毛，下面散生短柔毛。总状花序腋生，具花30～70朵；萼钟形，萼齿三角状披针形，稍不等长，比萼筒短；花冠黄色，旗瓣与翼瓣近等长，龙骨瓣稍短或三者均近等长。荚果卵形，先端具宿存花柱，表面具凹凸不平的横向细网纹，棕黑色。种子卵形，黄褐色，平滑。花期5～9月，果期6～10月。

分布与生境 分布于我国东北、华南、西南各地，其余各地常见栽培，欧洲地中海东岸、中东、中亚、东亚地区均有分布。生于山坡、河岸、路旁、沙质草地及林缘。

用途 茎叶含有芳香油，可用作调和香精，尤其是用作烟草香精的原料；茎叶还可作饲料。茎秆皮纤维可用作造纸原料和人工造棉。为蜜源植物。全草入药，功效同白花草木犀。

植株 花序

135 | 刺槐

Robinia pseudoacacia L.
豆科 Leguminosae
刺槐属 *Robinia*

别名 洋槐

形态特征 落叶乔木，高 10 ～ 25 米。树皮灰褐色至黑褐色，浅裂至深纵裂。小枝灰褐色，具托叶刺，长达 2 厘米。奇数羽状复叶；小叶 2 ～ 12 对，常对生，椭圆形、长椭圆形或卵形，长 2 ～ 5 厘米，宽 1.5 ～ 2.2 厘米，先端圆，微凹，具小尖头，基部圆形至阔楔形，全缘。总状花序腋生，下垂，花多数，芳香；花萼斜钟状，萼齿 5，密被柔毛；花冠白色，各瓣均具瓣柄，旗瓣先端凹缺，内有黄斑，翼瓣与旗瓣几等长，龙骨瓣镰状，与翼瓣等长或稍短，前缘合生。荚果褐色，或具红褐色斑纹，线状长圆形，扁平。种子褐色至黑褐色，微具光泽，有时具斑纹，近肾形。花期 4 ～ 6 月，果期 8 ～ 9 月。

分布与生境 原产于美国东部，17 世纪传入欧洲及非洲。我国于 18 世纪末从欧洲引入青岛栽培，现全国各地广泛栽植。喜湿润肥沃土地，适应性强。

用途 本种为优良的水土保持及蜜源植物。可作行道树。材质硬重，抗腐耐磨，宜作枕木、车辆、建筑、矿柱等多种用材；生长快，萌芽力强，是速生薪炭林树种。嫩叶及花可食。根、茎、叶、皮、花供药用，有利尿、止血消肿、止痛的功效。

树皮

花序

荚果

136 | 紫花刺槐

Robinia pseudoacacia L. var. *decaisneana*
(Carr.) Voss.
豆科 Leguminosae
刺槐属 *Robinia*

别名 紫花洋槐

形态特征 落叶乔木，高5～15米。树皮灰褐色至黑褐色，浅裂至深纵裂。小枝灰褐色，具托叶刺。奇数羽状复叶；小叶2～12对，常对生，椭圆形、长椭圆形或卵形，长2～5厘米，宽1.5～2.2厘米，先端圆，微凹，具小尖头，基部圆至阔楔形，全缘。总状花序腋生，下垂，花多数，芳香；花萼斜钟状，萼齿5，密被柔毛；花冠紫色，各瓣均具瓣柄，旗瓣先端凹缺，内有黄斑，翼瓣与旗瓣几等长，龙骨瓣镰状，与翼瓣等长或稍短，前缘合生。荚果褐色，或具红褐色斑纹，线状长圆形，扁平。种子褐色至黑褐色，微具光泽，有时具斑纹，近肾形。花期4～6月，果期8～9月。

分布与生境 本种为园艺变种，我国南北均有栽培，有时逸为野生。

用途 可用作园林观赏植物及蜜源植物。可作行道树。嫩叶及花可食。

托叶刺

花序

137 | 苦参

Sophora flavescens Alt.
豆科 Leguminosae
槐属 *Sophora*

别名 地槐、白茎地骨、山槐、野槐

形态特征 草本或亚灌木，稀呈灌木状，高达1米余。奇数羽状复叶；小叶6～12对，互生或近对生，椭圆形、卵形、披针形至披针状线形，长3～4厘米，宽0.7～2厘米，先端钝或急尖，基部宽楔形或浅心形。总状花序顶生；花萼钟状，明显歪斜，具不明显波状齿，完全发育后近截平；花冠比花萼长1倍，白色或淡黄白色，旗瓣倒卵状匙形，翼瓣单侧生，强烈皱褶几达瓣片的顶部，龙骨瓣与翼瓣相似。荚果长5～10厘米，种子间稍缢缩，呈不明显串珠状。种子长卵形，稍压扁，深红褐色或紫褐色。花期6～8月，果期7～10月。

分布与生境 我国南北各地均有分布，印度、日本、朝鲜、俄罗斯西伯利亚地区也有分布。生于山坡、沙地、草坡、沟边、灌木林中或田野附近。

用途 根入药，有清热燥湿、杀虫利尿的功能，主治热痢便血、黄疸尿赤、赤白带下、阴肿阴痒等症。种子可作农药。茎皮纤维可织麻袋。

花与果

植株

138 | 山野豌豆

Vicia amoena Fisch. ex DC.
豆科 Leguminosae
野豌豆属 *Vicia*

别名 落豆秧、豆豌豌、透骨草

形态特征 多年生草本，高 30 ～ 100 厘米，植株被疏柔毛，稀近无毛。主根粗壮，须根发达。偶数羽状复叶；托叶半箭头形，边缘有 3 ～ 4 裂齿；小叶 4 ～ 7 对，互生或近对生，椭圆形至卵披针形，长 1.3 ～ 4 厘米，宽 0.5 ～ 1.8 厘米，先端圆，微凹，基部近圆形，上面被贴伏长柔毛，下面粉白色。总状花序通常长于叶；花萼斜钟状，萼齿近三角形；花冠红紫色、蓝紫色或蓝色，花期颜色多变；旗瓣倒卵圆形，先端微凹，翼瓣与旗瓣近等长，龙骨瓣短于翼瓣。荚果长圆形，两端渐尖，无毛。种子圆形，种皮革质，深褐色，具花斑。花期 4 ～ 6 月，果期 7 ～ 10 月。

分布与生境 分布于我国东北、华北、西北、华中、西南地区，俄罗斯、蒙古、朝鲜、日本也有分布。生于山坡、灌丛、林缘、稍湿至干燥的草地等处。

用途 本种为优良牧草。民间药用称透骨草，夏季割取茎叶入药，有去湿、清热解毒的功能；煎液洗患处，治阴囊湿疹。本种是防风、固沙、水土保持及绿肥作物之一。其花期长，色彩艳丽，可作绿篱、荒山、园林绿化，建立人工草场和早春蜜源植物。

植株

花序

139 | 绢毛山野豌豆

Vicia amoena Fisch. ex DC. var. *sericea* Kitag.
豆科 Leguminosae
野豌豆属 *Vicia*

形态特征 本种为山野豌豆的变种，与原变种区别在于叶较小，小叶及植株密被灰白色贴伏绢柔毛。

分布与生境 分布于我国华北地区及吉林、辽宁、陕西、甘肃、河南等省。生于沙地、丘陵、山坡、田埂及灌丛等处。

用途 可作为防风、固沙、水土保持及绿肥植物。

茎叶

植株

花序

140 | 广布野豌豆

Vicia cracca L.
豆科 Leguminosae
野豌豆属 *Vicia*

植株

别名 草藤、落豆秧

形态特征 多年生草本，高 40～150 厘米。茎攀缘或蔓生，有棱，被柔毛。偶数羽状复叶，叶轴顶端卷须有 2～3 分支；托叶半箭头形或戟形，上部 2 深裂；小叶 5～12 对互生，线形、长圆或披针状线形，长 1.1～3 厘米，宽 0.2～0.4 厘米，先端锐尖或圆形，具短尖头，基部近圆或近楔形，全缘；叶脉稀疏，呈三出脉状，不甚清晰。总状花序，花数朵；花萼钟状，萼齿 5，近三角状披针形；花冠紫色、蓝紫色或紫红色；旗瓣中部缢缩呈提琴形，先端微缺；翼瓣与旗瓣近等长，明显长于龙骨瓣，先端钝。荚果长圆形或长圆菱形，先端有喙。种子 3～6，扁圆球形，种皮黑褐色。花期 6～9 月，果期 9～10 月。

分布与生境 广布于我国南北各地，欧洲、非洲北部、北美洲也有分布。生于草甸、山坡、灌丛、林缘、草地、田地等处。

用途 本种为水土保持及绿肥植物。嫩时为牛、羊等牲畜喜食饲料，花期为蜜源植物之一。全草入药，有活血活络、祛风止痛的功能，主治腰、腿疼痛、风湿痛、扭挫伤、闪腰。

花序

花序

荚果

141 | 白花大野豌豆

Vicia pseudorobus Fisch. ex C. A. Meyer f.
albiflora (Nakai) P. Y. Fu et Y. A. Chen
豆科 Leguminosae
野豌豆属 *Vicia*

别名 假香野豌豆、大叶草藤

形态特征 本种为大叶野豌豆的变型，多年生草本，高达 2 米。根茎粗壮、木质化。茎直立或攀缘，有棱，具黑褐斑，被微柔毛。偶数羽状复叶；顶端卷须发达，有 2～3 分支，托叶戟形，边缘齿裂；小叶 2～5 对，卵形、椭圆形或长圆披针形，长 2～6 厘米，宽 1.2～2.5 厘米，纸质或革质，侧脉与中脉为 60° 夹角，直达叶缘呈波形或齿状相联合。总状花序；花萼斜钟状；花多，白色，翼瓣、龙骨瓣与旗瓣近等长。荚果长圆形，扁平，棕黄色。种子扁圆形，棕黄色、棕红褐色至褐黄色。花期 6～9 月，果期 8～10。

分布与生境 分布于我国吉林、辽宁等省。生于杂木林边及灌丛下。

用途 可作饲料，牲畜喜食。全草药用，为透骨草药源之一。

花序

植株

142 | 歪头菜

Vicia unijuga A. Br.
豆科 Leguminosae
野豌豆属 *Vicia*

别名 草豆、两叶豆苗、三叶

形态特征 多年生草本，高50～100厘米。根茎粗壮近木质，须根发达，表皮黑褐色。通常数茎丛生，具棱。叶轴末端为细刺尖头；小叶一对，卵状披针形或近菱形，长3～10厘米，宽2～5厘米，先端渐尖，边缘具小齿状，基部楔形，两面均疏被微柔毛。总状花序单一，稀有分支，呈圆锥状复总状花序；花萼紫色，斜钟状或钟状；花冠蓝紫色、紫红色或淡蓝色，旗瓣倒提琴形，中部缢缩，先端圆有凹，龙骨瓣短于翼瓣。荚果扁，表皮棕黄色，近革质，先端具喙，成熟时腹背开裂，果瓣扭曲。种子扁圆球形，种皮黑褐色，革质。花期6～7月，果期8～9月。

分布与生境 分布于我国东北、华北、华东、西南地区，朝鲜、日本、蒙古、俄罗斯西伯利亚及远东地区均有分布。生于山地、林缘、草地、沟边及灌丛。

用途 本种为优良牧草。嫩时可作蔬菜。全草药用，有补虚、调肝、理气、止痛等功效。本种生长旺盛，广布荒草坡，用于水土保持、绿肥及早春蜜源植物。

植株

花序

143 | 酢浆草

Oxalis corniculata L.
酢浆草科 Oxalidaceae
酢浆草属 *Oxalis*

别名 酸味草、鸠酸、酸醋酱

形态特征 多年生草本，高10～35厘米，全株被柔毛。茎细弱，多分枝，直立或匍匐，匍匐茎节上生根。叶基生或茎上互生；小叶3，无柄，倒心形，长4～16毫米，宽4～22毫米，先端凹入，基部宽楔形，两面被柔毛或表面无毛，边缘具贴伏缘毛。花单生或数朵集为伞形花序状，腋生；萼片5，背面和边缘被柔毛，宿存；花瓣5，黄色；雄蕊10，花丝白色半透明，基部合生；子房长圆形，5室，被短伏毛，花柱5，柱头头状。蒴果长圆柱形，5棱。种子长卵形，褐色或红棕色，具横向肋状网纹。花果期6～9月。

分布与生境 我国广布，俄罗斯、朝鲜、日本及其他一些欧洲国家、亚洲热带地区及北美各国也有分布。生于林下、山坡、路旁、河岸、耕地、庭院或荒地。

用途 全草入药，有清热利湿、凉血散瘀、消肿解毒的功能，主治痢疾、黄疸、淋病、赤白带下、麻疹、吐血、咽喉肿痛、疔疮、疥癣、痔疮、脱肛、跌打损伤、烫火伤。牛、羊食其过多可中毒致死。

植株

植株

植株

144 | 直酢浆草

Oxalis stricta L.
酢浆草科 Oxalidaceae
酢浆草属 *Oxalis*

别名： 酸溜溜、扭筋草、老鸦酸

形态特征： 多年生草本，全株伏生白毛，高约 12～30 厘米。根状茎细长，横生，节处疏生鳞片。茎直立，单一或分枝，淡红紫色。叶互生，叶柄淡红紫色，基部具关节；顶生 3 小叶，小叶广倒心形，近无柄，基部广楔形，表面无毛，背面疏生伏毛，脉上毛较密，边缘通常具伏毛。花梗腋生，顶端具 2 枚披针形膜质小苞，顶生 1～4 花；萼片披针形，果期宿存；花瓣黄色，长圆状倒卵形；雄蕊 10，花丝基部连合；子房圆柱形，花柱 5。蒴果近圆柱状，长 10～16 毫米，略呈 5 棱面，先端尖，表面疏生伏毛。种子扁平，椭圆状卵形，成熟时红棕色或褐色，具横条棱。花期 5～9 月，果期 6～10 月。

分布与生境： 分布于我国东北和华北地区，俄罗斯、朝鲜、日本及东北亚地区、欧洲、地中海地区和北美洲各国也有分布。生于林下和沟谷潮湿处。

用途： 全草入药，有活血化瘀、清热解毒、通淋的功能，主治肿毒、淋病、跌打损伤、烫伤、疥癣。

植株　植株

145 | 牻牛儿苗

Erodium stephanianum Willd.
牻牛儿苗科 Geraniaceae
牻牛儿苗属 *Erodium*

别名 紫牻牛儿苗、鹌鹑嘴、老鸹嘴、老牛筋

形态特征 多年生草本，高通常 10 ～ 20 厘米。根为直根，少分枝。茎多数，仰卧或蔓生，具节，被柔毛。叶对生；叶片轮廓卵形或三角状卵形，基部心形，长 5 ～ 10 厘米，宽 3 ～ 5 厘米，二回羽状深裂，小裂片卵状条形，全缘或具疏齿，表面被疏伏毛，背面被疏柔毛。伞形花序腋生，明显长于叶；萼片矩圆状卵形，先端具长芒，被长糙毛；花瓣紫红色，先端圆形或微凹，雄蕊稍长于萼片，花丝紫色；雌蕊被糙毛，花柱紫红色。蒴果长约 4 厘米，密被短糙毛。种子褐色，具斑点。花期 6 ～ 8 月，果期 8 ～ 9 月。

分布与生境 分布于我国长江中下游以北的华北、东北、西北西部及华中地区，俄罗斯西伯利亚地区和远东地区、日本、蒙古、中亚各国、阿富汗和克什米尔地区、尼泊尔亦广泛分布。生于干山坡、农田边、沙质河滩地和草原凹地等。

用途 全草入药，有活血通络、祛风通络的功能，主治风湿性关节炎、痢疾、肠炎。

花与果

植株

146 | 鼠掌老鹳草

Geranium sibiricum L.
牻牛儿苗科 Geraniaceae
老鹳草属 *Geranium*

别名 风露草、鼠掌草、老鹳草、鸭脚草

形态特征 一年生或多年生草本，高 30 ～ 70 厘米。根为直根。茎纤细，仰卧或近直立，被倒向疏柔毛。叶对生；基生叶和茎下部叶具长柄，柄长为叶片的 2 ～ 3 倍；下部叶片肾状五角形，基部宽心形，长 3 ～ 6 厘米，宽 4 ～ 8 厘米，掌状 5 深裂，裂片倒卵形、菱形或长椭圆形，中部以上齿状羽裂或齿状深缺刻，下部楔形，两面被疏伏毛；上部叶片具短柄，3 ～ 5 裂。萼片卵状椭圆形或卵状披针形，先端急尖，具短尖头；花瓣淡紫色或白色，等于或稍长于萼片，先端微凹或缺刻状，基部具短爪。种子肾状椭圆形，黑色。花期 6 ～ 7 月，果期 8 ～ 9 月。

分布与生境 分布于我国东北、华北、西北、西南地区，俄罗斯、蒙古、朝鲜、日本及欧洲、中亚各国均有分布。生于林缘、疏灌丛、河谷草甸或杂草地。

用途 全草入药，有祛风、活血、清热解毒的功能，主治风湿疼痛、拘挛麻木、痈疽、跌打损伤、肠炎等症。

植株

植株

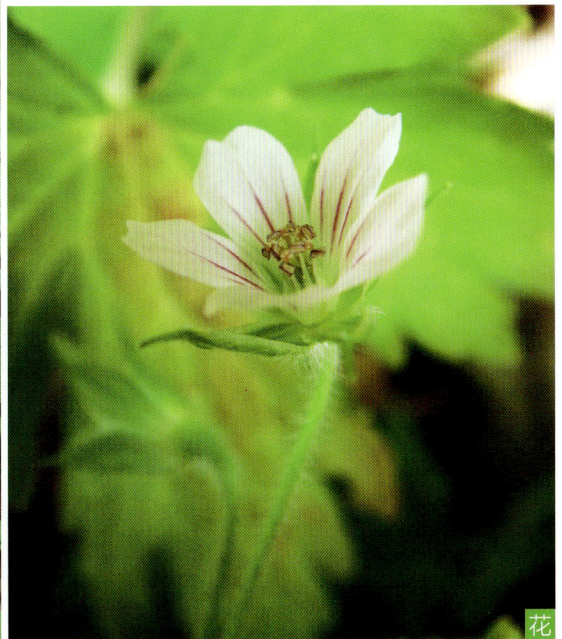
花

147 铁苋菜

Acalypha australis L.
大戟科 Euphorbiaceae
铁苋菜属 *Acalypha*

别名 血见愁、鬼见愁、海蚌含珠、蚌壳草

形态特征 一年生草本，高 0.2～0.5 米，全株被短毛。叶膜质，长卵形、近菱状卵形或阔披针形，长 3～9 厘米，宽 1～5 厘米，顶端短渐尖，基部楔形，边缘具圆锯齿，上面无毛，下面沿中脉具柔毛；基出脉 3 条，侧脉 3 对。雌雄花同序，花序腋生，稀顶生；雌花苞片 1～4 枚，苞腋具雌花 1～3 朵，雌花萼片 3 枚；雄花排列呈穗状或头状，苞片卵形，苞腋具雄花 5～7 朵，簇生，花萼裂片 4 枚。蒴果具 3 个分果片，果皮具疏生毛和毛基变厚的小瘤体。种子近卵状，假种阜细长。花期 7～8 月，果期 9～10 月。

分布与生境 遍布于我国各地，俄罗斯、朝鲜、日本、菲律宾以及北美洲各国也有分布。生于田间路旁、荒地、河岸砂砾地、山沟、山坡林下，为常见农田杂草。

用途 全草入药，可清热解毒、消积、止血、止痢，煎服或捣汁服；外用则洗敷，主治鼻衄、吐血、便血、跌打损伤、疟疾、皮炎、湿疹等症。可作家畜饲料。

植株

花序

植株

148 | 乳浆大戟

Euphorbia esula L.
大戟科 Euphorbiaceae
大戟属 *Euphorbia*

别名 猫眼草、华北大戟、新疆大戟、东北大戟

形态特征 多年生草本，高 20～50 厘米。根圆柱状，常曲折，褐色或黑褐色。茎单生或丛生。叶线形至卵形，变化极不稳定，长 2～7 厘米，宽 4～7 毫米，先端尖或钝尖，基部楔形至平截；无叶柄；总苞叶 3～5 枚，与茎生叶同形；伞幅 3～5，长 2～4 厘米；苞叶 2 枚，常为肾形。花序单生于二歧分枝的顶端，基部无柄；总苞钟状，边缘及内侧被毛；腺体 4，新月形，两端具角，褐色。雄花多枚；雌花 1 枚；花柱 3，分离；柱头 2 裂。蒴果三棱状球形；花柱宿存；成熟时分裂为 3 个分果爿。种子卵球状，成熟时黄褐色；种阜盾状，无柄。花期 5～6 月，果期 5～7 月。

分布与生境 分布于我国东北、华北、西北、华中及西南地区，俄罗斯、蒙古、朝鲜、日本及欧洲一些国家也有分布。生于干燥沙地、海边沙地、草地、干山坡及山沟。

用途 全草入药，味苦、凉，有毒，能利尿消肿、拔毒止痒，主治四肢浮肿、小便不利、疟疾；外用治颈淋巴结结核、疮癣瘙痒。

植株

植株

149 | 地锦

Euphorbia humifusa Willd. ex Schlecht.
大戟科 Euphorbiaceae
大戟属 *Euphorbia*

别名 地锦草、铺地锦、田代氏大戟

形态特征 一年生草本。茎纤细，匍匐，自基部以上多分枝，基部常红色或淡红色，长达30厘米，被柔毛或疏柔毛。叶对生，矩圆形或椭圆形，长5～10毫米，宽3～6毫米，先端钝圆，基部偏斜，略渐狭，边缘常于中部以上具细锯齿；叶面绿色，叶背淡绿色，有时淡红色，两面被疏柔毛。花序单生于叶腋；总苞陀螺状，边缘4裂；腺体4，边缘具白色或淡红色附属物。雄花数枚；雌花1枚；花柱3，分离；柱头2裂。蒴果三棱状卵球形，成熟时分裂为3个分果爿，花柱宿存。种子三棱状卵球形，灰色，每个棱面无横沟，无种阜。花期6～9月，果期7～10月。

分布与生境 我国除海南省外，分布于全国，俄罗斯、蒙古、朝鲜、日本及欧洲一些国家也有分布。生于田边路旁、荒地、固定沙丘、海滩、山坡杂草地，为常见农田杂草。

用途 全草入药，有清热利尿、凉血止血、解毒消肿、通乳的功能，主治急性细菌性痢疾、肠炎、黄疸、小儿疳积、吐血、咯血、尿血、子宫出血、乳汁不通；外用治创伤出血、跌打肿痛、下肢溃疡、皮肤湿疹、烧烫伤、毒蛇咬伤。

植株

植株

果实

植株

150 | 通奶草

Euphorbia hypericifolia L.
大戟科 Euphorbiaceae
大戟属 *Euphorbia*

别名 通奶草大戟

形态特征 一年生草本，高 15～40 厘米。茎直立，自基部分枝或不分枝，无毛或被少许短柔毛。叶对生，狭长圆形或倒卵形，长 1～2.5 厘米，宽 4～8 毫米，先端钝或圆，基部圆形，通常偏斜，不对称，边缘全缘或基部以上具细锯齿。花序数个簇生于叶腋或枝顶；总苞陀螺状，边缘 5 裂，裂片卵状三角形；腺体 4，边缘具白色或淡粉色附属物；雄花数枚，微伸出总苞外；雌花 1 枚，子房柄长于总苞；花柱 3，柱头 2 浅裂。蒴果三棱状，成熟时分裂为 3 个分果爿。种子卵棱状，无种阜。花果期 8～12 月。

分布与生境 分布于我国东北南部及长江以南各地，广布于世界热带及亚热带国家。生于旷野荒地、路旁、灌丛、田间。

用途 全草入药，通乳；植物乳汁治疗疥癣、刀伤、跌打损伤。

植株

155

151 | 斑地锦

Euphorbia maculata L.
大戟科 Euphorbiaceae
大戟属 *Euphorbia*

别名 血筋草、斑叶地锦、地锦草

形态特征 一年生草本。茎匍匐，被白色疏柔毛。叶对生，长椭圆形至肾状长圆形，长6～12毫米，宽2～4毫米，先端钝，基部偏斜，不对称，略呈渐圆形，边缘中部以下全缘，中部以上常具细小疏锯齿；叶面绿色，中部常具有一个长圆形的紫色斑点，两面无毛。花序单生于叶腋，总苞狭杯状，外部具白色疏柔毛，边缘5裂；腺体4，边缘具白色附属物；雄花4～5，微伸出总苞外；雌花1。蒴果被稀疏柔毛，成熟时易分裂为3个分果爿。种子卵状四棱形，灰色或灰棕色，每个棱面具5个横沟，无种阜。花果期4～9月。

分布与生境 原产于北美洲，归化于欧亚大陆；分布于我国东北、华北、华中地区。生于平原或低山坡的路旁。

用途 全草入药，具有止血、清湿热、通乳的功能，主治黄疸、疳积、肠炎、咯血、乳汁不多、痈肿疮毒。

果实

果实

植株

植株

152 | 一叶萩

Flueggea suffruticosa (Pall.) Baill.
大戟科 Euphorbiaceae
白饭树属 *Flueggea*

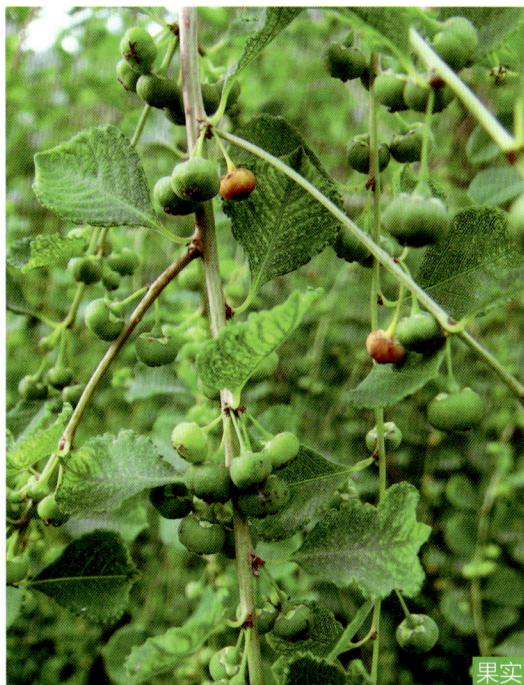
果实

别名 叶底珠、狗杏条

形态特征 多年生灌木，高 1～3 米。小枝浅绿色，有棱槽，有不明显的皮孔。叶片纸质，椭圆形或长椭圆形，稀倒卵形，长 1.5～8 厘米，宽 1～3 厘米，顶端急尖至钝，基部钝至楔形，全缘或稍有不整齐的波状齿或细锯齿。花小，雌雄异株，簇生于叶腋；雄花萼片通常 5；雄蕊 5；雌花萼片 5，近全缘，背部呈龙骨状凸起；子房卵圆形，花柱 3，分离或基部合生。蒴果三棱状扁球形，成熟时淡红褐色，有网纹，3 片裂。种子卵形，褐色而有小疣状凸起。花期 3～8 月，果期 6～11 月。

分布与生境 我国除西北地区外，全国各地均有分布，俄罗斯、蒙古、朝鲜、日本也有分布。生于山坡灌丛及山坡向阳处。

用途 茎皮纤维坚韧，可供纺织原料。花、叶、根、嫩枝叶入药，有祛风活血、补肾强筋的功能，主治面部神经麻痹、小儿麻痹后遗症、眩晕、耳聋、神经衰弱、阳痿。根皮煮水，外洗可治牛、马虱子危害。

植株

153 | 蜜甘草

Phyllanthus ussuriensis Rupr. et Maxim.
大戟科 Euphorbiaceae
叶下珠属 *Phyllanthus*

别名 东北油柑、珍珠菜、铁蛋草

形态特征 一年生草本，高 10～30 厘米，全株无毛。须根多，纤细。茎直立，常基部分枝。叶互生，叶片椭圆形至长圆形，长 5～15 毫米，宽 3～6 毫米，顶端急尖至钝，基部近圆，下面白绿色；叶柄极短或几乎无叶柄；托叶长约 1 毫米，卵状披针形，褐色。花雌雄同株，单生或数朵簇生于叶腋；雄花萼片 4，花盘腺体 4，雄蕊 2，花丝分离；雌花萼片 6，长椭圆形，果时反折，花盘腺体 6，子房卵圆形，3 室，花柱 3，顶端 2 裂。蒴果扁球状，直径约 2.5 毫米，平滑。种子黄褐色，具有褐色疣点。花期 6～7 月，果期 8～10 月。

分布与生境 分布于我国东北、华北、华中、华南各地，俄罗斯、朝鲜、日本也有分布。生于林缘湿地、河岸、山地路旁或沟边湿地。

用途 全草入药，有清热泻火、明目、利水、消疳积的功能，主治小儿疳积、风火目赤、痢疾、夜盲、暑热腹泻等症。

植株

植株

154 | 臭椿

Ailanthus altissima (Mill.) Swingle
苦木科 Simaroubaceae
臭椿属 *Ailanthus*

别名 樗

形态特征 落叶乔木，高可达 20 余米。树皮平滑而有直纹。嫩枝有髓，被黄色或黄褐色柔毛。叶为奇数羽状复叶，长 40～60 厘米。有小叶 13～27，对生或近对生，卵状披针形，长 7～13 厘米，宽 2.5～4 厘米，先端长渐尖，基部偏斜，截形或稍圆，两侧各具 1 或 2 个粗锯齿，齿背有腺体 1 个，揉碎后具臭味。圆锥花序长 10～30 厘米；花淡绿色；萼片 5；花瓣 5；雄蕊 10；柱头 5 裂。翅果长椭圆形。种子位于翅的中间，扁圆形。花期 4～5 月，果期 8～10 月。

分布与生境 我国除黑龙江、吉林、新疆、青海、宁夏、甘肃和海南外，各地均有分布。世界各地广为栽培。生于山间路旁或村旁。

用途 本种可作石灰岩地区的造林树种，也可作园林风景树和行道树。木材可制作农具、车辆等。叶可饲椿蚕。果实入药，有涩肠止泻、止血的功能，主治赤白带下、泻痢、便血、崩漏、尿血、疮癣；根皮入药，有清热燥湿、收涩止带、涩肠止泻、止血杀虫的功能，主治赤白带下、久泻久痢、便血、崩漏、蛔虫病、疮癣。种子可榨油。

树皮

植株

果实

155 | 水金凤

Impatiens noli-tangere L.
凤仙花科 Balsaminaceae
凤仙花属 *Impatiens*

别名 辉菜花

形态特征 一年生草本，高达1米。茎较粗壮，肉质，直立，上部多分枝，下部节常膨大。叶互生；叶片卵形或卵状椭圆形，长3～8厘米，宽1.5～4厘米，先端钝，稀急尖，基部圆钝或宽楔形，边缘有粗圆齿状齿，齿端具小尖，两面无毛。总状花序腋生；花梗纤细，下垂，中上部有1枚苞片；花黄色；侧生2萼片，卵形或宽卵形；旗瓣圆形或近圆形，先端微凹，背面中肋具绿色鸡冠状突起，顶端具短喙尖；翼瓣无柄，2裂，下部裂片长圆形，上部裂片宽斧形，近基部散生橙红色斑点，外缘近基部具钝角状的小耳；唇瓣宽漏斗状，喉部散生橙红色斑点；雄蕊5；子房纺锤形，具短喙尖。蒴果线状圆柱形。种子多数，长圆球形，褐色，光滑。花期6～9月，果期7～10月。

分布与生境 分布于我国东北、华北、西北、华中地区，俄罗斯、朝鲜、日本及欧洲一些国家也有分布。生于山沟溪流旁、林中及林缘湿地、路旁等处。

用途 全草入药，有理气活血、舒筋活络的功能，主治月经不调、行经腹痛、风湿痹痛、跌打损伤等症。本种花大、美丽，可用作园林观赏植物。

植株

花

156 | 南蛇藤

Celastrus orbiculatus Thunb.
卫矛科 Celastraceae
南蛇藤属 *Celastrus*

果实

植株

别名 蔓性落霜红、南蛇风、果山藤

形态特征 落叶藤本。小枝光滑无毛，灰褐色，具皮孔。叶通常阔倒卵形，近圆形或长椭圆形，长5～13厘米，宽3～9厘米，先端圆阔，具有小尖头或短渐尖，边缘具锯齿。聚伞花序腋生，间有顶生，小花1～3朵；雄花萼片5裂；花瓣5，淡绿色；雄蕊5，着生于浅杯状花盘的边缘；雌花花冠较雄花窄小，花盘稍深厚，肉质，退化雄蕊极短小；子房近球状，柱头3深裂，裂端再2浅裂。蒴果近球状。种子椭圆状稍扁，赤褐色。花期5～6月，果期7～10月。

分布与生境 分布于我国东北、华北、西北、华东、华中、华南、西南各地，俄罗斯、朝鲜、日本也有分布。生于山坡、沟谷溪旁、阔叶林边或山沟。

用途 茎入药，有祛内湿、活血脉的功能，主治筋骨疼痛、四肢麻木、小儿惊风；叶入药有祛内湿、解毒消肿、活血止痛的功能，主治风湿痹痛、疮疡疖肿、疱疹、湿疹、跌打损伤、蛇虫咬伤；根入药，主治筋骨疼痛、跌打损伤、痈疽毒；果实能安神镇静，主治神经衰弱、心悸、失眠、健忘、多梦等症。种子可榨油，作工业用油。

157 | 毛脉卫矛

Euonymus alatus (Thunb.) Sieb. var.
pubescens Maxim.
卫矛科 Celastraceae
卫矛属 *Euonymus*

别名 鬼箭羽、四棱树

形态特征 落叶灌木,高1～3米。小枝常具2～4
列宽阔木栓翅。叶卵状椭圆形、窄长椭圆形,偶
为倒卵形,长2～8厘米,宽1～3厘米,边缘
具细锯齿,叶背脉上被短毛。聚伞花序1～3花;
花白绿色,直径约8毫米,4数;萼片半圆形;
花瓣近圆形;雄蕊着生于花盘边缘处,花丝极短。
蒴果1～4深裂。种子椭圆状或阔椭圆状,种皮
褐色或浅棕色,假种皮橙红色,全包种子。花期
5～6月,果期7～10月。

分布与生境 分布于我国东北、华北各地,俄
罗斯、朝鲜、日本也有分布。生于山坡灌丛、阔
叶林中。

用途 带栓翅的枝条入中药,叫鬼箭羽,主治经
闭、产后瘀血、腹痛、虫积疼痛。

花

叶下面

枝叶

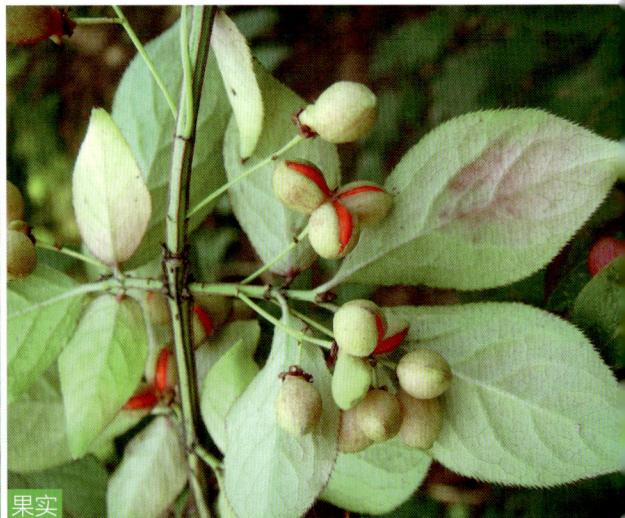
果实

158│白杜

Euonymus maackii Rupr.
卫矛科 Celastraceae
卫矛属 *Euonymus*

果实

别名 明开夜合、丝绵木、白杜卫矛、桃叶卫矛

形态特征 落叶小乔木，高达 6 米。叶卵状椭圆形、卵圆形或窄椭圆形，长 4～8 厘米，宽 2～5 厘米，先端长渐尖，基部阔楔形或近圆形，边缘具细锯齿。聚伞花序 3 至多花，花序梗略扁；花淡白绿色或黄绿色；雄蕊花药紫红色，花丝细长。蒴果倒圆心状，4 浅裂，成熟后果皮粉红色。种子长椭圆状，种皮棕黄色，假种皮橙红色，全包种子，成熟后顶端常有小口。花期 5～6 月，果期 9 月。

分布与生境 分布于我国东北、华北、西北、华东、华中、西南地区，朝鲜、日本也有分布。生于阔叶林缘或山地沟谷的肥沃湿润土壤上。

用途 木材可供器具及细工雕刻用。叶可代茶。树皮含硬橡胶。种子可榨油，可作工业用油。枝叶及根入药，有祛风湿、活血、止血的功能，主治风湿性关节炎、腰痛、跌打损伤、血栓闭塞性脉管炎、肺痈、衄血及恶疮肿毒。

花

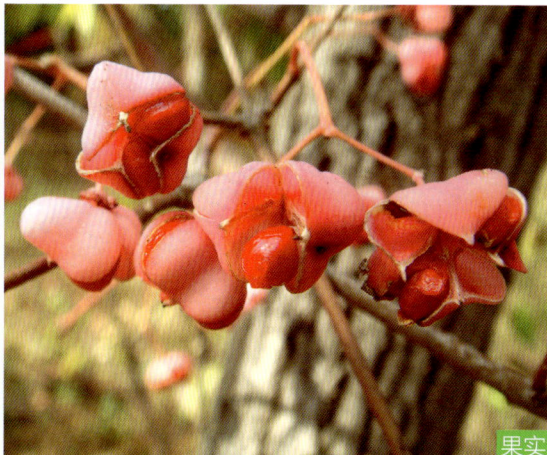
果实

159 | 乌苏里鼠李

Rhamnus ussuriensis J. Vass.
鼠李科 Rhamnaceae
鼠李属 *Rhamnus*

别名 老鸹眼、老乌眼

形态特征 落叶灌木，高达 5 米，全株无毛或近无毛。小枝灰褐色，枝端常有刺，对生或近对生。腋芽和顶芽卵形，具数个鳞片。叶对生或近对生，或在短枝端簇生，狭椭圆形、狭矩圆形，长 3～10.5 厘米，宽 1.5～3.5 厘米，顶端锐尖或短渐尖，基部楔形或圆形，稍偏斜，边缘具钝或圆齿状锯齿，齿端常有紫红色腺体，侧脉每边 4～5，稀 6 条。花单性，雌雄异株，4 基数，有花瓣；雌花数个至 20 余个簇生于长枝下部叶腋或短枝顶端，萼片卵状披针形，长于萼筒的 3～4 倍，有退化雄蕊，花柱 2 浅裂或近半裂。核果球形或倒卵状球形，直径 5～6 毫米，黑色，具 2 核。种子卵圆形，黑褐色，背侧基部有短沟，上部有沟缝。花期 4～6 月，果期 7～10 月。

分布与生境 分布于我国东北、华北地区，俄罗斯、朝鲜、日本也有分布。常生于河边、低山地山坡、杂木林林缘。

用途 树皮入药，有清热通便、止咳平喘的功能，主治热结便秘、咳嗽等症。种子榨油，供制润滑油用。树皮及果实含鞣质，可提制栲胶和黄色染料。枝、叶作农药，可杀大豆蚜虫及治稻瘟病。木材坚硬，可作车辆、辘轳、细工雕刻等用。

植株

果枝

果枝

果实

花

160 | 乌头叶蛇葡萄

Ampelopsis aconitifolia Bunge
葡萄科 Vitaceae
蛇葡萄属 *Ampelopsis*

别名 马葡萄、草白蔹、乌头叶白蔹

形态特征 多年生木质藤本。小枝有纵棱纹，被疏柔毛。卷须 2～3 叉分枝，相隔 2 节间断与叶对生。叶为掌状 5 小叶，小叶 3～5 羽裂，披针形或菱状披针形，长 4～9 厘米，宽 1.5～6 厘米，顶端渐尖，基部楔形，中央小叶深裂，或有时外侧小叶浅裂或不裂，小叶几无柄。花序为疏散的伞房状复二歧聚伞花序，通常与叶对生或假顶生；花蕾卵圆形，顶端圆形，萼碟形，波状浅裂或几全缘；花瓣 5；雄蕊 5；花盘发达，边缘呈波状；子房下部与花盘合生。浆果近球形，成熟时橙黄色或黄色。种子倒卵圆形，基部有短喙。花期 5～6 月，果期 8～9 月。

分布与生境 分布于我国东北、华北及华中各地。生于沙质地、荒野、沟边或干山坡灌丛上。

用途 根入药，有消炎解毒、活血化瘀的功能，主治骨折、跌打损伤、痈肿、风湿性关节炎等症。

植株

161 | 东北蛇葡萄

Ampelopsis glandulosa (Wall.) Momiy. var. *brevipedunculata* (Maxim.) Momiy.
葡萄科 Vitaceae
蛇葡萄属 *Ampelopsis*

别名 蛇葡萄、蛇白蔹

形态特征 多年生木质藤本。小枝有纵棱纹，被疏柔毛。卷须 2～3 叉分枝。叶为单叶，心形或卵形，3～5 中裂，长 3.5～14 厘米，宽 3～11 厘米，顶端急尖，基部心形，边缘有粗钝或急尖锯齿，上面无毛，下面脉上有疏柔毛。二歧伞状花序与叶对生；花细小，黄绿色；萼片 5，碟形，边缘波状浅齿；花瓣 5；雄蕊 5；花盘杯状；子房下部与花盘合生。浆果近球形，成熟时鲜蓝色。种子 2，长椭圆形，基部有短喙，种皮坚硬。花期 4～6 月，果期 7～10 月。

分布与生境 分布于我国东北、华北、华东地区，俄罗斯、朝鲜、日本也有分布。生于山坡及林下。

用途 茎叶入药、有利尿、消炎、止血的功能，主治慢性肾炎、肝炎、小便涩痛、胃热呕吐、疮毒、外伤出血；根入药，有清热解毒、祛风除湿、活血散结的功能，主治肺痈吐脓、肺痨咯血、风湿痹痛、跌打损伤、痈肿疮毒、瘰疬、癌肿。果实可酿酒。

植株

植株

果实

162 | 苘麻

Abutilon theophrasti Medicus
锦葵科 Malvaceae
苘麻属 *Abutilon*

果实

植株

别名 椿麻、塘麻、青麻、白麻

形态特征 一年生亚灌木状草本，高达2米。茎枝被柔毛。叶互生，圆心形，长5～10厘米，先端长渐尖，基部心形，边缘具细圆锯齿，两面均密被星状柔毛。花单生于叶腋；花萼杯状，密被短绒毛，裂片5；花黄色，花瓣倒卵形；雄蕊柱平滑无毛，心皮15～20，具扩展、被毛的长芒2，排列成轮状，密被软毛。蒴果半球形，直径约2厘米，分果爿15～20，被粗毛，顶端具长芒2。种子肾形，褐色，被星状柔毛。花期7～8月，果期8～10月。

分布与生境 分布于我国各地，遍布世界各地。常见于路边、田野、河岸等地。

用途 本种的茎皮纤维色白，具光泽，可编织麻袋、搓绳索、编麻鞋等纺织材料。种子榨油，作制皂、油漆和工业用润滑油。全草入药主治痢疾、中耳炎、耳鸣、耳聋；种子入药，主治赤白痢疾、淋病涩痛、痈肿目翳；根入药，主治痢疾、淋病、急性中耳炎。

花

163 | 野西瓜苗

Hibiscus trionum L.
锦葵科 Malvaceae
木槿属 *Hibiscus*

别名 香铃草、灯笼花、小秋葵

形态特征 一年生直立或平卧草本，高 20～50 厘米。茎柔软，被白色星状粗毛。叶二型，下部的叶圆形，不分裂，上部的叶掌状 3～5 深裂，直径 3～6 厘米，裂片通常羽状全裂，上面疏被粗硬毛或无毛，下面疏被星状粗刺毛。花单生于叶腋；花萼钟形，淡绿色，被粗长硬毛或星状粗长硬毛，裂片 5，膜质，三角形，具纵向紫色条纹，中部以上合生；花淡黄色，内面基部紫色，花瓣 5；雄蕊柱长约 5 毫米，花药黄色；花柱分枝 5，无毛。蒴果长圆状球形，被粗硬毛，分果爿 5，果皮薄，黑色。种子肾形，黑色，具腺状突起。花果期 7～10 月。

分布与生境 广布于我国各地，俄罗斯、蒙古、朝鲜、日本及欧洲一些国家也有分布。生于草地、山坡、河边、路旁等处。

用途 全草入药，有清热解毒、祛风除湿、止咳、利尿、补肾、润肺的功能，主治急性关节炎、感冒咳嗽、肠炎、痢疾、烫伤、肾虚头晕、耳鸣、耳聋、肺痨咳嗽。

植株

果实

植株

164 | 野葵

Malva verticillata L.
锦葵科 Malvaceae
锦葵属 *Malva*

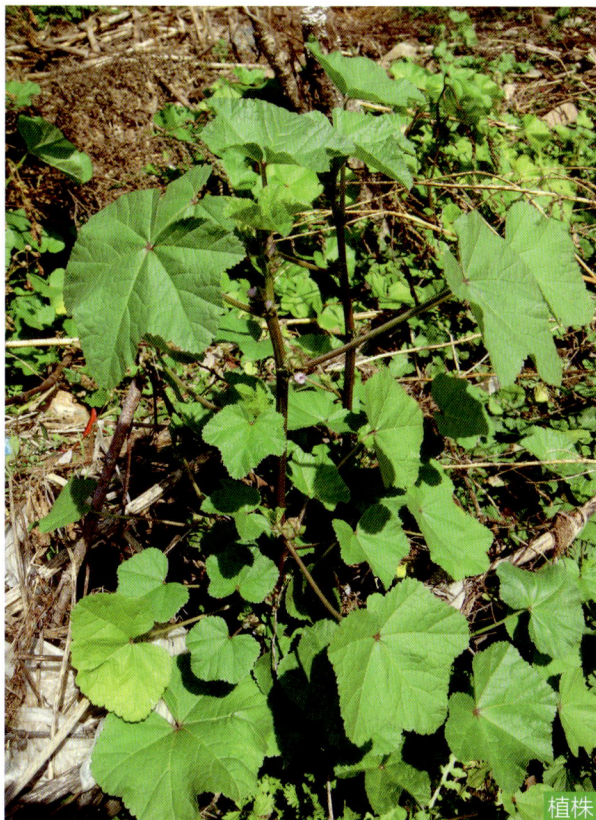
植株

别名 北锦葵、旅葵、棋盘菜、土黄芪

形态特征 二年生草本，高达1余米。茎干被星状长柔毛。叶肾形或圆形，直径5～11厘米，通常为掌状5～7裂，边缘具钝齿，两面被极疏糙伏毛或近无毛。花簇生于叶腋，具极短柄至近无柄；小苞片3，线状披针形，被纤毛；萼杯状，萼裂5；花冠长稍微超过萼片，淡白色至淡红色，花瓣5，先端凹入；雄蕊柱被毛；花柱分枝10～11。果扁球形，分果爿10～11，两侧具网纹。种子肾形，紫褐色。花果期6～10月。

分布与生境 产于全国各地，印度、缅甸、朝鲜、埃及、埃塞俄比亚以及欧洲各国均有分布。生于平原旷野、村落附近、路旁、沟边等处。

用途 种子、根和叶作中草药，能利水滑窍、润便利尿、下乳汁、去死胎；鲜茎叶和根可拔毒排脓，疗疔疮疖痈。嫩苗也可供蔬食。

植株

果实

165 | 鸡腿菫菜

Viola acuminata Ledeb.
董菜科 Violaceae
董菜属 *Viola*

别名 鸡腿菜、胡森菫菜、红铧头草

形态特征 多年生草本，通常无基生叶。根状茎较粗，密生多条淡褐色根。茎直立，丛生，高10～40厘米。叶片心形、卵状心形或卵形，长1.5～5.5厘米，宽1.5～4.5厘米，两面密生褐色腺点，沿叶脉被疏柔毛；托叶草质，叶状，通常羽状深裂呈流苏状，或浅裂呈齿牙状。花淡紫色或近白色；萼片线状披针形，外面3片较长而宽；花瓣有褐色腺点，上方花瓣与侧方花瓣近等长，侧瓣里面近基部有长须毛，下瓣里面常有紫色脉纹，连距长0.9～1.6厘米；距通常直，长1.5～3.5毫米，呈囊状。蒴果椭圆形，无毛，通常有黄褐色腺点，先端渐尖。花果期5～9月。

分布与生境 分布于我国东北、华北和华中各地，俄罗斯、朝鲜、日本也有分布。生于阔叶林下、林缘、灌丛、山坡草地及河谷较湿草地等处。

用途 全草供药用，主治肺热咳嗽、跌打损伤、疮疖肿毒等症。嫩茎叶可作野菜。

花

植株

166 | 球果堇菜

Viola collina Bess.
堇菜科 Violaceae
堇菜属 *Viola*

果实

植株

别名 毛果堇菜、圆叶毛堇菜

形态特征 多年生草本，花期高 4～9 厘米，果期高可达 20 厘米。根状茎粗而肥厚，具结节，黄褐色。叶均基生，呈莲座状；叶片宽卵形或近圆形，长 1～3.5 厘米，宽 1～3 厘米，两面密生白色短柔毛，果期叶片显著增大，长可达 8 厘米，宽约 6 厘米，基部心形；托叶膜质，基部与叶柄合生，边缘具较稀疏的流苏状细齿。花淡紫色，具长梗；花瓣基部微带白色，侧方花瓣里面有须毛或近无毛；下方花瓣的距白色，较短，长约 3.5 毫米，平伸而稍向上方弯曲；子房被毛，花柱基部膝曲，向上渐增粗，常疏生乳头状凸起。蒴果球形，密被白色柔毛，成熟时果梗通常向下方弯曲，致使果实接近地面。花果期 5～8 月。

分布与生境 分布于我国东北、华北、华东、华中、华南、西南各地，俄罗斯、朝鲜、日本及欧洲国家也有分布。生于阔叶林、针阔混交林、林缘、灌丛、山坡、溪谷等处腐殖土层厚或较阴湿的草地上。

用途 全草药用，主治刀伤、跌打损伤、疮毒等。幼苗可作野菜。

植株

花

167 | 西山堇菜

Viola hancockii W. Beck.
堇菜科 Violaceae
堇菜属 *Viola*

形态特征 多年生草本，无地上茎，高 10～15 厘米。根状茎粗壮，长 1.5～2 厘米，节密生。根深褐色，生多数分枝的须根。叶多数，基生；叶片卵状心形，长 2～6 厘米，宽 2～4 厘米，基部深心形，边缘具整齐钝锯齿，两面疏生短柔毛；托叶外部者膜质，白色，内部者 3/4 与叶柄合生。花近白色，大形，长达 2 厘米；萼片披针形或宽披针形，基部附属物短，疏生钝齿；花瓣长圆状倒卵形，下方花瓣连距长 1.8～2 厘米，距筒状，长 6～8 毫米，末端圆，通常向上方弯曲；子房近球形，无毛。果实长圆状，无毛。花果期 4～6 月。

分布与生境 分布于我国东北、华北部分省区。生于阴坡阔叶林林下、林缘、山村附近水沟边。

用途 全草供药用，有清热解毒、除脓消炎的功效。

花

植株

168 | 蒙古堇菜

Viola mongolica Franch.
堇菜科 Violaceae
堇菜属 *Viola*

花

植株

别名 白花堇菜

形态特征 多年生草本，无地上茎，高 5～9 厘米，果期高可达 17 厘米。根状茎长 1～4 厘米或更长，生多条白色细根。叶数枚，基生；叶片卵状心形、心形或椭圆状心形，长 1.5～3 厘米，宽 1～2 厘米，果期叶片较大，长 2.5～6 厘米，宽 2～5 厘米，两面疏生短柔毛；叶柄具狭翅，无毛；托叶 1/2 与叶柄合生，离生部分狭披针形，边缘疏生细齿。花白色；花梗细，通常高出于叶；

侧方花瓣里面近基部稍有须毛，下方花瓣连距长 1.5～2 厘米，距管状，长 6～7 毫米，稍向上弯，末端钝圆。蒴果卵形，无毛。花果期 5～8 月。

分布与生境 分布于我国东北及华北各地。生于林下、林缘及山坡、向阳草地、石砾地等处。

用途 全草入药，有清热解毒、利水消肿的功能，主治疔疮、痈肿、瘰疬、黄疸、目赤、喉痹、毒蛇咬伤。

169 | 紫花地丁

Viola philippica Cav.
董菜科 Violaceae
董菜属 *Viola*

植株

花

别名　辽董菜、野董菜、光瓣董菜

形态特征　多年生草本，无地上茎，高 4～14 厘米，果期高可达 20 厘米。根状茎短，垂直，淡褐色，长 4～13 毫米。叶多数，基生，莲座状；叶片下部者通常较小，呈三角状卵形或狭卵形，上部者较长，呈长圆形、狭卵状披针形或长圆状卵形，长 1.5～4 厘米，宽 0.5～1 厘米，边缘具较平的圆齿，果期叶片增大，长可达 10 余厘米，宽可达 4 厘米；托叶 2/3～4/5 与叶柄合生。花紫董色或淡紫色，稀呈白色，喉部色较淡并带有紫色条纹；花瓣倒卵形或长圆状倒卵形，下方花瓣连距长 1.3～2 厘米，里面有紫色脉纹；距细管状，长 4～8 毫米，末端圆。蒴果长圆形。种子卵球形，淡黄色。花果期 4～9 月。

分布与生境　分布于我国东北、华北、西北、华东、华中、华南地区，俄罗斯、朝鲜、日本也有分布。生于住宅附近的草地、路旁、荒地、山坡草地、林缘、灌丛、草甸草原、沙地等处。

用途　全草入药，有清热解毒、利水消肿的功能，主治疔疮、痈肿、瘰疬、黄疸、目赤、喉痹、毒蛇咬伤。嫩叶可作野菜。可用作园林观赏植物。

170 | 早开堇菜

Viola prionantha Bunge
堇菜科 Violaceae
堇菜属 *Viola*

花

别名 光瓣堇菜

形态特征 多年生草本,无地上茎,花期高3～10厘米,果期高可达20厘米。根状茎垂直,短而较粗壮,长4～20毫米,粗可达9毫米,上端常有去年残叶围绕。根数条,灰白色。叶多数,均基生;叶片在花期呈长圆状卵形、卵状披针形或狭卵形,长1～4.5厘米,宽6～20毫米,幼叶两侧通常向内卷折,边缘密生细圆齿;果期叶片显著增大,长可达10厘米,宽可达4厘米;托叶2/3与叶柄合生,离生部分线状披针形。花大,紫堇色或淡紫色,喉部色淡并有紫色条纹;下方花瓣连距长14～21毫米,距长5～9毫米,粗1.5～2.5毫米,末端钝圆且微向上弯。蒴果长椭圆形,无毛,顶端钝常具宿存的花柱。种子多数,卵球形,深褐色常有棕色斑点。花果期4月上、中旬至9月。

分布与生境 分布于我国东北、华北、西北、华中地区,俄罗斯、朝鲜也有分布。生于向阳草地、山坡、荒地、路旁、沟边等处。

用途 全草入药,有清热解毒、除脓消炎的功能,主治疮疖、乳腺炎、目赤肿痛、咽炎、肠炎、毒蛇咬伤;捣烂外敷可排脓、消炎、生肌。本种花形较大,色艳丽,是一种美丽的早春观赏植物。嫩茎叶可作野菜。

植株

171 | 细距堇菜

Viola tenuicornis W. Beck.
董菜科 Violaceae
董菜属 *Viola*

花

植株

形态特征 多年生草本，无地上茎，高 4～14 厘米。根状茎短，节间缩短，节密生，通常垂直，有数条淡黄色细根。叶基生，叶片卵形或宽卵形，长 1～3 厘米，宽 1～2 厘米，果期增大，长可达 6 厘米，宽约 4.5 厘米，先端钝，基部微心形或近圆形，边缘具浅圆齿，两面绿色；叶柄细弱，无翅或仅上部具极狭的翅；托叶外侧者近膜质，内侧者淡绿色，2/3 与叶柄合生，离生部分线状披针形或披针形，边缘疏生流苏状短齿。花紫堇色；花梗细弱，稍超出或不超出于叶，在中部或中部稍下处有 2 枚线形小苞片；萼片通常绿色或带紫红色，披针形、卵状披针形，长 5～8 毫米，无毛，先端尖，边缘狭膜质，具 3 脉，末端截形或圆形，稀具浅齿；花瓣倒卵形，上方花瓣长

1～1.2 厘米，侧方花瓣长 8～10 毫米，里面基部稍有须毛或无毛，下方花瓣连距长 15～20 毫米；距圆筒状，较细或稍粗，长 5～9 毫米，末端圆而向上弯；子房无毛，花柱棍棒状，基部向前方膝曲，上部明显增粗，柱头两侧及后方增厚成直伸的缘边，中央部分微隆起，前方具稍粗的短喙，喙端具向上开口的柱头孔。蒴果椭圆形，长 4～6 毫米，无毛。花果期 4～9 月。

分布与生境 分布于我国东北、华北、西北地区，俄罗斯、朝鲜也有分布。生于湿草地、山坡、灌丛及林缘。

用途 全草供药用，能清热解毒、止血凉血，主治痈疮毒肿、创伤出血。

172 | 盒子草

Actinostemma tenerum Griff.
葫芦科 Cucurbitaceae
盒子草属 *Actinostemma*

果实

别名 盒子藤、鸳鸯木鳖

形态特征 一年生缠绕性草本。茎纤细,疏被长柔毛。叶形变异大,心状戟形、心状狭卵形或披针状三角形,不分裂或3～5裂或仅在基部分裂,长3～12厘米,宽2～8厘米。卷须细,2歧。雄花总状,有时圆锥状,花萼裂片线状披针形,边缘有疏小齿,花冠裂片披针形,先端尾状钻形,雄蕊5,药隔稍伸出于花药成乳头状;雌花单生、双生或雌雄同序,雌花梗具关节,花萼和花冠同雄花,子房卵状,有疣状凸起。果实绿色,卵形、阔卵形或长圆状椭圆形,疏生暗绿色鳞片状凸起,自近中部盖裂,果盖锥形,具种子2～4枚。种子表面有不规则雕纹。花期7～9月,果期9～11月。

分布与生境 我国南北各地普遍分布,俄罗斯、朝鲜、日本也有分布。生于水边草丛中,借茎卷须攀缘于其他物上。

用途 种子及全草药用,有利尿消肿、清热解毒、去湿的功能,主治肾炎水肿、湿疹、疮疡肿毒。种子含油,可制肥皂;油饼可作肥料及猪饲料。

植株

花

173 | 千屈菜

Lythrum salicaria L.
千屈菜科 Lythraceae
千屈菜属 *Lythrum*

别名 水枝柳、水柳、对叶莲

形态特征 多年生草本，高达 1 米。根茎横卧于地下，粗壮；茎直立，多分枝，全株青绿色，略被粗毛或密被绒毛，枝通常具 4 棱。叶对生或三叶轮生，披针形或阔披针形，长 4～8 厘米，宽 8～15 毫米，顶端钝形或短尖，基部圆形或心形，有时略抱茎，全缘，无柄。总状花序生于分枝顶端；花两性，数朵簇生与叶状苞叶内，具短梗；花萼筒状，稍被粗毛，裂片 6，三角形；花瓣 6，红紫色或淡紫色，着生于萼筒上部，有短爪，稍皱缩；雄蕊 12，6 长 6 短，伸出萼筒之外；子房 2 室，花柱长短不一。蒴果扁圆形。花果期 7～9 月。

分布与生境 分布于我国东北、华北、西北、西南、华中各省区，亚洲、欧洲、非洲、北美洲的一些国家也有分布。生于河边、沼泽地及水边湿地。

用途 本种为花卉植物，我国东北、华北、华东地区常栽培于水边或作盆栽，供观赏。全草入药，主治痢疾、崩漏、溃疡。

植株 植株

174 | 丘角菱

Trapa natans L.
菱科 Trapaceae
菱属 *Trapa*

别名 菱角

形态特征 一年生浮水水生草本。根二型，细铁丝状的着泥根和羽状细裂的同化根。茎圆柱形，分枝。叶二型；浮水叶互生，绿色或带紫红色，聚生于主茎和分枝茎顶端，形成菱盘，叶片广菱形或卵状菱形，长2～4.5厘米，宽2～6厘米，表面深亮色，无毛，背面被淡褐色长软毛，叶缘中上部边缘具浅凹锐齿，中下部全缘、基部广楔形或近截形；叶柄中上部膨大成海绵质气囊，被淡褐色短毛；沉水叶小，早落。花小，单生于叶腋；萼4深裂，绿色；花瓣4，长匙形，白色或微红；雄蕊4；子房半下位，2心皮，2室，每室具1倒生胚珠，仅1室胚珠发育；花盘鸡冠状。果三角形或扁菱形，具2刺角，平伸或斜举，腰角不存在，其位置通常具小丘状突起，果喙稍明显，果颈高2～3毫米或稍低。花期5～10月，果期7～11月。

分布与生境 分布于我国东北及华北各地，俄罗斯、朝鲜也有分布。生于湖泊、河溪中。

用途 果实富含淀粉，可生食或提制淀粉。茎叶可作饲料。果实入药，有健脾益胃、除烦止渴、解毒的功能，主治脾虚泄泻、暑热烦渴、饮酒过度、痢疾。

花与果

植株

175 | 柳兰

Chamerion angustifolium (L.) Holub
柳叶菜科 Onagraceae
柳兰属 *Chamerion*

花

别名 铁筷子、火烧兰、糯芋

形态特征 多年生粗壮草本，高达 1.5 米，直立。根状茎匍匐于表土层，木质化。茎通常不分枝。叶螺旋状互生，无柄，茎下部叶披针状长圆形至倒卵形，长 0.5～2 厘米，常枯萎，中上部的叶近革质，线状披针形或狭披针形，长 7～14 厘米，宽 0.7～2 厘米。花序总状，直立，长 5～40 厘米；苞片线形，长 1～3 厘米。花大，两性，红紫色或淡红色；萼片紫红色，被灰白柔毛；花瓣 4，倒卵形，顶端钝圆或微缺，基部具短爪；雄蕊 8；柱头白色，深 4 裂。蒴果圆柱形，密被贴生的白灰色柔毛。种子狭倒卵状，先端短渐尖，具短喙，褐色，表面近光滑但具不规则的细网纹；种缨丰富，灰白色，不易脱落。花期 6～9 月，果期 8～10 月。

分布与生境 分布于我国东北、华北、西北及西南各地，广布于北温带与寒带的国家。生于山区半开旷或开旷较湿润草坡灌丛、火烧迹地、高山草甸、河滩、砾石坡。

用途 为火烧后先锋植物与重要蜜源植物。嫩苗焯后可作沙拉食用。茎叶可作猪饲料。全草入药，有通经活血、消肿止痛的功能，主治月经不调；外用治骨折、关节扭伤等。全草含鞣质，可制栲胶。

花序

植株

花

植株

176 露珠草

Circaea cordata Royle
柳叶菜科 Onagraceae
露珠草属 *Circaea*

别名 牛泷草、心叶露珠草

形态特征 多年生草本，高 40～80 厘米。茎直立，密被平伸的长柔毛和腺毛。叶狭卵形至宽卵形，长 4～9 厘米，宽 2～8 厘米，基部常心形，边缘具锯齿至近全缘。单总状花序顶生，或基部具分枝，长约 2～20 厘米；萼片卵形至阔卵形，白色或淡绿色，开花时反曲，先端钝圆形；花瓣 2，白色，倒卵形至阔倒卵形，先端倒心形，凹缺深至花瓣长度的 1/2～2/3；雄蕊 2，略短于花柱或与花柱近等长。果实斜倒卵形至透镜形，2 室，具 2 种子。种子背面压扁。花期 6～8 月，果期 7～9 月。

分布与生境 分布于我国东北、华北、华东、西南各地，俄罗斯、朝鲜、日本、印度也有分布。生于林缘、灌丛间及山坡疏林中、沟边湿地。

用途 全草入药，有清热解毒、生肌功能，主治疮痈肿毒、疥疮、外伤出血。可用作园林观赏植物。

花与果

177 | 多枝柳叶菜

Epilobium fastigiatoramosum Nakai
柳叶菜科 Onagraceae
柳叶菜属 *Epilobium*

形态特征　多年生直立草本，高 15～50 厘米。自茎基部生出多叶的根出条，有时在地面下生出短而细的匍匐枝。茎多分枝，周围被曲柔毛或下部近无毛。叶对生，花序上的互生，无柄或具很短的柄，狭椭圆形至椭圆状披针形。花序直立，密被曲柔毛与腺毛；花直立；萼片狭卵形至披针形；花瓣白色或淡红色，先端凹缺深 0.5～0.8 毫米；柱头近头状，有时近棍棒状，开花时稍伸出或围以花药。蒴果被曲柔毛。种子狭倒卵状或狭倒披针状，顶端具很短的喙，褐色，表面具很细的乳突；种缨污白色。花期 7～8 月，果期 8～9 月。

分布与生境　分布于我国东北、华北地区，俄罗斯、朝鲜、日本也有分布。生于湖塘、沼泽、河谷、溪沟旁。

用途　全草入药，有清热解毒、利湿止泻、消食理气、活血接骨的功能，主治湿热泻痢、食积、脘腹胀痛、牙痛、月经不调、经闭、带下、跌打骨折、疮肿、烫火伤、疥疮等症。

花

植株

植株

植株

178 沼生柳叶菜

Epilobium palustre L.
柳叶菜科 Onagraceae
柳叶菜属 *Epilobium*

别名 水湿柳叶菜

形态特征 多年生直立草本，高 20 ～ 70 厘米。茎基部底下或地上具越冬匍匐枝。茎不分枝或分枝，圆柱状，无棱线，周围被曲柔毛。叶对生，花序上的互生，近线形至狭披针形，长 1.2 ～ 7 厘米，宽 3 ～ 10 毫米，边缘全缘或每边有 5 ～ 9 枚不明显浅齿。花序花前直立或稍下垂，密被曲柔毛，有时混生腺毛。花近直立；萼片长圆状披针形，密被曲柔毛与腺毛；花瓣白色至粉红色或玫瑰紫色，先端的凹缺深 0.8 ～ 1 毫米；柱头棍棒状至近圆柱状。蒴果长 3 ～ 9 厘米，被曲柔毛。种子棱形至狭倒卵状，顶端具长喙，褐色，表面具细小乳突。花期 6 ～ 8 月，果期 8 ～ 9 月。

分布与生境 分布于我国东北、华北、西北各地，俄罗斯、朝鲜、蒙古、不丹、尼泊尔、印度与巴基斯坦、克什米尔地区及欧洲、北美洲国家也有分布。生于湖塘、沼泽、河谷、溪沟旁。

用途 全草入药，有清热解毒的功能，主治咽喉肿痛、风热声嘶、高热、泄泻等症。

植株

花

179 | 假柳叶菜

Ludwigia epilobioides Maxim.
柳叶菜科 Onagraceae
丁香蓼属 *Ludwigia*

别名 丁香蓼

形态特征 一年生粗壮直立草本，高 30～150 厘米。茎四棱形，带紫红色，多分枝，无毛或被微柔毛。叶狭椭圆形至狭披针形，长 2～10 厘米，宽 0.5～2 厘米，先端渐尖，基部狭楔形；托叶卵状三角形。萼片 4～5；花瓣黄色，先端圆形，基部楔形；雄蕊与萼片同数；花柱粗短；柱头球状。蒴果表面瘤状隆起，熟时淡褐色，内果皮增厚变硬成木栓质。种子狭卵球状，顶端具钝突尖头，基部偏斜，淡褐色，表面具红褐色纵条纹，其间有横向的细网纹。花期 8～10 月，果期 9～11 月。

分布与生境 分布于我国东北、西北及长江以南各地，朝鲜、日本、越南也有分布。生于沼泽旁草地、河边及湿草地。

用途 嫩枝叶可作饲料，全草入药，有清热利水之效，治痢疾效果显著。

花 植株

植株

花与果

180 | 月见草

Oenothera biennis L.
柳叶菜科 Onagraceae
月见草属 *Oenothera*

别名 山芝麻、夜来香、待霄草

形态特征 二年生草本，高 50～200 厘米。茎直立，粗壮，不分枝或分枝，被曲柔毛与伸展长毛。基生莲座叶丛生紧贴地面，叶片倒披针形，长 10～25 厘米，宽 2～4.5 厘米；茎生叶椭圆形至倒披针形，长 7～20 厘米，宽 1～5 厘米，先端锐尖至短渐尖，基部楔形，边缘每边有 5～19 枚稀疏钝齿。花序穗状，不分枝，或在主序下面具次级侧生花序；苞片叶状，近无柄；花两性，单生于叶腋；萼片绿色，有时带红色；花瓣黄色，稀淡黄色，宽倒卵形，先端微凹缺；子房绿色，圆柱状，具 4 棱。蒴果锥状圆柱形，向上变狭，直立。种子在果中呈水平状排列，暗褐色，棱形，具棱角，各面具不整齐洼点。花果期 6～9 月。

分布与生境 分布于我国东北、华北、华东各地，原产于北美洲，早期引入欧洲，后迅速传播世界温带与亚热带地区。常生于开阔荒坡、路旁、向阳山坡、河岸砂砾地等处。

用途 根及种子入药，有强筋骨、祛风湿、散瘀、降脂的功能，主治风湿、筋骨疼痛、冠心病、血栓、血脂。种子榨油可供机械等工业用油。茎皮供纤维用。花可提制芳香油，用于调和香精用。幼苗及根可供猪饲料用。

181 | 穗状狐尾藻

Myriophyllum spicatum L.
小二仙草科 Haloragidaceae
狐尾藻属 *Myriophyllum*

花序

别名 泥茜、聚藻、金鱼藻

形态特征 多年生沉水草本。根状茎在水底泥中蔓延，节部生根。茎圆柱形，分枝极多。叶常5片轮生，有时3～6片轮生，长3.5厘米，丝状全细裂，叶的裂片约13对，细线形；叶柄极短或不存在。花两性、单性或杂性，雌雄同株，单生于苞片状叶腋内，每节常4朵花，层层轮生于花序轴上，形成穗状花序，生于水面上。分果广卵形或卵状椭圆形，具4纵深沟，沟缘表面光滑。花期从春到秋陆续开放，4～9月陆续结果。

分布与生境 我国南北各地均有分布，为世界广布种。生于池塘、河沟、沼泽中。

用途 全草入药，有清凉、解毒、止痢的功能，主治慢性下痢。可作养猪、养鱼、养鸭的饲料。可栽植于室内水体及水族箱内，作水生观赏植物。

植株

植株

幼叶

182 | 辽东楤木

Aralia elata (Miq.) Seem.
五加科 Araliaceae
楤木属 *Aralia*

别名 龙牙楤木、刺龙牙、刺老芽、刺老鸦

形态特征 小乔木，高 1.5～6 米。树皮灰色。小枝灰棕色，疏生多数细刺，嫩枝上的刺较长。叶为二回或三回羽状复叶，长 40～80 厘米；叶轴和羽片轴基部通常有短刺；羽片有小叶 7～11，基部有小叶 1 对；小叶片薄纸质或膜质，阔卵形、卵形至椭圆状卵形，长 5～15 厘米，宽 2.5～8 厘米，先端渐尖，基部圆形至心形，稀阔楔形，上面绿色，下面灰绿色，边缘疏生锯齿，有时为粗大齿牙或细锯齿。圆锥花序伞房状，主轴短，长 2～5 厘米；花黄白色；萼无毛，边缘有 5 个卵状三角形小齿；花瓣 5，卵状三角形，开花时反曲；子房 5 室；花柱 5，离生或基部合生。果实球形，黑色，有 5 棱。花期 6～8 月，果期 9～10 月。

分布与生境 分布于我国东北三省，俄罗斯、朝鲜、日本也有分布。生于阔叶林及针阔叶混交林内、林缘、林下以及山阴坡、沟边等处。

用途 根皮、树皮入药，有活血、祛风利湿、止痛、补肾益精的功能，主治神经衰弱、阳痿、十二指肠溃疡、慢性胃炎、肝炎、肾炎、糖尿病、风湿性关节炎及水肿等症。幼嫩叶芽为上等食用野菜。种子可榨油，可供制肥皂等用。

植株

果实

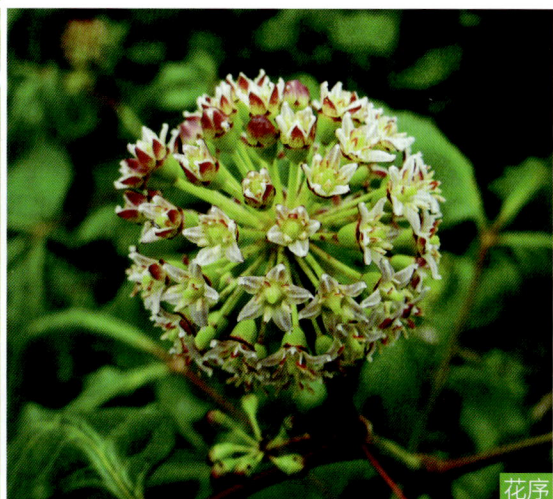
花序

183 | 东北羊角芹

Aegopodium alpestre Ledeb.
伞形科 Umbelliferae
羊角芹属 *Aegopodium*

别名 小叶芹

形态特征 多年生草本，高 30 ～ 100 厘米。具细长的根状茎。茎直立，圆柱形，中空。基生叶有柄，柄长 5 ～ 13 厘米，叶鞘膜质；叶片轮廓呈阔三角形，通常三出式二回羽状分裂；羽片卵形或长卵状披针形，长 1.5 ～ 3.5 厘米，宽 0.7 ～ 2 厘米，边缘有不规则的锯齿或缺刻状分裂；最上部的茎生叶小，三出式羽状分裂，羽片卵状披针形，先端渐尖至尾状，边缘有缺刻状的锯齿或不规则的浅裂。复伞形花序顶生或侧生；伞辐 9 ～ 17；花瓣白色，顶端微凹，有内折的小舌片；花柱基圆锥形，向外反折。果实长圆形或长圆状卵形，主棱明显，棱槽较阔，无油管。花期 5 ～ 7 月，果期 7 ～ 8 月。

分布与生境 分布于我国东北及西北地区，俄罗斯、蒙古、朝鲜、日本及欧洲一些国家也有分布。生于林缘、林间草地、溪流两岸。

用途 幼苗为春季山菜，早春采食。茎叶入药，祛风止痛，主治风湿痹痛、眩晕。

植株 花序

果实

花

184 | 白芷

Angelica dahurica (Fisch. ex Hoffm.)
Benth. et Hook. f. ex Franch. et Sav.
伞形科 Umbelliferae
当归属 *Angelica*

别名 兴安白芷、大活、香大活、走马芹

形态特征 多年生高大草本，高1～2.5米。根粗壮，有分枝，径约3.5厘米，外表皮黄褐色至褐色，有浓烈气味。茎圆柱形，中空，基部径2～7厘米，通常带紫色，有纵长沟纹。基生叶一回羽状分裂，有长柄，叶柄下部有管状抱茎边缘膜质的叶鞘；茎上部叶二至三回羽状分裂，叶片轮廓为卵形至三角形，长15～30厘米，宽10～25厘米，叶柄长约15厘米，下部为囊状膨大的膜质叶鞘；末回裂片长圆形、卵形或线状披针形，边缘有不规则的白色软骨质粗锯齿，具短尖头，基部两侧常不等大，沿叶轴下延成翅状；花序下方的叶简化成无叶的、显著膨大的囊状叶鞘。复伞形花序顶生或侧生，伞辐18～40，中央主伞有时伞辐多至70；总苞片通常缺或有1～2，成长卵形膨大的鞘；小总苞片5～10余个；花白色，花瓣倒卵形，顶端内曲成凹头状；子房无毛或有短毛。果实长圆形至卵圆形，黄棕色，有时带紫色，无毛，背棱扁，厚而钝圆，近海绵质，远较棱槽为宽，侧棱翅状，较果体狭；棱槽中有油管1，合生面油管2。花期7～8月，果期8～9月。

分布与生境 分布于我国东北、华北地区，俄罗斯、朝鲜、日本也有分布。生于湿草地、山坡草地、沿河草甸子、林缘、溪流旁及稀疏灌丛中。

用途 根药用，东北地区以独活入药，主治风寒湿痹、风寒感冒、腰膝酸痛、头痛、齿痛、痈疡、漫肿等症。果实可提制挥发油。

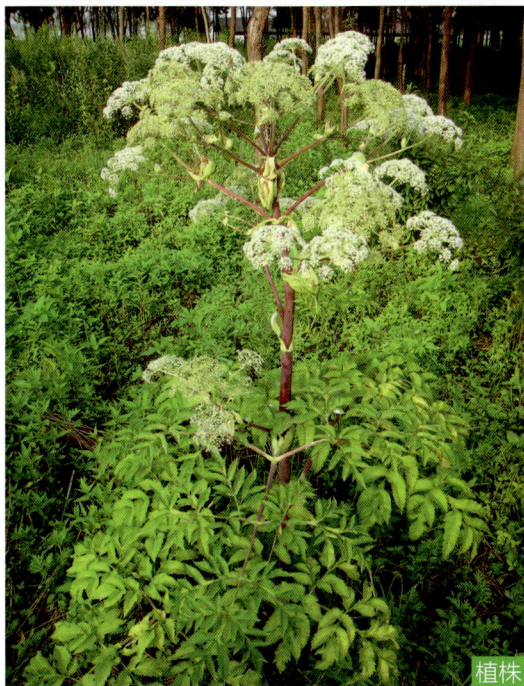
植株

185 蛇床

Cnidium monnieri (L.) Cuss.
伞形科 Umbelliferae
蛇床属 *Cnidium*

别名 蛇床子、野胡萝卜、野茴香

形态特征 一年生草本，高 20 ～ 80 厘米。茎直立或斜上，多分枝，中空。下部叶具短柄，叶鞘短宽，边缘膜质，上部叶柄全部鞘状；叶片轮廓卵形至三角状卵形，长 3 ～ 8 厘米，宽 2 ～ 5 厘米，二至三回三出式羽状全裂，羽片轮廓卵形至卵状披针形，长 1 ～ 3 厘米，宽 0.5 ～ 1 厘米，末回裂片线形至线状披针形，具小尖头。复伞形花序；伞辐 8 ～ 20，不等长；小总苞片多数，线形，边缘具细睫毛；小伞形花序具花 15 ～ 20，萼齿无；花瓣白色，先端具内折小舌片；花柱基略隆起，花柱向下反曲。分生果长圆状，横剖面近五角形，主棱 5，均扩大成翅；每棱槽内油管 1，合生面油管 2。花期 4 ～ 7 月，果期 6 ～ 10 月。

分布与生境 分布于我国各地，俄罗斯、朝鲜及欧洲、北美洲国家也有分布。生于田野、路旁、河边、草地。

用途 果实中药称蛇床子，药用，有温肾助阳、祛风、燥湿、杀虫功能，治男子阳痿、阴囊湿痒、女子带下、阴痒、子宫寒冷不孕，也可治风湿痹痛、疹癣湿疹等症。果实可提取挥发油，作芳香料。

植株

植株

果实

花序

植株

果实

186 | 柳叶芹

Czernaevia laevigata Turcz.
伞形科 Umbelliferae
柳叶芹属 *Czernaevia*

伞形科

别名 小叶独活、鸡爪芹、叉子芹

形态特征 二年生草本，高达 1.5 米。茎直立，单一或上部略分枝，中空，光滑无毛。叶片二回羽状全裂，长 15～30 厘米，宽 10～25 厘米，叶柄基部膨大为半圆柱状的叶鞘，下部抱茎；二回羽片的第一对小叶常 3 裂，末回裂片披针形或长卵状披针形，长 1.5～7 厘米，宽 0.5～2 厘米，边缘有不整齐的粗锯齿，顶端锐尖，稍具白色软骨质；茎上部叶简化为带小叶、半抱茎的狭鞘状。复伞形花序；伞辐 12～30；总苞片 1，鞘状，早落；小总苞片 3～5，线形；花白色；花瓣倒卵形，顶端内卷，凹入，或深 2 裂成二叉状圆裂。果实近圆形或阔卵圆形，成熟时略内弯，背棱尖而突出，狭翅状，侧棱翅状，棱槽中有油管 3～5，合生面 4～8。花期 7～8 月，果期 9～10 月。

分布与生境 分布于我国东北及华北各地，俄罗斯、朝鲜也有分布。生于阔叶林下、林缘、灌丛、林区草甸子及湿草甸子处。

用途 春季幼苗作野菜。嫩茎叶可作饲料。

191

187 | 水芹

Oenanthe javanica (Bl.) DC.
伞形科 Umbelliferae
水芹属 *Oenanthe*

别名 水芹菜、野芹菜

形态特征 多年生草本，高 15～80 厘米。茎直立或基部匍匐。基生叶有柄，基部有叶鞘；叶片一至二回羽状分裂，长 2～5 厘米，宽 1～2 厘米；茎上部叶无柄，裂片较小。复伞形花序顶生；伞辐 6～16，不等长；小总苞片 2～8，线形；萼齿线状披针形，长与花柱基相等；花瓣白色。果实近于四角状椭圆形或筒状长圆形，侧棱较背棱和中棱隆起，木栓质，分生果横剖面近于五边状的半圆形；每棱槽内油管 1，合生面油管 2。花期 6～7 月，果期 8～9 月。

分布与生境 分布于我国各地，印度、缅甸、越南、马来西亚、印度尼西亚、菲律宾也有分布。生于低洼湿地、水田及池沼边。

用途 嫩茎叶可食，为春季野菜。全草入药，有解表透疹、平肝的功能，主治麻疹初起、高血压、感冒、眩晕、失眠等症。

果实

花序

植株

188 | 泽芹

Sium suave Walt.
伞形科 Umbelliferae
泽芹属 *Sium*

植株

别名 细叶泽芹、山藁本

形态特征 多年生草本，高达 2 米，全株无毛。有成束的纺锤状根和须根。茎直立，有条纹。叶片长圆形至卵形，长 6～25 厘米，宽 7～10 厘米，1 回羽状分裂，有羽片 3～9 对，羽片无柄，披针形至线形，长 1～4 厘米，宽 3～15 毫米，边缘有细锯齿或粗锯齿；上部的茎生叶较小，有 3～5 对羽片。复伞形花序顶生和侧生，总苞片 6～10；小总苞片 5～8，全缘；伞辐 10～20；花白色；萼齿细小；花柱基短圆锥形。果实卵形，分生果的果棱肥厚，近翅状；每棱槽内油管 1～3，合生面油管 2～6。花期 8～9 月，果期 9～10 月。

分布与生境 分布于我国东北、华北、华东各地，俄罗斯、朝鲜、日本及北美洲各国也有分布。生于沼泽、水边、湿草甸子、河床两岸水湿地。

用途 全草药用，有散风寒、止头痛、降血压功能，主治感冒头痛、高血压等症。

花序

果实

189 | 小窃衣

Torilis japonica (Houtt.) DC.
伞形科 Umbelliferae
窃衣属 *Torilis*

别名 破子草、大叶山胡萝卜

形态特征 一年或多年生草本，高 20～120 厘米。主根圆锥形，棕黄色。茎有纵条纹及刺毛。叶柄下部有窄膜质的叶鞘；叶片长卵形，一至二回羽状分裂，两面疏生紧贴的粗毛，第一回羽片卵状披针形，长 2～6 厘米，宽 1～2.5 厘米，先端渐窄，边缘羽状深裂至全缘，有 0.5～2 厘米长的短柄，末回裂片披针形至长圆形，边缘有条裂状的粗齿至缺刻或分裂。复伞形花序顶生或腋生；总苞片 3～6，通常线形；伞辐 4～12，有向上的刺毛；小总苞片 5～8，线形或钻形；萼齿三角形；花瓣白色、紫红或蓝紫色。果实圆卵形，通常有内弯或呈钩状的皮刺；皮刺基部阔展，粗糙；胚乳腹面凹陷，每棱槽有油管 1。花期 7～8 月，果期 8～9 月。

分布与生境 分布于我国各地，欧洲、非洲北部及亚洲的温带地区也有分布。生于山坡、路旁、林缘草地、草丛荒地、杂木林下。

用途 幼苗为春季山野菜。果实入药，有活血消肿、收敛、杀虫的功能，主治慢性腹泻、蛔虫病；外用治痈疮溃疡久不收口、阴道滴虫。果实也可提制挥发油。

果实

花

植株

190 | 东北点地梅

Androsace filiformis Retz.
报春花科 Primulaceae
点地梅属 *Androsace*

别名　丝点地梅、喉咙花

形态特征　一年生草本。须根多数丛生。叶基生，莲座状，叶长圆形至卵状长圆形，长6～25毫米，先端钝或稍锐尖，基部短渐狭，边缘具稀疏小牙齿，无毛。花葶通常3至多枚自叶丛中抽出。伞形花序多花；花萼杯状，分裂约达中部，裂片三角形，具极狭的膜质边缘；花冠白色，直径约3毫米，筒部比花萼稍短，裂片长圆形。蒴果近球形，果皮近膜质，带白色。花期5月，果期6月。

分布与生境　分布于我国东北、华北各地及新疆北部，俄罗斯、朝鲜、蒙古也有分布。生于河边、路旁湿地或林下。

用途　全草入药，能清热解毒、消肿止痛。主治扁桃体炎、咽喉炎、口腔炎、急性结膜炎、牙痛、偏头痛、跌打损伤等症。

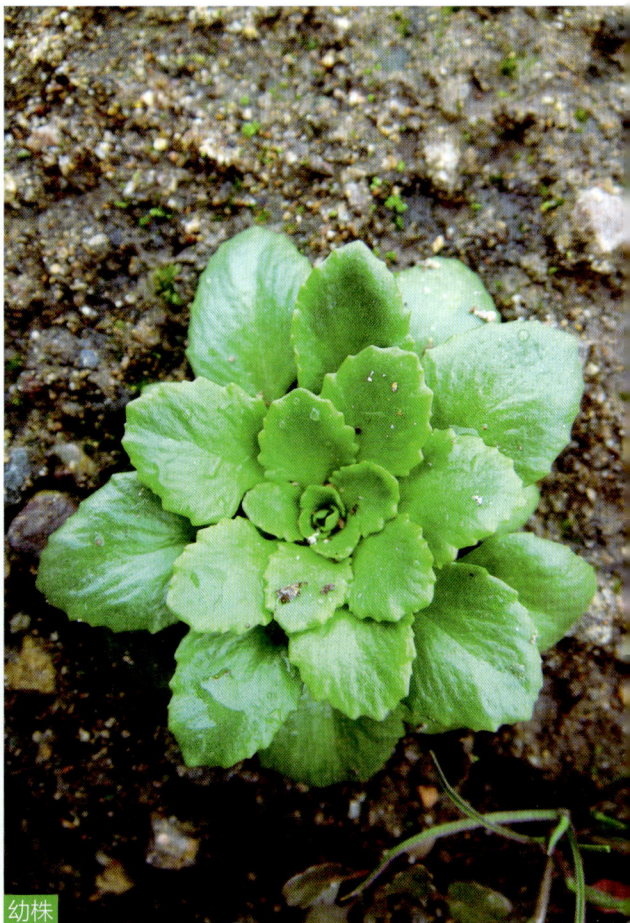

植株　幼株

195

191 点地梅

Androsace umbellata (Lour.) Merr.
报春花科 Primulaceae
点地梅属 *Androsace*

别名 喉咙草、佛顶珠、白花草、清明花、天星花

形态特征 一年生或二年生草本。具多数须根。叶全部基生，叶片近圆形或卵圆形，直径5～20毫米，先端钝圆，基部浅心形至近圆形，边缘具三角状钝牙齿，两面均被贴伏的短柔毛；叶柄长1～4厘米，被开展的柔毛。花葶通常数枚自叶丛中抽出，被白色短柔毛。伞形花序4～15花；花萼杯状，密被短柔毛，分裂近达基部；花冠白色，直径4～6毫米，喉部黄色，裂片倒卵状长圆形。蒴果近球形，果皮白色，近膜质。花期4～5月，果期5～6月。

分布与生境 我国各地均有分布，朝鲜、日本、菲律宾、越南、缅甸、印度均有分布。生于向阳地、疏林下及林缘、草地等处。

用途 全草入药，能清热解毒、消肿止痛。主治扁桃体炎、咽喉炎、口腔炎、急性结膜炎、跌打损伤等症。

花

植株

植株

植株

192 | 狼尾花

Lysimachia barystachys Bunge
报春花科 Primulaceae
珍珠菜属 *Lysimachia*

别名 虎尾草、狼尾珍珠菜

形态特征 多年生草本，高 30 ～ 100 厘米，全株密被卷曲柔毛。具横走的根茎。茎直立。叶互生或近对生，长圆状披针形、倒披针形至线形，长 4 ～ 10 厘米，宽 6 ～ 22 毫米，近无柄。总状花序顶生，花密集，常转向一侧；苞片线状钻形，通常稍短于苞片；花萼分裂近达基部；花冠白色，裂片舌状狭长圆形，先端钝或微凹，常有暗紫色短腺条；雄蕊内藏，花丝基部连合并贴生于花冠基部；子房无毛，花柱短。蒴果球形。花期 5 ～ 8 月，果期 8 ～ 10 月。

分布与生境 分布于我国东北、华北、西北、华东、华南各地，俄罗斯、朝鲜、日本也有分布。生于草甸、沙地、路旁或灌丛间。

用途 全草入药，能活血调经、散瘀消肿、解毒生肌、利水、降血压。主治月经不调、功能性子宫出血、无名中毒、咽喉疼痛、跌打损伤、骨折、水肿、高血压等症。

报春花科

植株

花序

197

193 | 黄连花

Lysimachia davurica Ledeb.
报春花科 Primulaceae
珍珠菜属 *Lysimachia*

别名 黄花珍珠菜

形态特征 多年生草本，高40～80厘米。具横走的根茎。茎直立，粗壮，下部无毛，上部被褐色短腺毛，不分枝或有少数分枝。叶对生或3～4枚轮生，椭圆状披针形至线状披针形，长4～12厘米，宽5～40毫米，上面绿色，下面常带粉绿色，沿中肋被小腺毛，两面均散生黑色腺点。总状花序顶生，通常复出而成圆锥花序；花冠深黄色，分裂近达基部，内面密布淡黄色小腺体；雄蕊比花冠短，花丝基部合生成高约1.5毫米的筒；子房无毛，花柱长4～5毫米。蒴果褐色。花期6～8月，果期8～9月。

分布与生境 分布于我国东北、华北、华中及西南各地，俄罗斯、蒙古、朝鲜、日本也有分布。生于草甸、灌丛及林缘。

用途 全草入药，能镇静、降压，主治高血压、失眠等症。可用作园林观赏植物。

植株

花

花

194 | 荇菜

Nymphoides peltatum (Gmel.) O. Kuntze
龙胆科 Gentianaceae
荇菜属 *Nymphoides*

别名 莕菜、金莲子、莲叶荇菜、莲叶莕菜

形态特征 多年生水生草本。茎细长，多分枝，节下生根。上部叶对生，下部叶互生，叶片飘浮，近革质，圆形或卵圆形，直径 1.5～8 厘米，全缘，下面紫褐色，密生腺体，粗糙，上面光滑，叶柄基部变宽，呈鞘状，半抱茎。花常多数，簇生节上；花萼 5 分裂；花冠金黄色，5 深裂，裂片中部质厚的部分卵状长圆形，边缘宽膜质，近透明，具不整齐的细条裂齿，喉部具 5 束长柔毛；雄蕊 5，着生于冠筒上；花丝短，花药狭长，箭头形。蒴果无柄，椭圆形，成熟时不开裂。种子大，褐色，椭圆形，边缘密生睫毛。花期 6～10 月，果期 8～10 月。

分布与生境 分布于我国绝大多数省区，俄罗斯、蒙古、朝鲜、日本、伊朗、印度、克什米尔地区也有分布。生于池塘或不甚流动的河溪中。

用途 可作为水生观赏植物。全草入药，有清热解毒、利尿消肿，主治痈肿疮毒、热淋、小便涩痛等症。

花与果 植株

199

195 | 鹅绒藤

Cynanchum chinense R. Br.
萝藦科 Asclepiadaceae
鹅绒藤属 *Cynanchum*

别名 羊奶角角、老牛肿

形态特征 多年生缠绕草本，全株被短柔毛。叶对生，薄纸质，宽三角状心形，长4～9厘米，宽4～7厘米，顶端锐尖，基部心形，叶面深绿色，叶背苍白色。伞形聚伞花序腋生，两歧，着花约20朵；花萼外面被柔毛；花冠白色；副花冠二形，杯状，上端裂成10个丝状体，分为两轮；花柱头略为突起，顶端2裂。蓇葖果双生或仅有1个发育，细圆柱状，向端部渐尖，长11厘米，直径5毫米。种子长圆形，种毛白色绢质。花期6～8月，果期8～10月。

分布与生境 分布于我国东北、华北、西北、华东、华中各地。生于固定沙丘、山坡草地、路旁、河畔、田梗边。

用途 全草入药，有祛风解毒、健胃止痛的功能，主治小儿食积；植物乳汁主治疣赘。

植株

植株

196 | 萝藦

Metaplexis japonica (Thunb.) Makino
萝藦科 Asclepiadaceae
萝藦属 *Metaplexis*

植株

果实

别名 羊婆奶、老鸹瓢、鹤光瓢、老人瓢

形态特征 多年生草质藤本，长达8米，具乳汁。茎圆柱形，有纵条纹。叶膜质，卵状心形，长5～12厘米，宽4～7厘米，顶端短渐尖，基部心形，叶耳圆，长1～2厘米，两叶耳展开或紧接，叶面绿色，叶背粉绿色。总状式聚伞花序腋生或腋外生，具长总花梗；花萼裂片披针形，外面被微毛；花冠白色，有淡紫红色斑纹，近辐状，花冠裂片披针形，基部向左覆盖，内面被柔毛；副花冠环状，着生于合蕊冠上，短5裂，裂片兜状；花药顶端具白色膜片；花粉块卵圆形，下垂；柱头延伸成1长喙，顶端2裂。蓇葖果叉生，纺锤形，表面有小瘤状突起。种子扁平，有膜质边缘，褐色，顶端具白色绢质种毛。花期7～8月，果期9～12月。

分布与生境 分布于我国东北、华北、西北、华中、西南各地，俄罗斯、朝鲜、日本也有分布。生于山坡、路旁、灌丛、林中草地及村舍附近篱笆旁。

用途 全草入药，果可治劳伤、虚弱、腰腿疼痛、缺奶、白带、咳嗽等；根可治跌打、蛇咬、疔疮、瘰疬、阳痿；茎、叶可治小儿疳积、疔肿；种毛可止血；乳汁可除瘊子。茎皮纤维坚韧，可造人造棉。

197 | 杠柳

Periploca sepium Bunge
萝藦科 Asclepiadaceae
杠柳属 *Periploca*

别名 北五加皮、羊奶子、羊奶条、羊角叶

形态特征 落叶蔓性灌木，长可达3余米，具乳汁，除花外，全株无毛。茎皮灰褐色。小枝通常对生，有细条纹，具皮孔。叶卵状长圆形，长5～9厘米，宽1.5～2.5厘米，叶面深绿色，叶背淡绿色。聚伞花序腋生，着花数朵；花萼裂片卵圆形，花萼内面基部有10个小腺体；花冠紫红色，辐状，张开直径1.5厘米，花冠裂片5枚，中间加厚呈纺锤形，反折，内面被长柔毛，外面无毛；副花冠环状，10裂，其中5裂延伸丝状被短柔毛，顶端向内弯；花药彼此粘连并包围着柱头；柱头盘状凸起。蓇葖果2，圆柱状。种子长圆形，黑褐色，顶端具白色绢质种毛。花期5～6月，果期7～9月。

分布与生境 分布于我国东北、华北、西北、华东、华中及西南各地。生于林缘、山坡、山沟、河边沙质地。

用途 根皮、茎皮入药，能祛风湿、壮筋骨、强腰膝，可治风湿关节炎、筋骨痛、心悸气短等症；我国北方都以杠柳的根皮（称"北五加皮"）浸酒，功用与五加皮略似，但有毒，不宜过量和久服，以免中毒。

花

植株

果实

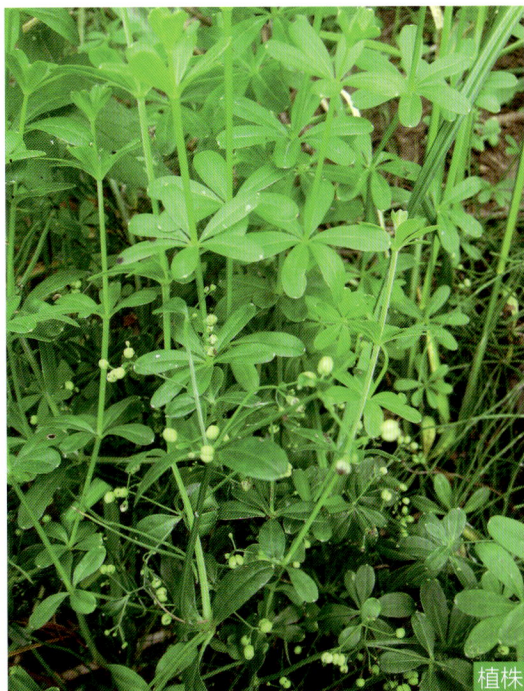

植株

198 | 大叶猪殃殃

Galium davuricum Turcz. ex Ledeb.
茜草科 Rubiaceae
拉拉藤属 *Galium*

别名 兴安拉拉藤

形态特征 多年生草本，高 30 ～ 70 厘米。茎直立，细弱，上部多分枝，具 4 棱，棱上有倒向的疏刺。叶纸质，5 ～ 6 片轮生，长圆形或倒卵状长圆形，长 1.1 ～ 4 厘米，宽 2 ～ 9 毫米，顶端渐尖、具硬尖或急短渐尖，基部渐狭，边缘常具倒生小皮刺或粗糙，具 1 中脉。伞房状的聚伞花序生于茎顶及上部叶腋，花序疏而广展，常 2 ～ 3 歧分枝；苞片和小苞片匙状狭长圆形；花多数，小；花冠白色，花冠裂片 4；雄蕊 4 枚，花丝丝状，较花药长；花柱 2，柱头头状。果无毛或被短柔毛、小瘤状凸起，分果爿广椭圆形或近肾形，直径约 2 毫米，单生或双生；果柄纤细。花果期 6 ～ 7 月。

分布与生境 分布于我国东北、华北地区，俄罗斯、朝鲜、日本也有分布。生于阔叶林下或山坡草地。

植株

花

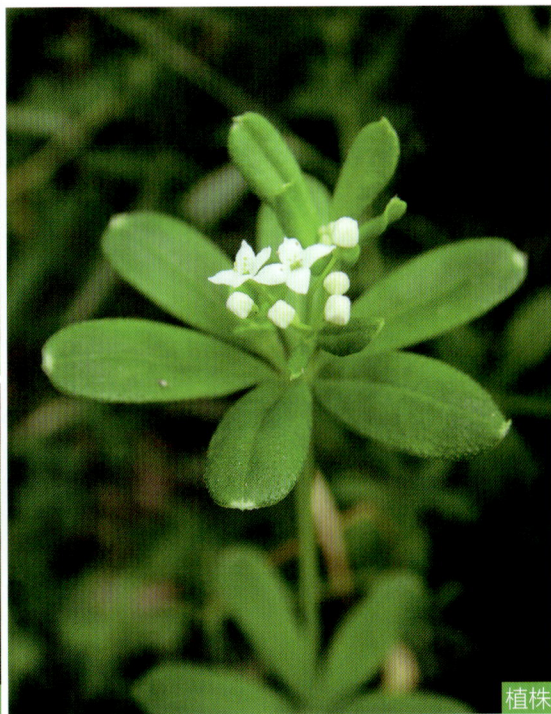

植株

199 | 山猪殃殃

Galium pseudoasprellum Makino
茜草科 Rubiaceae
拉拉藤属 *Galium*

别名 山拉拉藤

形态特征 多年生草本，常攀缘，长达 2.5 米。茎细弱，分枝，具 4 棱，棱上有倒向的疏刺。叶纸质，6 片轮生，有时 4～5 片，线状披针形、线状长圆形或狭长圆形，长 7～40 毫米，宽 3～11 毫米，顶端具短硬尖，在边缘和下面中脉上有倒向的小刺毛，在上面和中脉上有向上的糙硬毛，1 脉。聚伞花序腋生或顶生，2～3 次分歧；苞片或小苞片对生，线形或披针形，小苞片常微小；花冠淡绿色或白色，辐状，4 裂，裂片三角形，顶端微细地具喙；雄蕊短；花柱直立，2 裂，柱头头状，子房有钩状硬毛。果实表面有开展的钩状硬毛，分果爿椭圆状长圆形，单生或双生。花期 6～9 月，果期 7～11 月。

分布与生境 分布于我国东北各地，俄罗斯、朝鲜、日本也有分布。生于阔叶林下、灌丛及草地。

植株　果实

花

植株

200 | 蓬子菜

Galium verum L.
茜草科 Rubiaceae
拉拉藤属 *Galium*

别名　蓬子菜拉拉藤、黄米花、蓬子草

形态特征　多年生近直立草本，高40～100厘米。茎有4棱，被短柔毛或秕糠状毛。叶纸质，6～10片轮生，线形，通常长1.5～3厘米，宽1～1.5毫米，顶端短尖，边缘极反卷，常卷成管状，1脉，无柄。聚伞花序顶生和腋生，较大，多花，通常在枝顶结成圆锥花序状；萼管无毛；花冠黄色，辐状，花冠裂片卵形或长圆形，顶端稍钝；花药黄色；花柱顶部2裂。果小，分果爿双生，近球状。花期4～8月，果期5～10月。

分布与生境　分布于我国东北、华北、西北、华东地区，亚洲、欧洲和北美洲各国也有分布。生于山麓草甸子、路旁、山坡、草地、沟边等处。

用途　全草药用，有清热解毒、活血、止痒的功能，主治肝炎、腹水、咽喉肿痛、疮疖肿毒、跌打损伤、妇女经闭、带下、毒蛇咬伤、荨麻疹等症。可作农药，杀大豆蚜虫及治稻瘟病。根及根状茎可提取绛红染料。

植株

201 | 中国茜草

Rubia chinensis Regel et Maack
茜草科 Rubiaceae
茜草属 *Rubia*

别名 大砧草

形态特征 多年生直立草本，高 30 ～ 60 厘米。具有发达的紫红色须根。茎具 4 棱，沿棱具倒生小刺。叶 4 片轮生，薄纸质或近膜质，卵形至阔卵形，椭圆形至阔椭圆形，通常长 4 ～ 9 厘米，宽 2 ～ 4 厘米，顶端短渐尖或渐尖，基部圆或阔楔尖，边缘有密缘毛，两面或基出脉上被短硬毛；基出脉 5 或 7 条。聚伞花序排成圆锥状花序，顶生或在茎的上部腋生；萼管近球形，无毛；花冠白色；雄蕊 5 ～ 6。浆果近球形，黑色。花期 5 ～ 7月，果期 9 ～ 10 月。

分布与生境 分布于我国东北和华北地区，俄罗斯、朝鲜、日本也有分布。生于阔叶林下、林缘和草甸。

用途 根及根茎入药，有凉血止血、活血化瘀的功能，主治吐血、衄血、便血、尿血、崩漏、经闭、风湿痹痛、跌打损伤、黄疸、慢性支气管炎。

植株

花序

植株

茎叶

花

202 | 茜草

Rubia cordifolia L.
茜草科 Rubiaceae
茜草属 *Rubia*

别名 拉拉蔓、血茜草、血见愁

形态特征 多年生攀缘草本，长达 1 米以上。根状茎及其节上的须根均红色。茎细长，有 4 棱，棱上生倒生皮刺。叶通常 4 片轮生，纸质，披针形或长圆状披针形，长 0.7 ～ 3.5 厘米，顶端渐尖，有时钝尖，基部心形，边缘有齿状皮刺；基出脉 3 条。聚伞花序腋生和顶生，多回分枝；花冠淡黄色，花冠裂片近卵形。果球形，成熟时橘黄色。花期 8 ～ 9 月，果期 10 ～ 11 月。

分布与生境 分布于我国东北、华北、西北、华南、西南各地，俄罗斯、朝鲜、日本也有分布。生于阔叶林下、林缘及灌丛。

用途 根入药，有凉血止血、活血化瘀的功能。主治吐血、衄血、便血、尿血、崩漏、经闭、黄疸、慢性气管炎、跌打损伤等症。

植株

植株

果实

花序

207

203 | 林生茜草

Rubia sylvatica (Maxim.) Nakai
茜草科 Rubiaceae
茜草属 *Rubia*

别名 林茜草

形态特征 多年生攀缘草本，长1米以上。茎、枝细长，有4棱，棱上有微小的皮刺。叶4～10片，卵圆形至近圆形，长3～11厘米，宽2～9厘米，顶端长渐尖或尾尖，基部深心形，后裂片耳形，边缘有微小皮刺；基出脉5～7条，有微小皮刺。聚伞花序腋生和顶生，通常有花10余朵；萼筒近球形；花冠黄白色，钟状。果球形，成熟时黑色，单生或双生。花期7月，果期9～10月。

分布与生境 分布于我国东北、华北、西北各地，俄罗斯、朝鲜也有分布。生于阔叶林下或灌丛中。

花

果实

植株

植株

植株

植株

204 | 打碗花

Calystegia hederacea Wall.
旋花科 Convolvulaceae
打碗花属 *Calystegia*

别名 喇叭花、富苗秧、小旋花、扶子苗

形态特征 一年生草本，全株无毛，植株通常矮小，高 8～60 厘米。茎细，平卧，有时缠绕，有细棱。基部叶片长圆形，长 2～5 厘米，宽 1～2.5 厘米，顶端圆，基部戟形，上部叶片 3 裂，中裂片长圆形或长圆状披针形，侧裂片近三角形，全缘或 2～3 裂，叶片基部心形或戟形。花腋生，1 朵，花梗长于叶柄；萼片顶端钝，具小短尖头；花冠淡紫色或淡红色，钟状，长 2～4 厘米，冠檐近截形或微裂。蒴果卵球形，宿存萼片与之近等长或稍短。种子黑褐色，表面有小疣。花期 5～7 月，果期 6～9 月。

分布与生境 分布于我国各地，亚洲其他国家和非洲各国也有分布。生于田间、路旁、荒地等处。

用途 全草入药，可调经活血、滋阳补虚，主治月经不调、脾胃虚弱、消化不良、小儿吐乳、疳积、带下等症。

植株

205 | 旋花
Calystegia sepium (L.) R. Br.
旋花科 Convolvulaceae
打碗花属 *Calystegia*

植株 花

别名 篱打碗花、天剑草、篱天剑、打碗花

形态特征 多年生草本，全株无毛。茎缠绕，有细棱。叶三角状卵形或宽卵形，长 4～10 厘米以上，宽 2～8 厘米或更宽，顶端渐尖或锐尖，基部戟形或心形，全缘或基部稍伸展为具 2～3 个大齿缺的裂片。花腋生，1 朵；花梗通常稍长于叶柄，有细棱或有时具狭翅；苞片宽卵形，顶端锐尖；萼片卵形；花冠通常白色或有时淡红或紫色，漏斗状，长 5～7 厘米，冠檐微裂。蒴果卵形，为增大宿存的苞片和萼片所包被。种子黑褐色，表面有小疣。花期 6～8 月，果期 8～9 月。

分布与生境 分布于我国大部分地区，俄罗斯、朝鲜、日本及欧洲、北美洲各国也有分布。生于山坡、路旁稍湿草地。

用途 有些地方用根做药，治白带、白浊、疝气、疖疮等症。

206 | 田旋花

Convolvulus arvensis L.
旋花科 Convolvulaceae
旋花属 *Convolvulus*

旋花科

别名 中国旋花、箭叶旋花、扶田秧、小旋花

形态特征 多年生草本。根状茎横走。茎平卧或缠绕，有条纹及棱角。叶卵状长圆形至披针形，长 1.5～5 厘米，宽 1～3 厘米，先端钝或具小短尖头，基部大多戟形，有时呈箭形及心形，全缘或 3 裂，侧裂片展开，微尖，中裂片卵状椭圆形、狭三角形或披针状长圆形，微尖或近圆。花序腋生，1～3 朵花；苞片 2，与萼远离；萼片有毛，2 个外萼片稍短；花冠宽漏斗形，长 15～26 毫米，白色或粉红色，或白色具粉红或红色的瓣中带，或粉红色具红色或白色的瓣中带，5 浅裂。蒴果卵状球形或圆锥形。种子 4，卵圆形，暗褐色或黑色。花期 6～8 月，果期 6～11 月。

分布与生境 分布于我国东北、华北、西北、华东及西南各地，俄罗斯和蒙古也有分布。生于固定沙丘、耕地或荒坡草地上。

用途 全草及花入药，有祛风止痒、止痛的功能，主治神经性皮炎、牙痛。

植株

植株

207 | 菟丝子

Cuscuta chinensis Lam.
旋花科 Convolvulaceae
菟丝子属 *Cuscuta*

花

植株

别名 黄丝、豆寄生、龙须子

形态特征 一年生寄生草本。茎缠绕，黄色，纤细，直径约1毫米，无叶。花序侧生，少花或多花簇生成小伞形或小团伞花序；苞片及小苞片小，鳞片状；花萼杯状，中部以下连合，裂片三角状；花冠白色，壶形；雄蕊着生于花冠裂片弯缺微下处；鳞片长圆形，边缘长流苏状；子房近球形，花柱2。蒴果球形，几乎全为宿存的花冠所包围，成熟时整齐的周裂。种子淡褐色，表面粗糙。花期6～9月，果期8～10月。

分布与生境 分布于我国东北、华北、西北、华东、华中、华南及西南各地，伊朗、阿富汗向东至日本、朝鲜、斯里兰卡、马达加斯加、澳大利亚也有分布。寄生于豆科、菊科、藜科等多种植物上。

用途 本种为大豆产区的有害杂草，并对胡麻、苎麻、花生、马铃薯等农作物也有危害。种子药用，有补肝肾、益精壮阳、安胎、明目的功能，主治腰膝酸痛、目昏、耳鸣、遗精、消渴、胎动欲坠等症。

208 | 金灯藤

Cuscuta japonica Choisy
旋花科 Convolvulaceae
菟丝子属 *Cuscuta*

花

别名 日本菟丝子、大菟丝子

形态特征 一年生寄生缠绕草本。茎较粗壮，肉质，直径1～2毫米，黄色，常带紫红色瘤状斑点，无叶。花序穗状，基部常多分枝；苞片及小苞片鳞片状；花萼碗状，肉质，5裂几达基部，背面常有紫红色瘤状突起；花冠钟状，淡红色或绿白色，顶端5浅裂；雄蕊5；子房球状，2室，花柱细长，合生为1，柱头2裂。蒴果卵圆形，近基部周裂。种子光滑，褐色。花期8月，果期9月。

分布与生境 分布于我国南北各地，俄罗斯、朝鲜、日本、越南也有分布。寄生于草本植物、灌木或乔木枝叶上。

用途 种子药用，有补肝肾、益精壮阳、安胎、明目的功能，主治腰膝酸痛、目昏、耳鸣、遗精、消渴、胎动欲坠等症。其寄生习性对一些木本植物造成危害。

植株

213

209 | 牵牛

Ipomoea nil (L.) Roth
旋花科 Convolvulaceae
番薯属 *Ipomoea*

别名 裂叶牵牛、牵牛花、喇叭花

形态特征 一年生缠绕草本，全株被粗硬毛。叶宽卵形或近圆形，深或浅的 3 裂，偶 5 裂，长 4～15 厘米，宽 4.5～14 厘米，基部圆，心形，中裂片长圆形或卵圆形，渐尖或骤尖，侧裂片较短，三角形，裂口锐或圆。花腋生，单一或通常 2 朵着生于花序梗顶；萼片近等长，内面 2 片稍狭；花冠漏斗状，蓝紫色或紫红色，花冠管色淡。蒴果近球形，3 瓣裂。种子卵状三棱形，黑褐色或米黄色，被褐色短绒毛。花期 6～8 月，果期 8～10 月。

分布与生境 分布于我国南北各地，世界各地均有栽培。常为栽培植物，逸出沦为野生，生于山坡灌丛、园边宅旁、路旁等处。

用途 常栽培供观赏。种子入药，有利水通便、祛痰逐饮、消积杀虫的功能，主治水肿、脚气、虫积食滞、大便秘结等症。

果实

植株

210 | 圆叶牵牛

Ipomoea purpurea (L.) Roth
旋花科 Convolvulaceae
番薯属 *Ipomoea*

花

别名 牵牛花、喇叭花

形态特征 一年生缠绕草本，全株被粗硬毛。叶圆心形或宽卵状心形，长 5～15 厘米，通常全缘，偶有 3 裂。花腋生，单一或 2～5 朵着生于花序梗顶端成伞形聚伞花序；萼片近等长；花冠漏斗状，紫红色、红色或白色，花冠管通常白色；花盘环状。蒴果近球形，3 瓣裂。种子卵状三棱形，黑褐色或米黄色，被极短的糠秕状毛。花期 6～8 月，果期 8～10 月。

分布与生境 我国各地均有分布，本种原产热带美洲，广泛引植于世界各地。常为栽培植物，逸出沦为野生，生于山坡灌丛、园边宅旁、路旁等处。

用途 常栽培供观赏。种子入药，功效同牵牛子。

植株

211 | 狭苞斑种草

Bothriospermum kusnezowii Bunge
紫草科 Boraginaceae
斑种草属 *Bothriospermum*

形态特征 一年生草本，高15～40厘米。茎数条丛生，直立或平卧，被开展的硬毛及短伏毛，常下部多分枝。基生叶莲座状，倒披针形或匙形，长4～7厘米，宽0.5～1厘米，先端钝，基部渐狭成柄，边缘有波状小齿，两面疏生硬毛及伏毛；茎生叶无柄，长圆形或线状倒披针形。花序长5～20厘米，具苞片；苞片线形或线状披针形，密生硬毛及伏毛；花萼外面密生开展的硬毛及短硬毛，内面中部以上被向上的伏毛；花冠淡蓝色、蓝色或紫色，钟状，长3.5～4毫米，檐部直径约5毫米，喉部有5个梯形附属物，附属物高约0.7毫米，先端浅2裂；花柱短，柱头头状。小坚果椭圆形，密生疣状突起，腹面的环状凹陷圆形，增厚的边缘全缘。花果期5～7月。

分布与生境 分布于我国东北、华北、西北各地。生于山坡、道旁、农田路边、林缘。

用途 全草入药，有解毒消肿、利湿止痒的功能。

植株

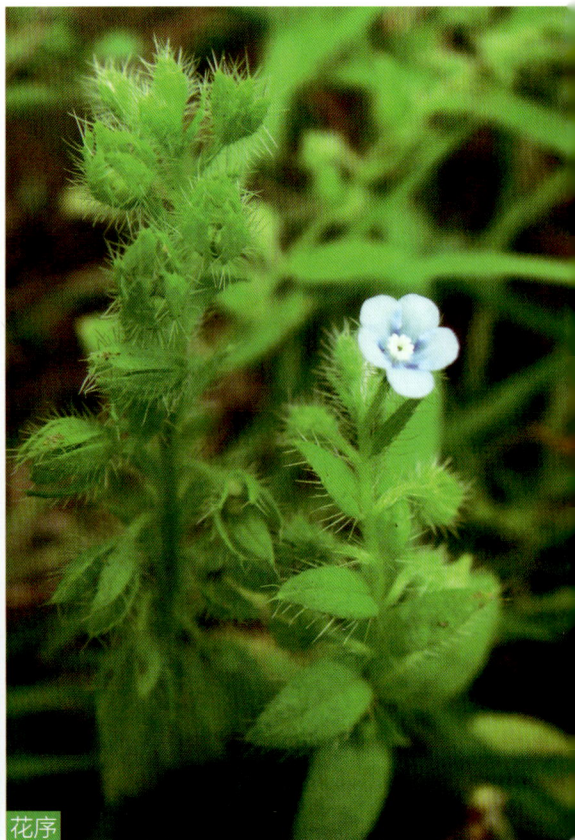

花序

212 | 附地菜

Trigonotis peduncularis (Trev.) Benth. ex Baker et Moore
紫草科 Boraginaceae
附地菜属 *Trigonotis*

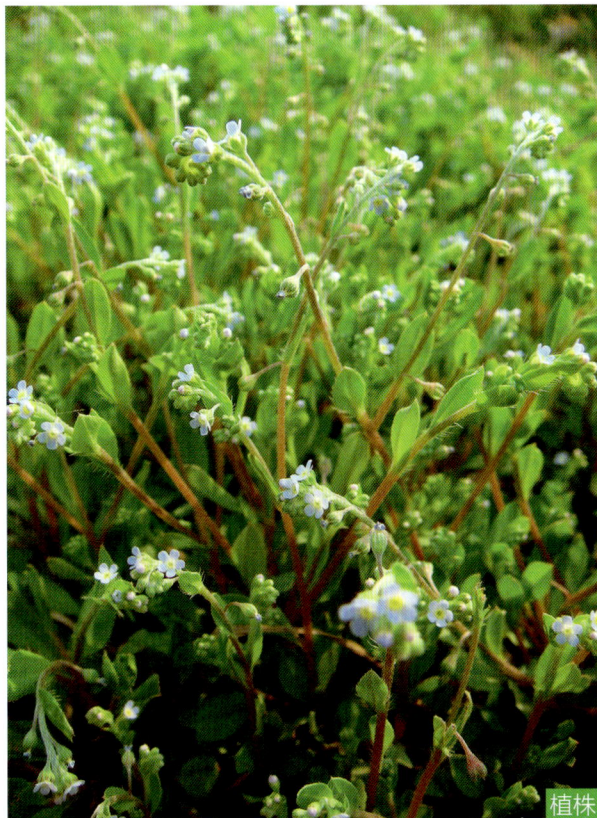

别名 地胡椒、鸡肠草

形态特征 一年生或二年生草本，高5～30厘米。茎通常多条丛生，密集，铺散，基部多分枝，被短糙伏毛。基生叶呈莲座状，有叶柄，叶片匙形，长2～5厘米；茎上部叶长圆形或椭圆形，无叶柄或具短柄。总状花序生茎顶，幼时卷曲，后渐次伸长，长5～20厘米；花萼5深裂，裂片卵形；花冠淡蓝色或粉色，喉部附属5，白色或带黄色。小坚果4，斜三棱锥状四面体形，背面三角状卵形，具3锐棱。花果期5～7月。

分布与生境 分布于我国东北、西北、西南、华南各地，欧洲东部、亚洲温带的一些国家也有分布。生于草地、荒地、路旁或灌丛间。

用途 全草入药，有清热、消肿、止遗尿的功能，主治遗尿、痢疾、热肿、手足麻木等症。嫩叶可食用。花美丽，可用以点缀花园。

植株

幼株

花

213 | 朝鲜附地菜

Trigonotis radicans (Turcz.) Stev. subsp. *sericea* (Maxim.) Riedl
紫草科 Boraginaceae
附地菜属 *Trigonotis*

花

别名 森林附地菜

形态特征 多年生草本，高20～35厘米。根状茎短粗，深褐色。茎数条丛生，疏生贴伏的短糙毛或近无毛，秋季在茎上部叶腋内常发出丝状匍匐枝，其上常生根。基生叶和茎下部叶卵形或椭圆状卵形，长2～4厘米，宽1～2厘米，秋季常增大，先端具短尖头，基部圆或楔形，两面被短伏毛；茎生叶似基生叶但叶片较小，叶柄较短。花序顶生，有叶状苞片；花单生腋外；花萼裂片长圆状披针形；花冠淡蓝色，直径约8毫米，筒部长约2毫米，檐部5裂，喉部附属物5，梯形，高约0.8毫米，顶端凹缺，有短柔毛。小坚果4，幼果为斜三棱锥状四面体形，有短毛，背面三角状卵形，顶端尖，具短柄。花果期5～7月。

分布与生境 分布于我国东北三省及山东，俄罗斯、朝鲜、日本也有分布。生山地林缘或灌丛、山谷及溪旁湿润处。

植株

植株

214 | 荆条

Vitex negundo L. var. *heterophylla* (Franch.) Rehd.
马鞭草科 Verbenaceae
牡荆属 *Vitex*

花序

别名 黄荆条、荆柴、荆棵

形态特征 灌木或小乔木，高达 2 米。小枝四棱形，密生灰白色绒毛。掌状复叶，小叶 5，少有 3；小叶片长圆状披针形至披针形，全缘或每边有少数粗锯齿，边缘有缺刻状锯齿，浅裂以至深裂，背面密被灰白色绒毛。聚伞花序排成圆锥花序式，顶生，花序梗密生灰白色绒毛；花萼钟状，顶端有 5 裂齿；花冠淡紫色，顶端 5 裂，二唇形。核果近球形。花期 4～6 月，果期 7～10 月。

分布与生境 分布于我国东北、华北、西北、华东、华中、华南及西南各地，日本也有分布。生于山坡、路旁。

用途 茎皮可造纸及制人造棉。茎叶治久痢；种子入药，有止咳平喘、理气止痛的功能，主治咳嗽、哮喘、胃痛、消化不良、肠炎、痢疾。花和枝叶可提取芳香油。

花
植株

215 藿香

Agastache rugosa (Fisch. et Mey.) O. Ktze.
唇形科 Labiatae
藿香属 *Agastache*

别名 山茴香、猫巴蒿、苏藿香

形态特征 多年生草本，高 0.3～1.5 米。茎直立，四棱形，上部被极短的细毛。叶心状卵形至长圆状披针形，长 4.5～11 厘米，宽 3～6.5 厘米，向上渐小，先端尾状长渐尖，基部心形，边缘具粗齿。轮伞花序多花，在主茎或侧枝上组成顶生密集的圆筒形穗状花序；花萼管状倒圆锥形，常呈浅紫色或紫红色，喉部微斜，萼齿 5，三角状披针形；花冠淡紫蓝色，冠檐二唇形，上唇直伸，先端微缺，下唇 3 裂；雄蕊伸出花冠，花丝细；花柱先端 2 裂。成熟小坚果卵状长圆形，腹面具棱，先端具短硬毛，褐色。花期 6～9 月，果期 9～11 月。

分布与生境 分布于我国南北各地，日本及北美洲各国也有分布。生于山坡、林间、山沟溪流旁，也有栽培。

用途 全草入药，主治脘痞呕吐、暑湿倦怠、头痛无汗、腹痛吐泻、鼻渊等症。果可作香料。叶及茎均富含挥发性芳香油，有浓郁的香味，为芳香油原料。

花序

植株

植株

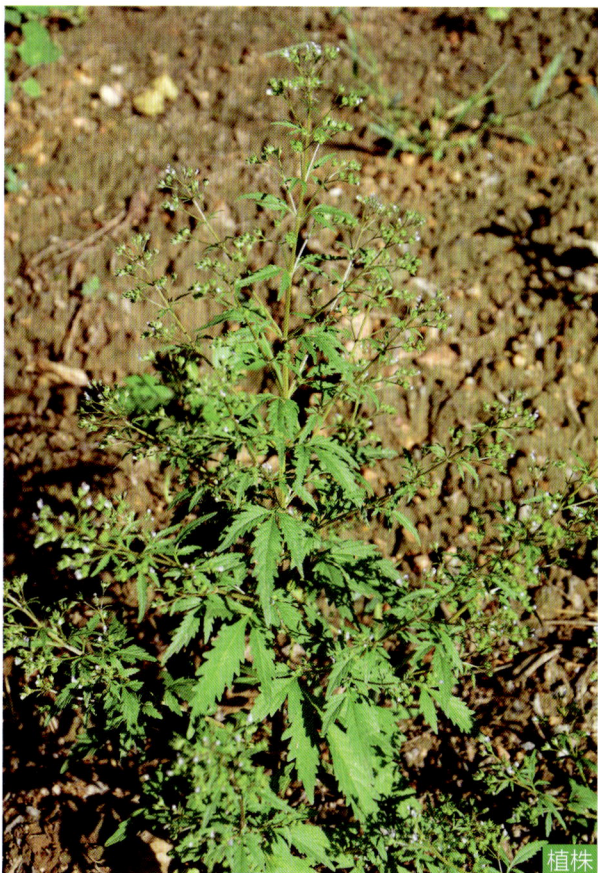
植株

216 | 水棘针

Amethystea caerulea L.
唇形科 Labiatae
水棘针属 *Amethystea*

别名 土荆芥、细叶山紫苏

形态特征 一年生草本，高0.3～1米，呈金字塔形分枝。茎四棱形，紫色，节上被柔毛。叶柄长0.7～2厘米，紫色或紫绿色，有沟，具狭翅；叶片纸质或近膜质，三角形或近卵形，3深裂，稀不裂或5裂，裂片披针形，边缘具粗锯齿或重锯齿。花序为由松散具长梗的聚伞花序所组成的圆锥花序；花萼钟形，长约2毫米，外面被乳头状突起及腺毛，萼齿5，三角形；花冠蓝色或紫蓝色，冠檐二唇形，外面被腺毛，上唇2裂，下唇略大，3裂；雄蕊4；花柱先端不相等2浅裂。小坚果倒卵状三棱形，背面具网状皱纹，腹面具棱，两侧平滑，合生面大。花期8～9月，果期9～10月。

分布与生境 分布于我国东北、华北、西北、华东、华中、华南及西南各地，俄罗斯、蒙古、朝鲜、日本也有分布。生于田间、田边、湿草地、路旁、荒地等处。

用途 全草入药，有止痢止泻、健脾、消积的功能，主治痢疾、泄泻、腹胀。

植株

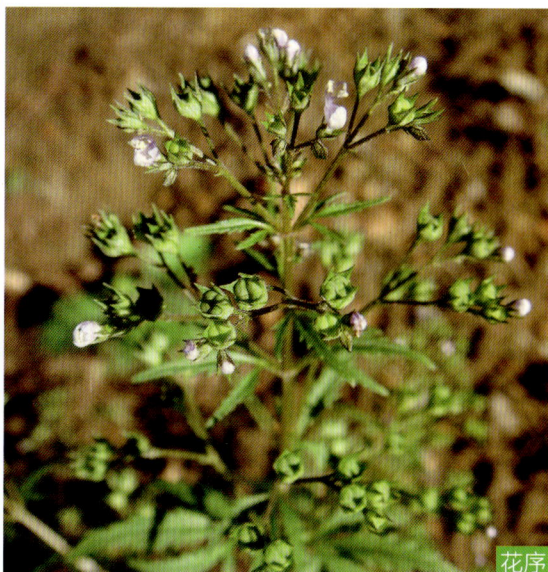
花序

217 风车草

Clinopodium urticifolium (Hance)
C. Y. Wu et Hsuan
唇形科 Labiatae
风轮菜属 *Clinopodium*

别名 紫苏

形态特征 多年生直立草本，高 25～80 厘米。根茎木质。茎钝四棱形，基部半木质，常带紫红色，疏被向下的短硬毛。叶卵圆形、卵状长圆形至卵状披针形，长 3～5.5 厘米，宽 1.2～3 厘米，先端钝或急尖，基部近平截至圆形，边缘锯齿状。轮伞花序多花密集，半球形；苞叶叶状，下部者超出轮伞花序，上部者与轮伞花序等长；苞片线形，常染紫红色；花萼狭管状，上部染紫红色，冠檐二唇形，上唇 3 齿，下唇 2 齿，齿先端芒尖；花冠紫红色；雄蕊 4，几不露出或微露出；花柱先端 2 浅裂。小坚果倒卵形，褐色，无毛。花期6～8 月，果期 8～10 月。

分布与生境 分布于我国东北、华北、西北、华东及西南各地，俄罗斯、朝鲜也有分布。生于沟边湿草地、林缘路旁及杂木林下。

用途 全草入药，有疏散风热、清利头目、疏肝解郁的功能，主治外感风热、头痛、目赤、咽喉肿痛、麻疹不透、风疹瘙痒、肝郁气滞、胸闷肋痛等症。

植株

花序

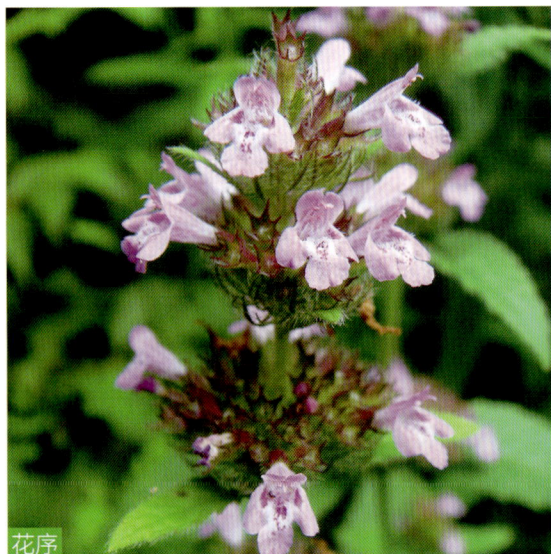
植株

218 | 香薷

Elsholtzia ciliata (Thunb.) Hyland.
唇形科 Labiatae
香薷属 *Elsholtzia*

别名 山苏子、小叶苏子

形态特征 一年生草本，高 0.3 ～ 0.5 米。茎钝四棱形，具槽，常呈麦秆黄色，老时变紫褐色。叶卵形或椭圆状披针形，长 3 ～ 9 厘米，宽 1 ～ 4 厘米，先端渐尖，基部楔状下延成狭翅，边缘具锯齿；叶柄边缘具狭翅，疏被小硬毛。穗状花序，偏向一侧，由多花的轮伞花序组成；花萼钟形，萼齿 5，三角形，前 2 齿较长，先端具针状尖头；花冠淡紫色，约为花萼长的 3 倍，冠檐二唇形，上唇直立，先端微缺，下唇开展，3 裂；雄蕊 4，花药紫黑色；花柱内藏，先端 2 浅裂。小坚果长圆形，棕黄色，光滑。花期 7 ～ 9 月，果期 9 ～ 10 月。

分布与生境 除新疆、青海外，几乎遍布我国各地，俄罗斯、蒙古、朝鲜、日本、印度及欧洲一些国家也有分布。生于住宅附近、田边、路旁、荒地、山坡、林缘、林内及河岸草地等处。

用途 全草入药，有发汗解表、化湿和中、利水消肿的功能，主治夏季感冒、中暑、泄泻、小便不利、水肿、湿疹、痈疮。

花序

植株

219 | 活血丹

Glechoma longituba (Nakai) Kupr.
唇形科 Labiatae
活血丹属 *Glechoma*

别名 铍儿草、连钱草、铜钱草

形态特征 多年生草本，高 10～30 厘米。具匍匐茎，上升，逐节生根；茎四棱形，基部通常呈淡紫红色。叶草质，下部者较小，叶片心形或近肾形；上部者较大，叶片心形，长 1.8～2.6 厘米，宽 2～3 厘米。轮伞花序通常 2 花，稀具 4～6 花；花萼管状，齿 5，上唇 3 齿，较长，下唇 2 齿，略短，边缘具缘毛；花冠淡蓝、蓝至紫色，下唇具深色斑点，冠筒直立，上部渐膨大成钟形，有长筒与短筒两型，长筒者长 1.7～2.2 厘米，短筒者长 1～1.4 厘米，冠檐二唇形，上唇 2 裂，下唇 3 裂。成熟小坚果深褐色，长圆状卵形，顶端圆，基部略成三棱形。花期 4～5 月，果期 5～6 月。

分布与生境 除青海、甘肃、新疆及西藏外，全国各地均产，俄罗斯、朝鲜也有分布。生于林缘、疏林下、草地中、溪边等阴湿处。

用途 民间广泛用全草或茎叶入药，治膀胱结石或尿路结石有效，外敷治跌打损伤、骨折、外伤出血、疮疖痈肿丹毒、风癣；内服治伤风咳嗽、流感、吐血、衄血、下血、尿血、痢疾、疟疾、妇女月经不调、痛经、红崩、白带、产后血虚头晕、小儿支气管炎、口疮、胎毒、惊风、子痫子肿、疳积、黄疸、肺结核、糖尿病及风湿关节炎等症。叶汁治小儿惊痫、慢性肺炎。

植株

花

植株

220 夏至草

Lagopsis supina (Steph.) Ik. - Gal. ex Knorr.
唇形科 Labiatae
夏至草属 *Lagopsis*

别名 夏枯草、白花夏枯、白花益母

形态特征 多年生草本，高 15～35 厘米。茎四棱形，具沟槽，密被微柔毛，常在基部分枝。叶轮廓为圆形，长、宽 1.5～2 厘米，先端圆形，基部心形，3 深裂，裂片有圆齿或长圆形犬齿，有时叶片为卵圆形，3 浅裂或深裂。轮伞花序疏花，在枝条上部者较密集，在下部者较疏松；花萼管状钟形，齿 5，不等大，先端刺尖，边缘有细纤毛；花冠白色，稀粉红色，稍伸出于萼筒，冠檐二唇形，上唇比下唇长，下唇 3 浅裂；雄蕊 4；花柱先端 2 浅裂。小坚果长卵形，褐色，有鳞秕。花期 3～4 月，果期 5～6 月。

分布与生境 分布于我国东北、华北、华中地区，朝鲜、日本也有分布。生于林下、林缘、灌丛、山坡、路旁湿草地。

用途 全草入药，有活血、调经的功能，主治贫血性头痛、半身不遂、月经不调。

植株

花

植株

221 | 野芝麻

Lamium barbatum Sieb. et. Zucc.
唇形科 Labiatae
野芝麻属 *Lamium*

花

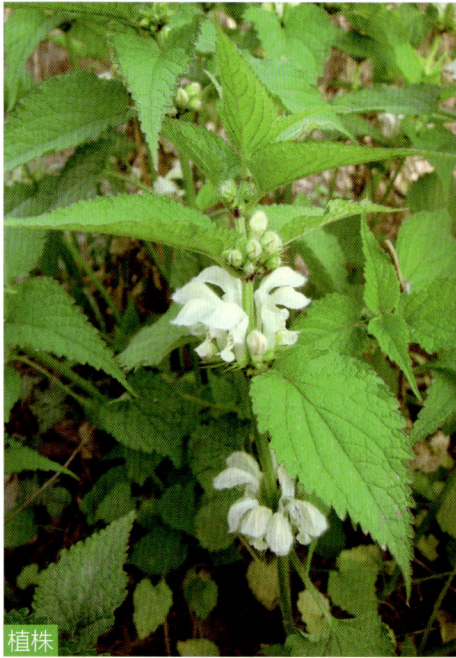
植株

别名 地蚤、短柄野芝麻、山苏子

形态特征 多年生植物，高达1米。茎直立，四棱形，具浅槽，中空。茎下部的叶卵圆形或心脏形，长4.5～8.5厘米，宽3.5～5厘米，先端尾状渐尖，基部心形，茎上部的叶卵圆状披针形，较茎下部的叶长而狭，先端长尾状渐尖。轮伞花序4～14花，着生于茎端；花萼钟形，萼齿披针状钻形，具缘毛；花冠白或浅黄色，冠檐二唇形，上唇直立，先端圆形或微缺，下唇3裂；雄蕊花丝扁平，花药深紫色；花柱丝状，先端2浅裂。小坚果倒卵圆形，先端截形，基部渐狭，淡褐色。花期4～6月，果期7～8月。

分布与生境 分布于我国东北、华北、西北、华东地区以及西南部分地区，俄罗斯、朝鲜、日本也有分布。生于林下、林缘、河边或采伐迹地等土质较肥沃的湿地。

用途 全草及花入药，有活血祛瘀、消肿止痛的功能，主治血瘀证、跌打损伤。

植株

222 | 益母草

Leonurus japonicus Houtt.
唇形科 Labiatae
益母草属 *Leonurus*

别名 益母蒿、坤草、益母艾

形态特征 一年生或二年生草本，高达 2 米。茎直立，钝四棱形，微具槽，有倒向糙伏毛。叶轮廓变化很大，茎下部叶轮廓为卵形，基部宽楔形，掌状 3 裂，通常长 2.5～6 厘米，宽 1.5～4 厘米，裂片上再分裂；茎中部叶轮廓为菱形，通常分裂成 3 个或偶有多个长圆状线形的裂片。轮伞花序腋生，具 8～15 花，多数远离而组成长穗状花序；花萼管状钟形，齿 5，前 2 齿靠合，后 3 齿较短，等长；花冠粉红至淡紫红色，冠檐二唇形，上唇直伸，内凹，下唇略短于上唇，3 裂；雄蕊 4；花柱丝状，先端 2 浅裂。小坚果长圆状三棱形，淡褐色，光滑。花期 6～9 月，果期 9～10 月。

分布与生境 分布于我国各地，为常见农田杂草，俄罗斯、朝鲜、日本及非洲、美洲各国也有分布。生于多种生境，尤以阳处为多。

用途 全草入药，有活血祛瘀、利尿消肿的功能，主治月经不调、痛经、经闭、恶露不尽、水肿尿少、跌打损伤等症。

花

幼株

223 | 地笋

Lycopus lucidus Turcz.
唇形科 Labiatae
地笋属 *Lycopus*

别名 提娄、地参、地瓜苗

形态特征 多年生草本，高 0.6～1.5 米。根茎横走，具节，节上密生须根。茎直立，四棱形，具槽，节上常带紫红色，无毛或疏生小硬毛。叶具极短柄或近无柄，长圆状披针形，稍弧弯，长 4～8 厘米，宽 1.2～2.5 厘米，先端渐尖，基部渐狭，边缘具锐尖粗牙齿状锯齿。轮伞花序无梗，轮廓圆球形；花萼钟形，萼齿 5；花冠白色，冠檐不明显二唇形。小坚果倒卵圆状四边形，褐色，背面平，腹面具棱，有腺点。花期 6～9 月，果期 8～11 月。

分布与生境 分布于我国东北、华北、西北及西南地区，俄罗斯、日本也有分布。生于林下、草甸、河沟、溪旁、湖畔等湿地。

用途 全草入药，有活血通经、利尿消肿的功效，主治月经不调、痛经、闭经、产后瘀血作痛、水肿、损伤淤血；外用治外伤肿痛、乳腺炎。

花

植株

植株

224 | 东北薄荷

Mentha sachalinensis (Briq.) Kudo
唇形科 Labiatae
薄荷属 *Mentha*

花

别名 薄荷、野薄荷

形态特征 多年生草本，高 50～100 厘米。茎直立，钝四棱形，微具槽，具条纹，棱上密被倒向柔毛。叶片椭圆状披针形，长 2.5～9 厘米，宽 1～3.5 厘米，先端变锐尖，基部渐狭，边缘有规则的具胼胝尖的浅锯齿。轮伞花序腋生，多花密集，轮廓球形；花萼钟形，外密被长疏柔毛及黄色腺点，内面在萼口及齿上被长疏柔毛，萼齿长三角形；花冠淡紫色或浅紫红色，冠檐具 4 裂片；雄蕊 4；花柱略超出雄蕊，先端相等 2 浅裂。小坚果长圆形，黄褐色。花期 7～8 月，果期 9 月。

分布与生境 分布于我国东北、西北地区，俄罗斯、日本也有分布。生于河旁、湖畔、潮湿草地、林缘湿草地等处。

用途 全草入药，有散风热、解表、通窍、疏肝、利胆、清咽的功效，主治风热感冒、鼻塞流涕、咽喉肿痛、牙疼、恶心呕吐、胸闷肋痛、皮肤瘙痒。

植株

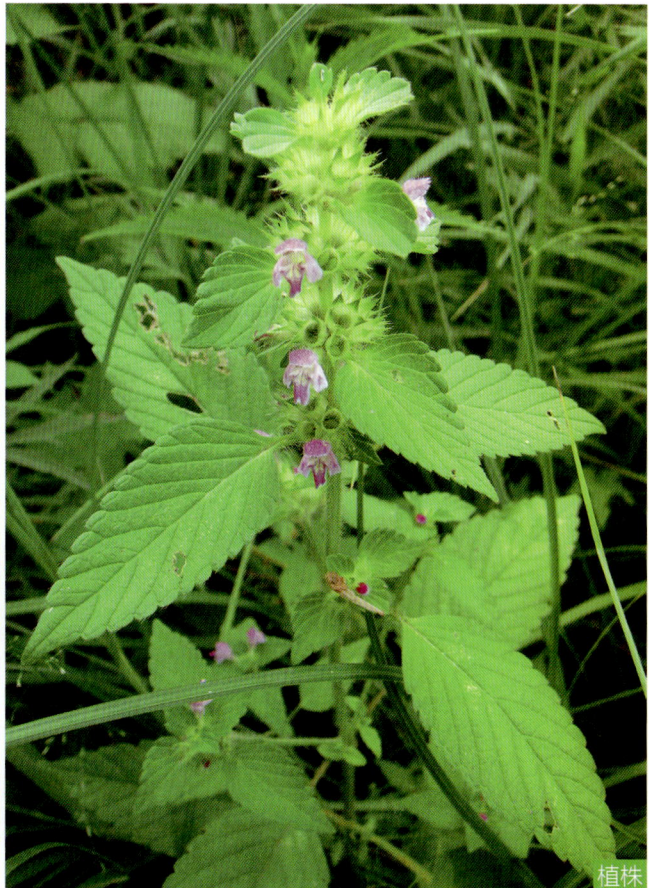
植株

225 荨麻叶龙头草

Meehania urticifolia (Miq.) Makino
唇形科 Labiatae
龙头草属 *Meehania*

别名 芝麻花、美汉花

形态特征 多年生草本，丛生，高 20～40 厘米。茎细弱，直立，不分枝，幼嫩部分通常被长柔毛或倒生的长柔毛，以后除节上外，其余无毛或几无毛，不育枝常伸长为柔软的匍匐茎。叶柄长 0.5～4 厘米；叶片纸质，心形或卵状心形，长 3.2～8.2 厘米，宽 2.6～6.8 厘米，边缘具锯齿或圆锯齿，两面被疏柔毛。轮伞花序，稀假总状花序；花萼钟形，果期基部膨大，齿 5，略呈二唇形，上唇 3 齿，下唇 2 齿；花冠淡蓝紫色至紫红色，冠筒管状，上半部逐渐扩大，冠檐二唇形，上唇顶端 2 浅裂或深裂，下唇 3 裂；雄蕊 4，不伸出花冠外；花柱细长，先端 2 浅裂。小坚果卵状长圆形，被短柔毛，近基部腹面微呈三棱形，基部具一小果脐。花期 5～6 月，果期 6 月。

分布与生境 分布于我国东北各地，俄罗斯、朝鲜、日本也有分布。生于林下、山坡、山沟小溪旁。

用途 花大、美丽，可用作园林观赏植物及早春蜜源植物。全草及根入药，主治毒蛇咬伤。

花

幼株

植株

植株

花序

226 | 内折香茶菜

Rabdosia inflexa (Thunb.) Hara
唇形科 Labiatae
香茶菜属 *Rabdosia*

别名 山薄荷、山薄荷香茶菜

形态特征 多年生草本，高达 1.5 米。根茎木质，疙瘩状。茎直立，稍曲折，自下部多分枝，钝四棱形，具四槽，褐色。茎叶三角状阔卵形或阔卵形，长 3～5.5 厘米，宽 2.5～5 厘米，先端锐尖或钝，基部阔楔形，骤然渐狭下延，边缘在基部以上具粗大圆齿状锯齿，齿尖具硬尖；叶柄上部具宽翅，腹凹背凸。狭圆锥花序，着生于花茎及分枝顶端及上部茎叶腋内，花序由具 3～5 花的聚伞花序组成；花萼钟形，萼齿 5，近相等；花冠淡红色至青紫色，冠檐二唇形，上唇外反，先端具相等 4 圆裂，下唇内凹，舟形；雄蕊 4；花柱丝状，先端 2 浅裂。成熟小坚果卵圆形，顶端具腺点。花果期 7～9 月。

分布与生境 分布于我国东北、华北、华东、华中、华南地区，朝鲜、日本也有分布。生于山坡草地、林边或灌丛下。

用途 可用作园林观赏植物。

227 | 蓝萼香茶菜

Rabdosia japonica (Burm. f.) Hara var. *glaucocalyx* (Maxim.) Hara
唇形科 Labiatae
香茶菜属 *Rabdosia*

别名 山苏子、蓝萼变种

形态特征 多年生草本，高0.4～1.5米。根茎木质，向下有细长的侧根。茎直立，钝四棱形，具四槽及细条纹，下部木质，多分枝，分枝具花序。茎叶对生，卵形或阔卵形，长6～13厘米，宽3～7厘米，先端具卵形的顶齿，基部阔楔形，边缘有粗大具硬尖头的钝锯齿，顶齿卵形或披针形而渐尖，叶疏被短柔毛及腺点。圆锥花序在茎及枝上顶生，由具3～7花的聚伞花序组成；花萼开花时钟形，萼齿5，近等大，果时花萼管状钟形，花萼常带蓝色；花冠淡紫色、紫蓝色至蓝色，上唇具深色斑点，冠檐二唇形；雄蕊4；花柱先端相等2浅裂。成熟小坚果卵状三棱形，黄褐色，顶端具疣状凸起。花期7～8月，果期9～10月。

分布与生境 分布于我国东北、华北地区，俄罗斯、朝鲜、日本也有分布。生于山坡、路旁、林间、草地。

用途 全草入药，有清热解毒、健胃、活血的功能，主治胃炎、脘腹胀满、肝炎初起、感冒发热、闭经、乳腺炎、癌症初起、关节痛、跌打损伤、疮疡肿毒、蛇虫咬伤等。

花

植株

花序

228 | 荔枝草

Salvia plebeia R. Br.
唇形科 Labiatae
鼠尾草属 *Salvia*

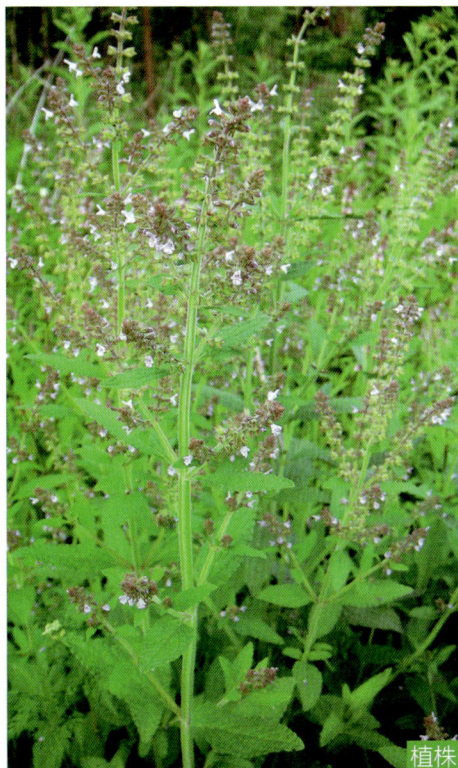
植株

别名 皱皮葱、癞蛤蟆草、虾蟆草

形态特征 一年生或二年生草本，高15～90厘米。茎直立，多分枝，被向下的灰白色疏柔毛。叶椭圆状卵圆形或椭圆状披针形，长2～6厘米，宽0.8～2.5厘米，边缘具圆齿、牙齿或尖锯齿，上面被稀疏的微硬毛，下面被短疏柔毛。轮伞花序6花，密集组成总状或总状圆锥花序；花萼钟形，长约2.7毫米，外面被疏柔毛，散布黄褐色腺点，内面喉部有微柔毛，二唇形，上唇全缘，先端具3个小尖头，下唇深裂成2齿；花冠淡红色、淡紫色、紫色、蓝紫色至蓝色，稀白色，冠檐二唇形；能育雄蕊2；花柱和花冠等长，先端不相等2裂。小坚果倒卵圆形，光滑。花期4～5月，果期6～7月。

分布与生境 除新疆、甘肃、青海及西藏外，几产全国各地，朝鲜、日本、阿富汗、印度、缅甸、泰国、越南、马来西亚、澳大利亚也有分布。生于山坡、路旁、沟边、田野潮湿的土壤上。

用途 全草入药，有凉血、利水、解毒、杀虫的功能，主治咯血、尿血、血崩、腹水、咽喉肿痛等症。

幼株

229 | 纤弱黄芩

Scutellaria dependens Maxim.
唇形科 Labiatae
黄芩属 *Scutellaria*

别名 小花黄芩

形态特征 一年生草本，高 10～40 厘米。根茎细，常如丝线状，在节上生须根及细长匐枝。茎大多直立，四棱形，具浅槽。叶具柄，柄长 0.8～4 毫米；叶片膜质，卵圆状三角形或三角形，长 0.5～2.4 厘米，宽 2.5～12 毫米，先端钝或圆形，基部浅心形或截状心形，在边缘两侧下部有 1～3 个不规则的浅而钝的牙齿或几全缘。花单生于茎中部或下部的叶腋内，初向上斜展，其后下垂；花萼开花时长 1.8～2 毫米，果时长 4 毫米；花冠白色或下唇带淡紫色，外面被微柔毛；冠檐二唇形，上唇短，2 裂，下唇中裂片梯形，两侧裂片三角状卵圆形；雄蕊 4；花柱先端明显 2 裂。小坚果黄褐色，卵球形，具瘤状突起脐。花果期 6～9 月。

分布与生境 分布于我国黑龙江、辽宁、吉林、内蒙古及山东，俄罗斯、朝鲜、日本也有分布。生于溪畔或落叶松林中湿地上。

植株 植株

230 | 华水苏

Stachys chinensis Bunge ex Benth.
唇形科 Labiatae
水苏属 *Stachys*

别名 水苏

形态特征 多年生草本，高15～60厘米。茎直立，四棱形，具槽，在棱及节上疏被倒向柔毛状刚毛。茎叶长圆状披针形，长5.5～8.5厘米，宽1～1.5厘米，先端钝，基部近圆形，边缘具锯齿状圆齿，上面绿色，下面灰绿色，叶无柄或近无柄。轮伞花序通常6花，远离而组成长穗状花序；花萼钟形，外面沿肋上及齿缘被柔毛状刚毛，齿5，等大，具刺尖头；花冠紫色，冠檐二唇形，上唇直立，下唇平展，3裂，中裂片最大；雄蕊4；花柱先端相等2浅裂。小坚果卵圆状三棱形，褐色，无毛。花期6～8月，果期7～9月。

分布与生境 分布于我国黑龙江、吉林、辽宁、内蒙古、河北、山西、陕西及甘肃，俄罗斯也有分布。生于水沟旁、湿草地、河边。

用途 可作为园林观赏植物及蜜源植物。

植株

花序

231│水苏

Stachys japonica Miq.
唇形科 Labiatae
水苏属 *Stachys*

别名　鸡苏、望江青、还精草、宽叶水苏

形态特征　多年生草本，高 20～80 厘米。根状茎长，横走。茎单一，直立，四棱形，具槽，在棱及节上被小刚毛。茎叶长圆状宽披针形，长 5～10 厘米，宽 1～2.3 厘米，先端微急尖，基部圆形至微心形，边缘为圆齿状锯齿，两面均无毛，叶柄明显，长 3～17 毫米。轮伞花序 6～8 花，下部者远离，上部者密集组成穗状花序；花萼钟形，齿 5，等大，先端具刺尖头；花冠粉红色或淡红紫色，冠檐二唇形，上唇直立，外面被微柔毛，内面无毛，下唇开张，外面疏被微柔毛，内面无毛，3 裂；雄蕊 4；花柱丝状，先端相等 2 浅裂。小坚果卵珠状，棕褐色，无毛。花期 5～7 月，果期 7～9 月。

分布与生境　分布于我国辽宁、内蒙古、河北、河南、山东、江苏、浙江、安徽、江西、福建等省区，俄罗斯、日本也有分布。生于水沟、河岸等湿地上。

用途　全草及根茎入药，有疏风理气、止血消炎的功能，主治感冒、痧证、肺痿、肺痈、头风眩晕、口臭咽痛、痢疾、产后中风、吐血、衄血、跌打损伤、血淋。

花序

植株

植株

232 | 曼陀罗

Datura stramonium L.
茄科 Solanaceae
曼陀罗属 *Datura*

果实

花

别名 枫茄花、狗核桃、洋金花

形态特征 一年生草本或半灌木状，高 0.5～1.5 米，全体近于平滑或在幼嫩部分被短柔毛，有臭气。茎粗壮，淡绿色或带紫色，下部木质化。叶广卵形，长 8～17 厘米，宽 4～12 厘米，顶端渐尖，基部不对称楔形，边缘有不规则波状浅裂，裂片顶端急尖，有时亦有波状牙齿。花单生于枝叉间或叶腋，直立，有短梗；花萼筒状，筒部有 5 棱角，两棱间稍向内陷，5 浅裂；花冠漏斗状，下半部带绿色，上部白色或淡紫色，檐部 5 浅裂。蒴果直立生，卵状，表面生有坚硬针刺或有时无刺而近平滑，成熟后淡黄色，规则 4 瓣裂。种子卵圆形，稍扁，黑色。花期 6～10 月，果期 7～11 月。

分布与生境 我国各地均有分布，广布于世界各地。生于住宅旁、路边、河边沙质地或草地。

用途 全株有毒，含莨菪碱。花、叶、种子入药，有镇痉、镇静、镇痛、麻醉、止咳平喘之效，主治支气管哮喘、慢性喘息性支气管炎、胃痛、牙痛、风湿痛、损伤疼痛、手术麻醉等。

植株

233 假酸浆

Nicandra physaloides (L.) Gaertn.
茄科 Solanaceae
假酸浆属 *Nicandra*

果实

别名 冰粉、鞭打绣球

形态特征 一年生草本，高 0.4～1.5 米。茎直立，有棱条，无毛，上部二歧分枝。叶卵形或椭圆形，长 4～12 厘米，宽 2～8 厘米，顶端急尖或短渐尖，基部楔形，边缘有具圆缺的粗齿或浅裂。花单生于枝腋而与叶对生，俯垂；花萼 5 深裂，裂片顶端尖锐，基部心脏状箭形，有 2 尖锐的耳片，果时包围果实；花冠钟状，浅蓝色，檐部有折襞，5 浅裂。浆果球状，黄色。种子淡褐色。花果期 7～9 月。

分布与生境 原产南美洲。我国南北均有作药用或观赏栽培，有时逸为野生。生于田边、荒地或住宅区。

用途 全草药用，有镇静、祛痰、清热解毒的功能，主治感冒发热、鼻渊、热淋、痈肿疮疖、癫痫、狂犬病。

植株

植株

花

花

果实

234 | 挂金灯

Physalis alkekengi L. var. *francheti* (Mast.) Makino
茄科 Solanaceae
酸浆属 *Physalis*

别名 锦灯笼、泡泡草、红姑娘

形态特征 多年生草本，高约 40～80 厘米。茎直立，基部略带木质，茎节膨大。叶长 5～15 厘米，宽 2～8 厘米，长卵形至阔卵形，有时菱状卵形，顶端渐尖，基部不对称狭楔形，下延至叶柄，全缘而波状或者有粗牙齿、有时每边具少数不等大的三角形大牙齿，叶仅叶缘有短毛。花梗近无毛或仅有稀疏柔毛，果时无毛；花萼阔钟状，萼齿三角形；花冠辐状，白色，裂片开展，顶端骤然狭窄成三角形尖头；雄蕊及花柱均较花冠为短。果萼卵状，薄革质，网脉显著，橙色或火红色，顶端闭合，基部凹陷；浆果球状，橙红色。种子肾形，淡黄色。花期 5～9 月，果期 6～10 月。

分布与生境 除西藏外，本种在我国各地均有分布，朝鲜、日本也有分布。生于林缘、山坡草地、路旁、田间及住宅附近，也有栽培。

用途 带宿存萼果实、根及全草入药，清热、利咽、化痰、利尿，主治急性扁桃体炎、咽痛、喑哑、肺热咳嗽、小便不利；外用治天胞疮、湿疹。果实味微苦，霜后酸甜可食。

植株

235 | 毛酸浆

Physalis pubescens L.
茄科 Solanaceae
酸浆属 *Physalis*

别名 洋姑娘

形态特征 一年生草本，高30～60厘米，全株密被短柔毛。茎常多分枝，铺散状。叶阔卵形，长3～8厘米，宽2～6厘米，顶端急尖，基部歪斜心形，边缘通常有不等大的尖牙齿。花单独腋生；花萼钟状，5中裂；花冠淡黄色，喉部具紫色斑纹；雄蕊短于花冠，花药淡紫色。果萼卵状，具5棱角和10纵肋，顶端萼齿闭合，基部稍凹陷；浆果球状，黄色或有时带紫色。种子近圆盘状。花果期6～11月。

分布与生境 原产于美洲，我国吉林、黑龙江、辽宁有栽培或逸为野生。多生于草地或田边路旁。

用途 果实香甜可食。果、根或全草入药，可清热解毒、消肿利尿，主治咽喉肿痛、腮腺炎、急慢性气管炎、痢疾、睾丸炎、小便不利；外用治脓包疮。

花

果实

植株

果实

花序

236 | 龙葵

Solanum nigrum L.
茄科 Solanaceae
茄属 *Solanum*

别名 黑天天、甜甜

形态特征 一年生直立草本，高达 1 米。茎绿色或紫色，近无毛或被微柔毛。叶卵形，长 2.5～10 厘米，宽 1.5～5.5 厘米，先端短尖，基部楔形至阔楔形而下延至叶柄，全缘或每边具不规则的波状粗齿。蝎尾状花序腋外生，由 3～10 花组成；萼浅杯状；花冠白色，筒部隐于萼内，冠檐长约 2.5 毫米，5 深裂；花丝短，花药黄色；柱头小，头状。浆果球形，熟时黑色。种子多数，近卵形，两侧压扁。花期 7～9 月，果期 8～10 月。

分布与生境 本种几乎遍布我国各地，欧洲、亚洲、美洲的温带至热带地区广泛分布。生于田边、荒地、住宅附近。

用途 全草入药，有解热、利尿、解疲劳、防睡眠的功能，所含龙葵碱具扩瞳作用，有毒；茎、叶、根捣烂外敷治疗毒肿、痈疮及跌打损伤。果实可食。

植株

237 | 陌上菜

Lindernia procumbens (Krock.) Philcox
玄参科 Scrophulariaceae
母草属 *Lindernia*

别名 母草

形态特征 一年生草本，高5～20厘米。根细密成丛。茎直立，无毛。叶无柄；叶片椭圆形至矩圆形多少带菱形，长1～2.5厘米，宽6～12毫米，顶端钝至圆头，全缘或有不明显的钝齿，两面无毛，叶脉并行，自叶基发出3～5条。花单生于叶腋；萼仅基部连合，齿5；花冠粉红色或紫色，上唇短，下唇大于上唇，3裂；雄蕊4，全育；柱头2裂。蒴果球形或卵球形，室间2裂。种子多数，有格纹。花期7～10月，果期9～11月。

分布与生境 分布于我国东北、华北、西北、华东、华中、华南、西南各地，欧洲南部至日本、马来西亚也有分布。生于水边黏泥质浅滩、沼泽湿草地。

用途 全草入药，有清泻肝火、凉血解毒、消炎退肿的功能，主治肝火上炎、湿热泻痢、红肿热毒、痔疮肿痛。

植株

植株

植株

238 | 弹刀子菜

Mazus stachydifolius (Turcz.) Maxim.
玄参科 Scrophulariaceae
通泉草属 *Mazus*

别名 通泉草

形态特征 一年生草本，高 5～20 厘米，全体被多细胞白色长柔毛。茎直立，稀上升，圆柱形，不分枝或在基部分 2～5 枝。基生叶匙形，有短柄；茎生叶对生，上部的常互生，无柄，长椭圆形至倒卵状披针形，长 2～4 厘米，边缘具不规则锯齿。总状花序顶生，长 2～20 厘米，花稀疏；苞片三角状卵形，长约 1 毫米；花萼漏斗状，萼齿略长于筒部，披针状三角形，顶端长锐尖；花冠蓝紫色，长约 10 毫米，花冠筒与唇部近等长，上唇短，顶端 2 裂，裂片锐尖，下唇宽大，3 裂，中裂较侧裂约小一倍，近圆形，稍突出，褶襞两条从喉部直通至上下唇裂口，被黄色斑点同稠密的乳头状腺毛；雄蕊 4 枚，2 强；子房上部被长硬毛。蒴果扁卵球形。种子小，黄色，种皮具不规则的网纹。花期 5～7 月，果期 8～10 月。

分布与生境 本种几乎遍布我国各地，俄罗斯、朝鲜、日本、越南、菲律宾也有分布。生于湿润草坡、水边湿地、路旁。

用途 全草入药，有止痛、健胃、解毒的功能，主治偏头痛、消化不良；外用治疗疮、脓疱疮、烫伤。

植株

植株

植株

239 | 松蒿

Phtheirospermum japonicum (Thunb.) Kanitz
玄参科 Scrophulariaceae
松蒿属 *Phtheirospermum*

别名 花叶草、小盐灶菜

形态特征 一年生草本，高可达1米，全株被多细胞腺毛。茎直立，多分枝。叶柄长5～12毫米，边缘有狭翅；叶片长三角状卵形，长15～55毫米，宽8～30毫米，近基部的羽状全裂，向上则为羽状深裂；小裂片长卵形或卵圆形，多少歪斜，边缘具重锯齿或深裂。花具短梗，萼钟形，萼齿5枚，叶状，羽状浅裂至深裂，裂齿先端锐尖；花冠紫红色至淡紫红色，上唇裂片三角状卵形，下唇裂片先端圆钝。蒴果卵珠形。种子卵圆形，扁平。花果期7～9月。

分布与生境 分布于我国除新疆、青海以外各地，朝鲜、日本及俄罗斯远东地区也有分布。生于山坡草地、灌丛间、路旁、沟边等处。

用途 全草入药，能清热、利湿，主治湿热黄疸、水肿等症。

花

植株

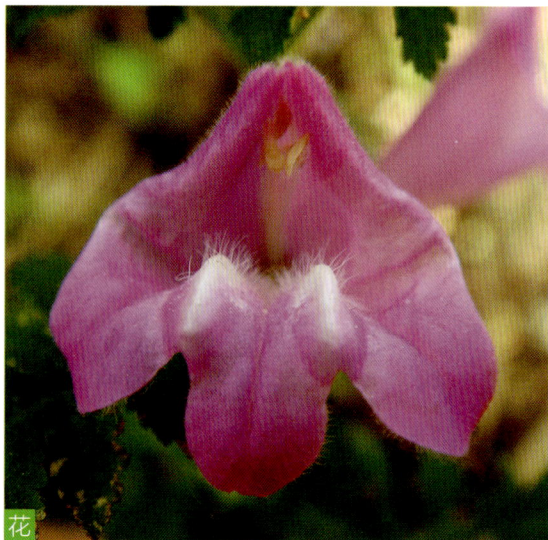
花

240 | 兔儿尾苗

Pseudolysimachion longifolium (L.) Opiz
玄参科 Scrophulariaceae
穗花属 *Pseudolysimachion*

别名 长尾婆婆纳

形态特征 多年生草本，高达 1 米以上。茎单生或数支丛生，近直立，无毛或上部有极疏的白色柔毛。叶对生，偶 3～4 枚轮生，叶片披针形，渐尖，基部圆钝至宽楔形，有时浅心形，长 4～15 厘米，宽 1～3 厘米，边缘为深刻的尖锯齿。总状花序常单生，少复出，长穗状；花冠紫色或蓝色；雄蕊伸出。蒴果长约 3 毫米，无毛。花期 6～8 月，果期 8～10 月。

分布与生境 分布于我国东北三省及新疆，欧洲各国及俄罗斯、朝鲜也有分布。生于草甸、山坡草地、林缘草地等处。

用途 可用作园林观赏植物。

植株 花序

241 | 北水苦荬

Veronica anagallis-aquatica L.
玄参科 Scrophulariaceae
婆婆纳属 *Veronica*

别名 水苦荬婆婆纳、仙桃草

形态特征 多年生（稀为一年生）草本，高
10～60厘米。茎直立或基部倾斜，不分枝或分枝。
叶无柄，上部的半抱茎，多为椭圆形或长卵形，少
为卵状矩圆形，更少为披针形，长2～10厘米，宽
1～3.5厘米，全缘或有疏而小的锯齿。花序比叶长，
多花；花梗与花序轴成锐角；花萼裂片卵状披针形，
急尖，果期直立或叉开；花冠浅蓝色、浅紫色或白色；
雄蕊短于花冠。蒴果近圆形，几乎与萼等长，顶端
圆钝而微凹。花期6～9月，果期6～10月。

分布与生境 分布于我国东北、华北、西北、华东、
华南及西南各地，广布于亚洲温带地区及欧洲各国。
生于水边湿地及沼泽地。

用途 嫩苗可食。具虫瘿的植株名为"仙桃草"，
可药用，有活血、止血、解毒消肿的功效，可治咽
喉肿痛、肺结核咳血、风湿疼痛、月经不调、血小
板减少性紫癜、跌打损伤。

植株

花序

植株

植株

242 | 草本威灵仙

Veronicastrum sibiricum (L.) Pennell
玄参科 Scrophulariaceae
腹水草属 *Veronicastrum*

玄参科

别名 轮叶婆婆纳、轮叶腹水草

形态特征 多年生草本，高50～150厘米。根状茎横走，节间短，根多而须状。茎圆柱形，不分枝，无毛或多少被多细胞长柔毛。叶4～6枚轮生，矩圆形至宽条形，长8～15厘米，宽1.5～4.5厘米，无毛或两面疏被多细胞硬毛。花序顶生，长尾状；花萼裂片不超过花冠半长，钻形；花冠红紫色、紫色或淡紫色。蒴果卵状，长约3.5毫米。种子椭圆形。花期7～8月，果期8～9月。

分布与生境 分布于我国东北、华北及西北的部分省区，俄罗斯、朝鲜、日本也有分布。生于林边草地、山坡草地、路旁及灌草丛。

用途 嫩苗可食。可作园林观赏植物。

花序

花

247

243 列当

Orobanche coerulescens Steph.
列当科 Orobanchaceae
列当属 *Orobanche*

别名 兔子拐棍、独根草

形态特征 多年生寄生草本，高10～40厘米，全株密被蛛丝状长绵毛。茎直立，不分枝，基部常稍膨大。叶鳞片状，卵状披针形，长1.5～2厘米，宽5～7毫米。花多数，排列成穗状花序；花萼2深裂达近基部，每裂片中部以上再2浅裂；花冠深蓝色、蓝紫色或淡紫色，筒部在花丝着生处稍上方缢缩，口部稍扩大；上唇2浅裂，下唇3裂；雄蕊4枚；柱头常2浅裂。蒴果卵状长圆形或圆柱形，干后深褐色。种子干后黑褐色，不规则椭圆形或长卵形，表面具网状纹饰，网眼底部具蜂巢状凹点。花期4～7月，果期7～9月。

分布与生境 分布于我国东北、华北、西北及西南地区，俄罗斯、朝鲜、日本及中亚各国也有分布。生于山坡草地、湖边沙地及沟边草地上，常寄生于蒿属植物的根上。

用途 全草入药，能补肾壮阳、强筋骨，主治阳痿、遗精、肾虚腰膝冷痛、神经官能症、小儿腹泻等；外用治消肿。

植株

植株

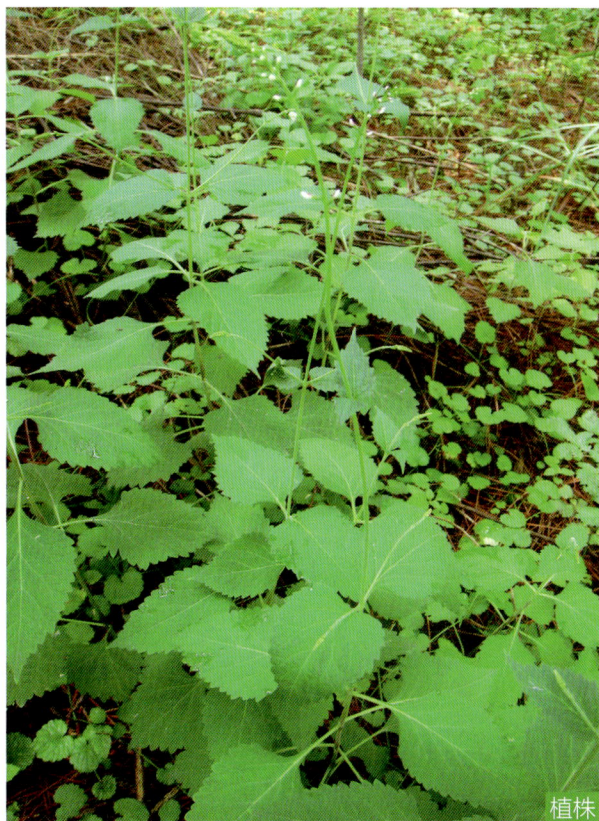
植株

244 | 透骨草

Phryma leptostachya L. subsp. *asiatica*
(Hara) Kitamura
透骨草科 Phrymaceae
透骨草属 *Phryma*

别名 药曲草、粘人裙、接生草

形态特征 多年生草本，高30～100厘米。茎直立，4棱形，上部有带花序的分枝。叶对生，叶片卵状长圆形、卵状披针形、卵状椭圆形至卵状三角形或宽卵形，长4～12厘米，宽2～8厘米，中、下部叶基部常下延，边缘有多数钝锯齿，两面散生但沿脉被较密的短柔毛。穗状花序生茎顶及侧枝顶端，长3～20厘米；花于蕾期直立，开放时斜展至平展，花后反折；花萼筒状，有5纵棱；花冠漏斗状筒形，蓝紫色、淡红色至白色；檐部二唇形，上唇直立，先端2浅裂，下唇平伸，3浅裂；雄蕊4；柱头2唇形。瘦果狭椭圆形，包藏于棒状宿存花萼内，反折并贴近花序轴。种子1，基生，种皮薄膜质，与果皮合生。花期6～10月，果期8～12月。

分布与生境 分布于我国东北经中部至西南各地，俄罗斯、朝鲜、日本、越南、印度、尼泊尔、巴基斯坦等国家也有分布。生于山坡林下、路旁及沟岸阴湿处。

用途 全草入药，主治感冒、跌打损伤、湿疹、黄水疮。根及叶的鲜汁或水煎液对菜粉蝶、家蝇和三带喙库蚊的幼虫有强烈的毒性。

花序

花与果

245 | 车前

Plantago asiatica L.
车前科 Plantaginaceae
车前属 *Plantago*

别名 车轮草、猪耳草、牛耳朵草、车轴辘菜

形态特征 二年生或多年生草本，高 20～70 厘米。须根多数。根茎短，稍粗。叶基生呈莲座状，平卧、斜展或直立，宽卵形至宽椭圆形，长 4～12 厘米，宽 2.5～6.5 厘米，先端尖或钝，边缘波状、全缘或中部以下有锯齿、牙齿或裂齿。穗状花序细圆柱状，长 3～40 厘米，紧密或稀疏，下部常间断；花具短梗；花萼萼片先端钝圆或钝尖，龙骨突不延至顶端；花冠白色；花药卵状椭圆形，白色，干后变淡褐色。蒴果纺锤状卵形、卵球形或圆锥状卵形，于基部上方周裂。种子卵状椭圆形或椭圆形，具角，黑褐色至黑色。花期 6～8 月，果期 7～10 月。

分布与生境 广布于我国各地，俄罗斯、朝鲜、日本、马来西亚也有分布。生于田间、路旁、草地、河岸、沙质地、水沟边或村边空旷处。

用途 种子及全草入药，有利水、清热明目、祛痰的功能，主治小便不利、淋浊、带下、尿血、暑湿泻痢、咳嗽多痰、目赤障翳。种子油可制肥皂及作机械用油。

植株

花序

246 | 平车前

Plantago depressa Willd.
车前科 Plantaginaceae
车前属 *Plantago*

别名 车前草、车串串、小车前

形态特征 一年生或二年生草本，高 10～40 厘米。直根长，具多数侧根。叶基生呈莲座状，平卧、斜展或直立；叶片椭圆形、椭圆状披针形或卵状披针形，长 3～12 厘米，宽 1～3.5 厘米，先端急尖或微钝，边缘具浅波状钝齿、不规则锯齿或牙齿，基部宽楔形至狭楔形，下延至叶柄，两面疏生白色短柔毛。穗状花序细圆柱状，上部密集，基部常间断；花冠白色，冠筒等长或略长于萼片；雄蕊 4，同花柱明显外伸，花药新鲜时白色或绿白色，干后变淡褐色。蒴果卵状椭圆形至圆锥状卵形，于基部上方周裂。种子椭圆形，黄褐色至黑色。花期 6～8 月，果期 7～9 月。

分布与生境 分布于我国南北各地，俄罗斯、朝鲜、哈萨克斯坦、阿富汗、蒙古、巴基斯坦、克什米尔地区、印度也有分布。生于田间、路旁、草地、沟边。

用途 全草入药，用途同车前。

植株

花序

247 | 长叶车前

Plantago lanceolata L.
车前科 Plantaginaceae
车前属 *Plantago*

别名 窄叶车前、欧车前、披针叶车前、车轱辘菜

形态特征 多年生草本。直根粗长。叶基生呈莲座状，叶片纸质，线状披针形、披针形或椭圆状披针形，长6～20厘米，宽0.5～4.5厘米，先端渐尖至急尖，边缘全缘或具极疏的小齿，基部狭楔形，下延。穗状花序幼时通常呈圆锥状卵形，成长后变短圆柱状或头状；萼裂片4，边缘呈白色膜质；花冠白色，冠筒约与萼片等长或稍长；雄蕊4，与花柱明显外伸，花药白色至淡黄色。蒴果狭卵球形。种子狭椭圆形至长卵形，淡褐色至黑褐色，有光泽，腹面内凹成船形。花期6～7月，果期7～9月。

分布与生境 分布于我国辽宁、甘肃、新疆、山东、江苏、浙江、江西、云南等地，广布于俄罗斯、蒙古、朝鲜、日本及欧洲各国。生于沿海路旁、沟边及草地。

用途 种子入药，称"车前子"；全草入药，用途同车前。

花序

植株

幼株

248 | 大车前

Plantago major L.
车前科 Plantaginaceae
车前属 *Plantago*

别名　钱贯草、大猪耳朵草、大叶车前

形态特征　二年生或多年生草本。须根多数。叶基生呈莲座状，平卧、斜展或直立，叶片宽卵形至宽椭圆形，长 10～30 厘米，宽 5～21 厘米，先端钝尖或急尖，边缘波状、疏生不规则牙齿或近全缘。穗状花序细圆柱状，基部常间断；花冠白色，冠筒等长或略长于萼片；雄蕊 4，与花柱明显外伸，花药通常初为淡紫色，稀白色，干后变淡褐色。蒴果近球形、卵球形或宽椭圆球形。种子卵形、椭圆形或菱形，具角，黄褐色。花期 6～8 月，果期 7～9 月。

分布与生境　分布于我国各地，俄罗斯、朝鲜、蒙古也有分布。生于田间、路旁、草地、水沟边等潮湿处。

用途　全草入药，有明目利水、清热祛痰的功能，主治淋病、尿闭、高血压、痰多、咳嗽、水肿等症。

花序

植株

249 | 金银忍冬

Lonicera maackii (Rupr.) Maxim.
忍冬科 Caprifoliaceae
忍冬属 *Lonicera*

别名 王八骨头、金银木

形态特征 落叶灌木,高达6米。冬芽小,卵圆形,有5～6对或更多鳞片。叶形状变化较大,通常卵状椭圆形至卵状披针形,长5～8厘米,顶端渐尖或长渐尖,基部宽楔形至圆形。花芳香,生于幼枝叶腋;相邻两萼筒分离,萼檐钟状,干膜质;花冠先白色后变黄色,外被短伏毛或无毛,唇形;雄蕊与花柱长约达花冠的2/3,花丝中部以下和花柱均有向上的柔毛。果实暗红色,圆形。种子具蜂窝状微小浅凹点。花期5～6月,果熟期8～10月。

分布与生境 分布于我国东北、华北、西北地区,俄罗斯、朝鲜也有分布。生于山坡林缘或灌草丛中。

用途 可用作园林观赏植物。茎皮可制人造棉。花可提取芳香油。种子榨成的油可制肥皂。茎叶、花蕾、花入药,有祛风、清热、解毒的功能,主治感冒、咳嗽、咽喉肿痛、目赤肿痛、肺痈、乳痈、湿疮。

果实

花

果实

植株

250 | 长白忍冬

Lonicera ruprechtiana Regel
忍冬科 Caprifoliaceae
忍冬属 *Lonicera*

植株

果实

别名 王八骨头、扁旦胡子

形态特征 落叶灌木，高达 3 米。冬芽约有 6 对鳞片。叶矩圆状倒卵形、卵状矩圆形至矩圆状披针形，长 4～10 厘米，上面初时疏生微毛或近无毛，下面密被短柔毛；相邻两萼筒分离，萼齿卵状三角形至三角状披针形，干膜质；花冠白色，后变黄色，外面无毛，筒粗短，内密生短柔毛，基部有 1 深囊；雄蕊短于花冠；花柱略短于雄蕊，全被短柔毛，柱头粗大。果实橘红色，圆形。种子椭圆形，棕色，有细凹点。花期 5～6 月，果熟期 7～8 月。

分布与生境 分布于我国东北三省的东部，俄罗斯、朝鲜也有分布。生于阔叶林下或林缘。

用途 可用作园林观赏植物。

251 | 五福花

Adoxa moschatellina L.
五福花科 Adoxaceae
五福花属 *Adoxa*

别名 福寿花

形态特征 多年生矮小草本，高 8～15 厘米。根状茎横生，末端加粗。茎单一，纤细。基生叶 1～3，为一回或二回三出复叶，小叶片宽卵形或圆形，长 1～2 厘米，3 裂；茎生叶 2 枚，对生，3 深裂，裂片再 3 裂。花序有限生长，5～7 朵花成顶生聚伞形头状花序，无花柄；花黄绿色；花萼浅杯状，顶生花的花萼裂片 2，侧生花的花萼裂片 3；花冠幅状，顶生花的花冠裂片 4，侧生花的花冠裂片 5；雄蕊在顶生花为 4，在侧生花为 5；花柱在顶生花为 4，侧生花为 5。核果。花期 4～6 月，果期 5～7 月。

分布与生境 分布于我国东北、华北各地及新疆、青海，俄罗斯、朝鲜、日本及北美洲和欧洲各国也有分布。生于林下、林缘、山坡灌丛、山溪边湿地。

用途 可用作园林观赏植物及蜜源植物。

花

植株

植株

252 | 败酱

Patrinia scabiosaefolia Fisch. ex Trev.
败酱科 Valerianaceae
败酱属 *Patrinia*

别名 黄花败酱、黄花龙牙

形态特征 多年生草本，高 30～200 厘米。根状茎横卧或斜生，节处生多数细根。茎直立，黄绿色至黄棕色，有时带淡紫色。基生叶丛生，大型，花时枯落，卵形、椭圆形或椭圆状披针形，长 6～12 厘米，宽 3～7 厘米，不分裂或羽状分裂或全裂，边缘具粗锯齿；茎生叶对生，宽卵形至披针形，长 5～15 厘米，常羽状深裂或全裂，具 2～5 对侧裂片，上部叶渐变窄小，无柄。花序为聚伞花序组成的大型伞房花序，顶生，多分枝；花小，萼齿不明显；花冠钟形，黄色；雄蕊 4；柱头盾状或截头状。瘦果长圆形，具 3 棱。种子椭圆形、扁平。花期 7～9 月，果期 8～10 月。

分布与生境 分布于我国各地，俄罗斯、蒙古、朝鲜和日本也有分布。生于山坡草地、河岸湿地、灌丛及林缘草地。

用途 根状茎及根或全草入药，能清热解毒、消肿排脓、活血祛瘀，主治阑尾炎、痢疾、肠炎、肝炎、眼结膜炎、产后瘀血腹痛、臃肿疔疮。幼苗及嫩叶可食。

幼株

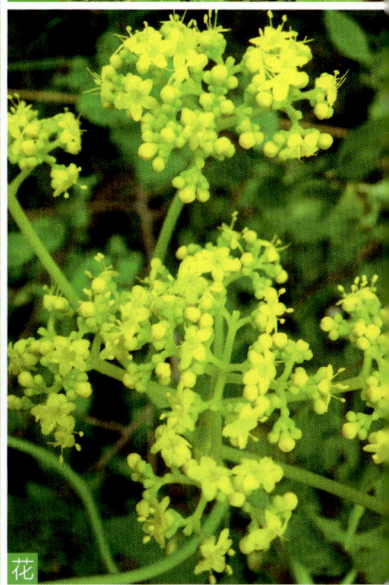

植株 花

253 | 攀倒甑

Patrinia villosa (Thunb.) Juss.
败酱科 Valerianaceae
败酱属 *Patrinia*

别名 白花败酱

形态特征 多年生草本，高 50～120 厘米。地下根状茎长而横走。茎密被白色倒生粗毛。基生叶丛生，叶片卵形、宽卵形或卵状披针形至长圆状披针形，长 4～20 厘米，宽 2～18 厘米，不分裂或大头羽状深裂，常有 1～4 对生裂片；茎生叶对生，与基生叶同形。由聚伞花序组成顶生圆锥花序或伞房花序，多分枝；花萼小，萼齿 5；花冠钟形，白色，5 深裂；雄蕊 4，伸出；子房下位，花柱较雄蕊稍短。瘦果倒卵形，与宿存增大苞片贴生。花期 8～10 月，果期 9～11 月。

分布与生境 分布于我国东北、华北、华东、华南及西南地区，朝鲜、日本也有分布。生于林缘草地、山沟林下或山坡灌丛间。

用途 本种根茎及根有陈腐臭味，为消炎利尿药，全草药用与败酱相同。民间常以嫩苗作蔬菜食用，也作猪饲料用。

植株

果实

花

254 | 缬草

Valeriana officinalis L.
败酱科 Valerianaceae
缬草属 *Valeriana*

别名 欧缬草、拔地麻、媳妇菜

形态特征 多年生高大草本，高可达 1 米以上。根状茎粗短呈头状，须根簇生。茎中空，有纵棱，被粗毛。茎生叶卵形至宽卵形，羽状深裂，裂片 7～11，裂片披针形或条形，顶端渐窄，基部下延，全缘或有疏锯齿，两面及柄轴多少被毛。花序顶生，成伞房状三出聚伞圆锥花序；花冠淡紫红色或白色，雌、雄蕊约与花冠等长。瘦果长卵形，基部近平截，光秃或两面被毛。花期 6～7 月，果期 7～8 月。

分布与生境 分布于我国东北及华北地区，俄罗斯、朝鲜及欧洲和亚洲西部各国也有分布。生于水边湿草地、山坡草地、沟边。

用途 根茎及根供药用，有祛风除湿、镇静止痛的功能，主治心神不安、心悸失眠、癫狂、脏躁、风湿痹痛、痛经、经闭、跌打损伤。

植株

花 花序

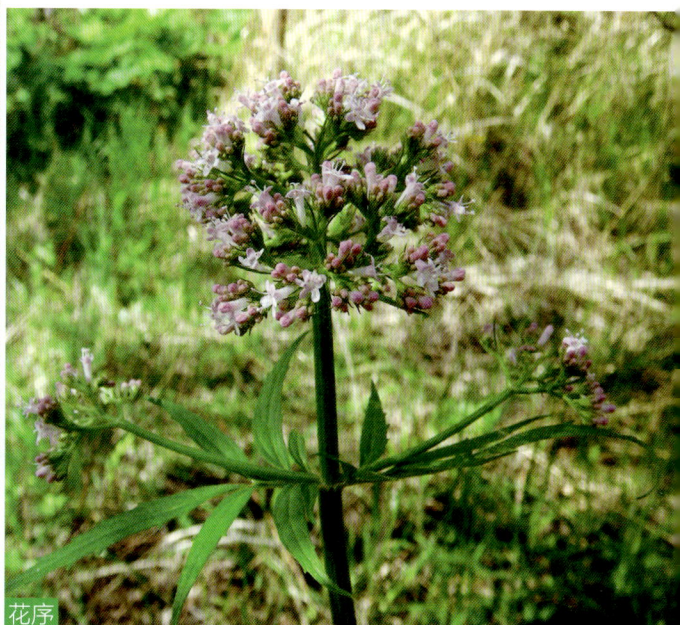

255 | 牧根草

Asyneuma japonicum (Miq.) Briq.
桔梗科 Campanulaceae
牧根草属 *Asyneuma*

别名 山生菜、土沙参

形态特征 多年生草本，高达 1 米。根肉质，胡萝卜状。茎单生或数支丛生，直立，无毛。茎下部叶有长柄，上部叶近无柄，茎下部叶片卵形或卵圆形，茎上部叶片披针形或卵状披针形，长 3～12 厘米，宽 2～5.5 厘米，上面疏生短毛，下面无毛。花序顶生；花萼筒部球状，裂片条形；花冠紫蓝色或蓝紫色。蒴果球状。种子卵状椭圆形，棕褐色。花期 7～8 月，果期 9 月。

分布与生境 分布于我国东北三省，俄罗斯、朝鲜、日本也有分布。生于山地阔叶林下或林缘草地。

用途 根入药，健脾益气、润肺止咳，主治体虚自汗、乳汁不足、饮食少进、咳嗽、咯血等症。

花

花序

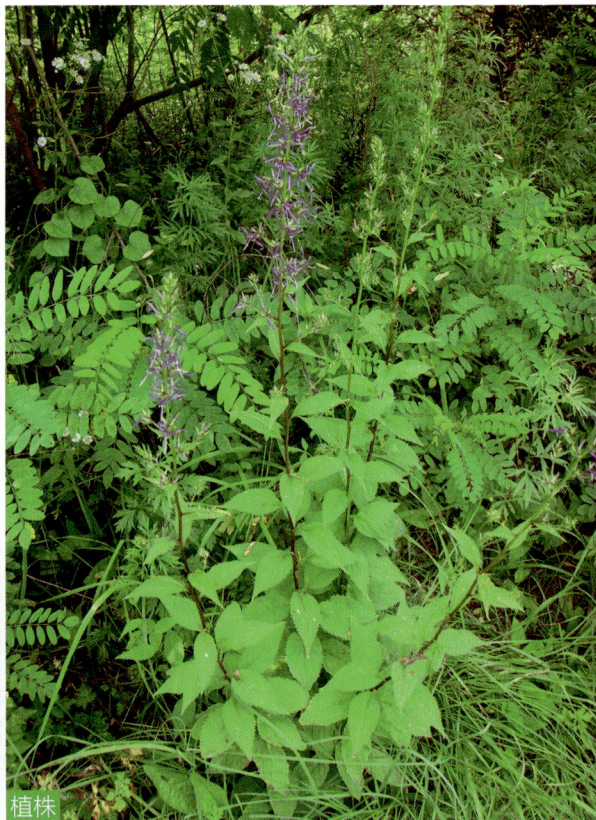
植株

256 | 紫斑风铃草

Campanula punctata Lam.
桔梗科 Campanulaceae
风铃草属 *Campanula*

别名 灯笼花、吊钟花

形态特征 多年生草本，高 20 ～ 100 厘米，全体被刚毛。根状茎细长而横走。茎直立，通常在上部分枝。基生叶具长柄，叶片心状卵形；茎生叶下部有带翅的长柄，上部的无柄，三角状卵形至披针形，长 4 ～ 5 厘米，宽 1.5 ～ 3 厘米，边缘具不整齐钝齿。花顶生于主茎及分枝顶端，下垂；花萼裂片长三角形，裂片间具向外伸出而反折的附属物；花冠白色，带紫斑，筒状钟形，裂片有睫毛。蒴果半球状倒锥形。种子灰褐色，矩圆状，稍扁。花期 6 ～ 7 月，果期 7 ～ 9 月。

分布与生境 分布于我国东北、华北、西北、西南地区，俄罗斯、朝鲜、日本也有分布。生于林缘、灌丛或草丛中。

用途 全草入药，清热解毒、止痛，主治咽喉炎、肺炎、头痛等症。

植株

花

257 | 桔梗

Platycodon grandiflorus (Jacq.) A. DC.
桔梗科 Campanulaceae
桔梗属 *Platycodon*

别名 铃当花

形态特征 多年生草本，高 20 ～ 120 厘米，有白色乳汁。根粗壮，肉质，呈胡萝卜状。茎通常无毛，通常不分枝。叶全部轮生，部分轮生至全部互生，叶片卵形、卵状椭圆形至披针形，长 2 ～ 7 厘米，宽 0.5 ～ 3.5 厘米，基部宽楔形至圆钝，顶端急尖，上面无毛而绿色，下面常无毛而有白粉，边缘具细锯齿。花单朵顶生或数朵集成假总状花序或有花序分枝而集成圆锥花序；花萼筒部半圆球状或圆球状倒锥形，被白粉，裂片 5；花冠大，蓝色或紫色。蒴果球状或球状倒圆锥形或倒卵状。种子扁平，有三棱，黑褐色。花期 7 ～ 9 月，果期 8 ～ 10 月。

分布与生境 分布于我国南北各地，俄罗斯、朝鲜、日本也有分布。生于山坡草地、山地林缘、灌丛、草甸、草原，广为栽培。

用途 根药用，可祛痰、利咽、排脓，主治痰多咳嗽、咽喉肿痛、肺脓肿、咳吐脓血等。种子可榨取工业用油。根富含糖和淀粉，可用于酿酒及制作酱菜。

植株

花

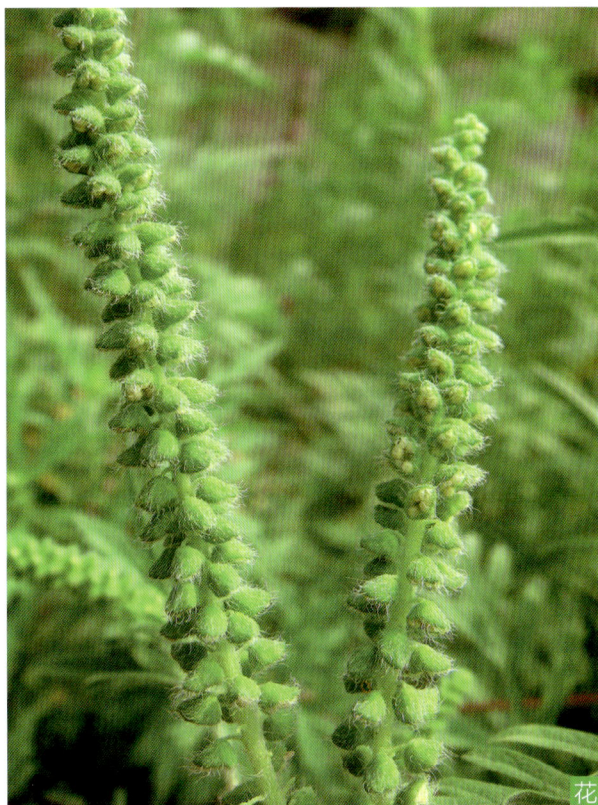

花

258 | 豚草

Ambrosia artemisiifolia L.
菊科 Compositae
豚草属 *Ambrosia*

别名 豕草

形态特征 一年生草本，高 20 ～ 150 厘米。茎直立，被疏生密糙毛。下部叶对生，具短叶柄，二次羽状分裂，裂片长圆形至倒披针形，全缘，上面被细短伏毛，下面被密短糙毛；上部叶互生，无柄，羽状分裂。雄头状花序半球形或卵形，具短梗，下垂，在枝端密集成总状花序；总苞宽半球形或碟形；花托具刚毛状托片；花冠淡黄色。雌头状花序无花序梗，在雄头花序下面或在下部叶腋单生或 2 ～ 3 个密集成团伞状；总苞闭合，总苞片合生；花柱 2 深裂，丝状。瘦果倒卵形，无毛，藏于坚硬的总苞中。花期 8 ～ 9 月，果期 9 ～ 10 月。

分布与生境 原产于北美洲，在我国已驯化野生成为路旁杂草。生于山谷路旁、河岸湿草地、田地。

用途 本种为农田有害杂草，也是一种致敏性植物。

植株

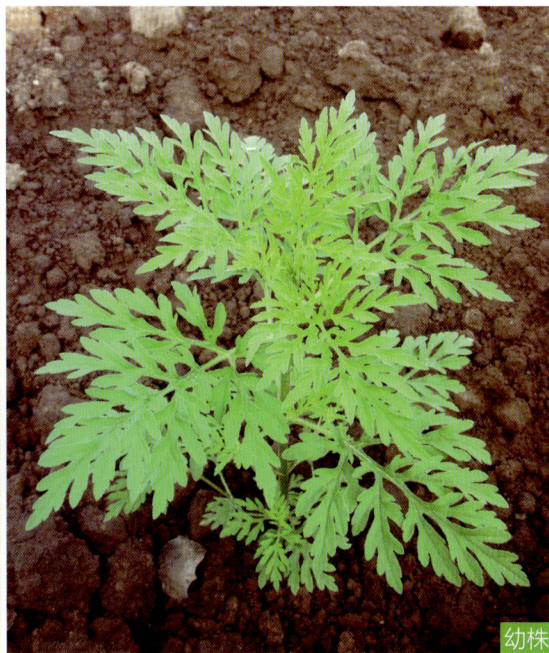

幼株

259 | 三裂叶豚草

Ambrosia trifida L.
菊科 Compositae
豚草属 *Ambrosia*

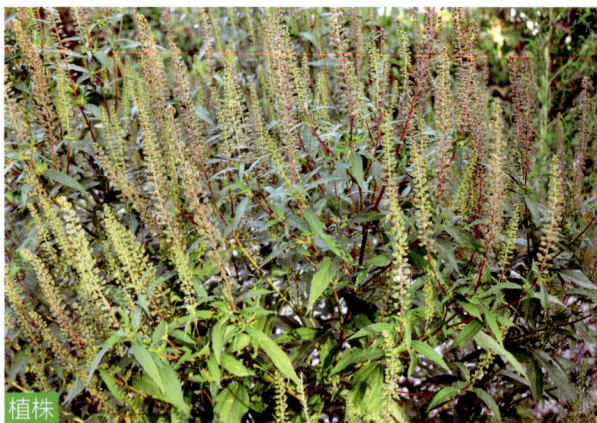

植株

别名 大破布草

形态特征 一年生粗壮草本，高达 2 米以上。茎直立，被短糙毛。叶对生，有时互生，具叶柄，下部叶 3～5 裂，上部叶 3 裂或有时不裂，裂片卵状披针形或披针形，边缘有锐锯齿，有三基出脉。雄头状花序多数，在枝端密集成总状花序；总苞浅碟形，绿色；小花黄色，花冠钟形，上端 5 裂，外面有 5 紫色条纹；花柱不分裂，顶端膨大成画笔状。雌头状花序在雄头状花序下面上部的叶状苞叶的腋部聚作团伞状，具一个无被能育的雌花；花柱 2 深裂，丝状，上伸出总苞的嘴部之外。瘦果倒卵形，藏于坚硬的总苞中。花期 8 月，果期 9～10 月。

分布与生境 原产于北美洲，在我国已驯化野生成为路旁杂草。生于山谷、路旁、河岸湿草地、田地。

用途 本种为农田有害杂草，也是一种致敏性植物。

幼株

花

植株

果实

260 | 牛蒡

Arctium lappa L.
菊科 Compositae
牛蒡属 *Arctium*

别名 恶实、大力子

形态特征 二年生草本，高达 2 米。根肉质。茎直立，粗壮，通常带紫红色或淡紫红色。基生叶宽卵形，长达 30 厘米，宽达 21 厘米，边缘稀疏的浅波状凹齿或齿尖，基部心形；茎生叶与基生叶同形或近同形，接花序下部的叶小，基部平截或浅心形。头状花序多数或少数在茎枝顶端排成疏松的伞房花序或圆锥状伞房花序；总苞卵形或卵球形，总苞片多层，顶端有软骨质钩刺；小花紫红色，管状。瘦果倒长卵形或偏斜倒长卵形，两侧压扁，浅褐色；冠毛糙毛状，不等长。花期 7～9 月，果期 9～10 月。

分布与生境 分布于我国各地，俄罗斯、朝鲜、日本、印度及欧洲各国也有分布。生于林下、林缘、山坡、村落、路旁，常有栽培。

用途 果实、根、茎叶入药；果实有疏散风热、透疹利咽、解毒消肿的功能，主治风热咳嗽、咽喉肿痛、瘢疹不透、风疹作痒；根有清热解毒、疏风利咽的功能，主治风热感冒、头痛、咳嗽、热毒而肿、咽喉肿痛、风湿痹痛、痈疖恶疮、痔疮脱肛；叶有清热除烦、消肿止痛的功能，主治风热头痛、心烦口干、咽喉肿痛、白癜风。肉质根可作蔬菜，也可制茶。

植株

花

261 | 黄花蒿

Artemisia annua L.
菊科 Compositae
蒿属 *Artemisia*

花

别名 草蒿、臭蒿、黄蒿、臭黄蒿、黄香蒿

形态特征 一年生草本，高 100～200 厘米，植株有浓烈的挥发性香气。茎单生，有纵棱，幼时绿色，后变褐色或红褐色，多分枝。茎下部叶宽卵形或三角状卵形，长 3～7 厘米，宽 2～6 厘米，通常三回栉齿状羽状深裂；中部叶通常二回栉齿状的羽状深裂，小裂片栉齿状三角形；上部叶与苞片叶通常一回栉齿状羽状深裂，近无柄。头状花序球形，下垂或倾斜，在分枝上排成总状或复总状花序，并在茎上组成开展、尖塔形的圆锥花序；花深黄色，边花雌花，中央花两性。瘦果小，椭圆状卵形，略扁。花期 8～9 月，果期 9～10 月。

分布与生境 分布于我国各地，俄罗斯、蒙古、朝鲜、日本、印度及北美洲各国也有分布。生于路旁、草地、荒地。

用途 含挥发油，并含青蒿素，为抗疟的主要有效成分，治各种类型疟疾，具速效、低毒的优点，对恶性疟及脑疟尤佳。

花序

幼株

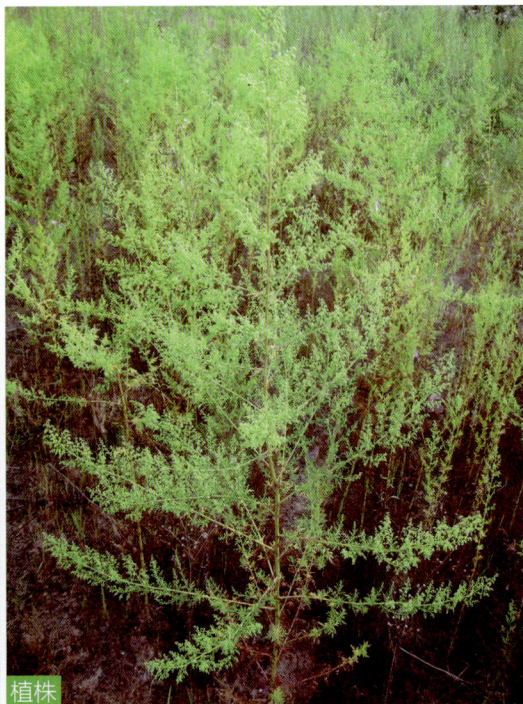
植株

262 | 朝鲜艾

Artemisia argyi Levl. et Van. var. *gracilis* Pamp.
菊科 Compositae
蒿属 *Artemisia*

花

别名 朝鲜艾蒿、野艾、深裂叶艾蒿

形态特征 多年生草本或略成半灌木状，高达 2 米，植株有浓烈香气。主根粗壮，侧根多。茎单生或少数，有明显纵棱，褐色或灰黄褐色；茎、枝均被灰色蛛丝状柔毛。叶厚纸质，上面被灰白色短柔毛，并有白色腺点与小凹点，背面密被灰白色蛛丝状密绒毛；基生叶具长柄，花期萎谢；茎下部叶近圆形或宽卵形，羽状深裂，每侧具裂片 2～3 枚；中部叶羽状深裂，每侧裂片 2～3 枚，裂片卵状披针形或披针形；上部叶与苞片叶羽状半裂、浅裂或不分裂。头状花序椭圆形，每数枚至 10 余枚在分枝上排成小型的穗状花序或复穗状花序，并在茎上通常再组成狭窄、尖塔形的圆锥花序；总苞片 3～4 层；雌花花冠狭管状，檐部具 2 裂齿，紫色，花柱伸出花冠外甚长；两性花花冠管状或高脚杯状，外面有腺点，檐部紫色，花柱与花冠近等长或略长于花冠。瘦果长卵形或长圆形。花果期 7～10 月。

分布与生境 分布于我国东北、华北地区，俄罗斯、蒙古也有分布。生于林缘、路旁、草地、山坡等处。

用途 全草入药，有温经、去湿、散寒、止血、消炎、平喘、止咳、抗过敏等功能。

植株

花

263 | 茵陈蒿

Artemisia capillaris Thunb.
菊科 Compositae
蒿属 *Artemisia*

别名 因尘、因陈、茵陈、茵陈蒿、白茵陈

形态特征 多年生半灌木状草本，高 40～120 厘米，植株有浓烈的香气。茎单生或少数，红褐色或褐色，基部木质，上部分枝多；茎、枝初时密生灰白色或灰黄色绢质柔毛，后渐稀疏或脱落无毛。基生叶密集着生，莲座状；基生叶、茎下部叶与营养枝叶两面均被棕黄色或灰黄色绢质柔毛，后期茎下部叶二至三回羽状全裂，每裂片再 3～5 全裂；中部叶一至二回羽状全裂；上部叶与苞片叶羽状 5 全裂或 3 全裂，基部裂片半抱茎。头状花序卵球形，常排成复总状花序，并在茎上端组成大型、开展的圆锥花序；边花为雌花，中央花为两性花。瘦果长圆形或长卵形。花期 8～9 月，果期 9～10 月。

分布与生境 分布于我国东北、华北、华南地区，俄罗斯、朝鲜、日本、菲律宾、越南、柬埔寨、马来西亚、印度尼西亚也有分布。生于沙质的河、湖、海岸、干燥丘陵地、草原、山坡、路旁等处。

用途 嫩苗与幼叶入药，中药称"因陈"或"茵陈"，主治黄疸型及无黄疸型肝炎、小便不利、风痒、疥疮等症。幼嫩枝、叶可作菜蔬或酿制茵陈酒。鲜草或干草作家畜饲料。

幼株

花序

植株

264 | 牡蒿

Artemisia japonica Thunb.
菊科 Compositae
蒿属 *Artemisia*

花序

别名 齐头蒿、水辣菜、土柴胡、油蒿

形态特征 多年生草本，高 50～130 厘米。茎单生或少数，有纵棱，紫褐色或褐色；茎、枝初时被微柔毛，后渐稀疏或无毛。基生叶与茎下部叶倒卵形或宽匙形，长 4～7 厘米，宽 2～3 厘米，自叶上端斜向基部羽状深裂或半裂，花期凋谢；中部叶匙形，长 2.5～4 厘米，宽 0.5～1.5 厘米，上端有 3～5 枚斜向基部的浅裂片或为深裂片；上部叶小，上端具 3 浅裂或不分裂。头状花序多数，卵球形或近球形，直径 1.5～2.5 毫米，在分枝上通常排成穗状花序，并在茎上组成狭窄或中等开展的圆锥花序；总苞片 3～4 层；雌花 3～8 朵，花冠狭圆锥状，檐部具 2～3 裂齿；两性花 5～10 朵，不孕育，花冠管状。瘦果小，倒卵形。花果期 7～10 月。

分布与生境 分布于我国南北各地，俄罗斯、朝鲜、日本也有分布。生于林缘、路旁、河岸沙地、山坡灌丛等处。

用途 全草入药，有清热、解毒、止血的功能，主治夏季感冒、肺结核潮热、咯血、小儿疳热、衄血、便血、崩漏、带下、黄疸型肝炎、丹毒、毒蛇咬伤。嫩叶作菜蔬。可作家畜饲料。

植株

叶

265 | 矮蒿

Artemisia lancea Van.
菊科 Compositae
蒿属 *Artemisia*

别名 牛尾蒿、野艾蒿、细叶艾

形态特征 多年生草本，高 80 ～ 150 厘米。主根细长，侧根多。茎多数，常成丛，褐色或紫红色。基生叶与茎下部叶卵圆形，二回羽状全裂，每侧有裂片 3 ～ 4 枚，中部裂片再次羽状深裂，每侧具小裂片 2 ～ 3 枚；中部叶一至二回羽状全裂，每侧裂片 2 ～ 3 枚；上部叶与苞片叶 5 或 3 全裂或不分裂。头状花序多数，卵形或长卵形，无梗，在分枝上端或小枝上排成穗状花序或复穗状花序，而在茎上端组成狭长或稍开展的圆锥花序；雌花花冠狭管状，檐部具 2 裂齿或无裂齿，紫红色，花柱伸出花冠外；两性花花冠长管状，檐部紫红色，花柱略长于花冠。瘦果小，长圆形。花果期 8 ～ 10 月。

分布与生境 分布于我国各地，俄罗斯、朝鲜、日本也有分布。生于林下、路旁、山坡草地及山沟。

用途 全草入药，可解表解毒，主治外感时行疫毒。

花序

植株

花

266 | 魁蒿

Artemisia princeps Pamp
菊科 Compositae
蒿属 *Artemisia*

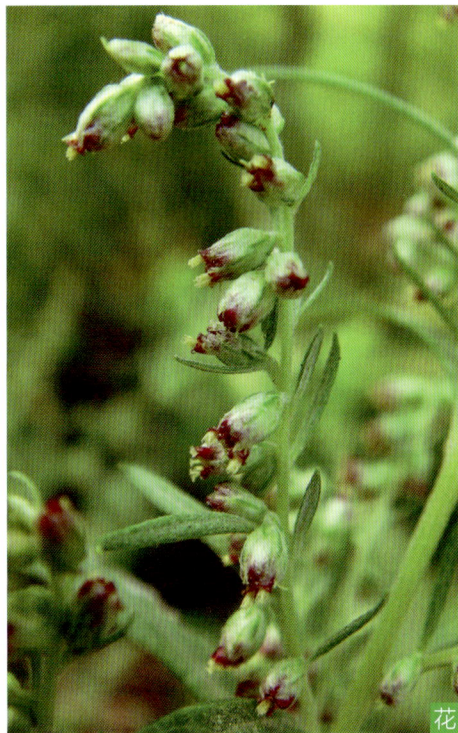

花

别名 野艾蒿、五月艾

形态特征 多年生草本，高 60～150 厘米。茎直立，具纵棱，中上部以上分枝；茎、枝初时被蛛丝状毛，后茎下部毛渐脱落无毛。叶厚纸质或纸质，背面密被灰白色蛛丝状绒毛；下部叶一至二回羽状深裂，每侧有裂片 2 枚，裂片再次羽状浅裂，具长柄，花期叶萎谢；中部叶羽状深裂或半裂，每侧有裂片 2～3 枚；上部叶小，羽状深裂或半裂，每侧有裂片 1～2 枚；苞片叶 3 深裂或不分裂。头状花序多数，无梗或具极短的梗，密集，下倾，在分枝上排成穗状或穗状花序式的总状花序，而在茎上组成开展或中等开展的圆锥花序；总苞片 3～4 层，覆瓦状排列；雌花花冠狭管状；两性花花冠管状，黄色或檐部紫红色。瘦果椭圆形或倒卵状椭圆形。花果期 7～10 月。

分布与生境 分布于我国东北、华北、西北、西南、华南地区，朝鲜、日本也有分布。生于灌丛、路旁、山坡、林缘及河岸。

用途 含挥发油。民间入药，作"艾"的代用品，有逐寒湿、理气血、调经、安胎、止血、消炎的功效。

植株

花序

267 | 白莲蒿

Artemisia sacrorum Ledeb.
菊科 Compositae
蒿属 *Artemisia*

别名 万年蒿

形态特征 多年生半灌木状草本，高 50～200 厘米。茎多数，常组成小丛，褐色或灰褐色，具纵棱，下部木质；茎、枝初时被微柔毛，后下部脱落无毛。茎下部与中部叶长卵形、三角状卵形或长椭圆状卵形，长 2～10 厘米，宽 2～8 厘米，二至三回栉齿状羽状分裂，裂片椭圆形或长椭圆形，每裂片再次羽状全裂；上部叶略小，一至二回栉齿状羽状分裂，具短柄或近无柄；苞片叶栉齿状羽状分裂或不分裂，为线形或线状披针形。头状花序近球形，下垂，在分枝上排成穗状花序式的总状花序，并在茎上组成密集或略开展的圆锥花序；总苞片 3～4 层；雌花花冠狭管状或狭圆锥状，檐部具 2 裂齿；两性花花冠管状。瘦果狭椭圆状卵形或狭圆锥形。花果期 8～10 月。

分布与生境 除高寒地区外，遍布我国各地，俄罗斯、蒙古、朝鲜、日本、印度、尼泊尔等国家也有分布。生于干草地、多石质山坡、山坡、路旁、荒地等处。

用途 全草入药，有利湿退黄、凉血止血的功能，主治肝炎、阑尾炎、小儿惊风、阴虚潮热、黄疸、咯血、鼻衄、便血等症。牧区作牲畜的饲料。

花

植株

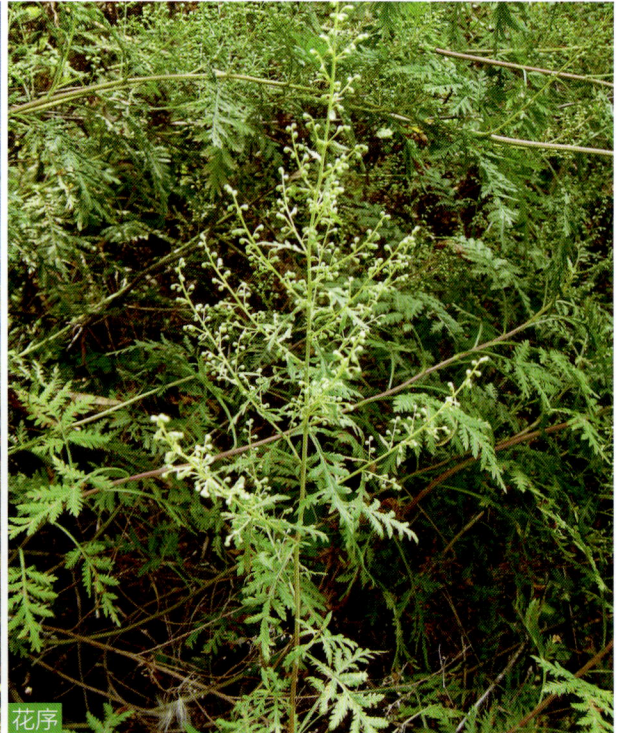

花序

268 | 猪毛蒿

Artemisia scoparia Waldst. et Kit.
菊科 Compositae
蒿属 *Artemisia*

花序

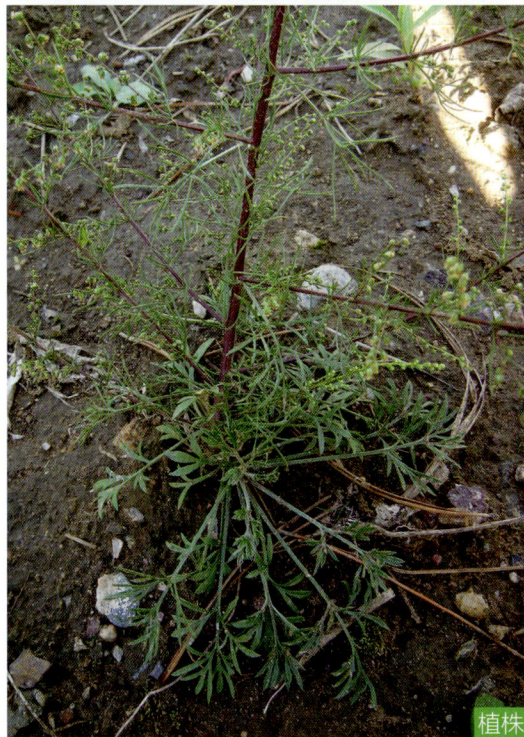

植株

别名 黄蒿、石茵陈、山茵陈、西茵陈、北茵陈

形态特征 多年生草本或近一、二年生草本，高达1米，植株有浓烈的香气。茎通常单生，红褐色或褐色，常自下部开始分枝；茎、枝幼时被灰白色或灰黄色绢质柔毛，以后脱落。基生叶与营养枝叶两面被灰白色绢质柔毛，二至三回羽状全裂；茎下部叶二至三回羽状全裂，终裂片狭线形，长3～5毫米；中部叶长圆形或长卵形，一至二回羽状全裂，终裂片丝线形或为毛发状，长4～8毫米；茎上部叶、分枝上叶及苞片叶3～5全裂或不分裂。头状花序近球形，具极短梗或无梗，在分枝上排成复总状或复穗状花序，而在茎上再组成大型、开展的圆锥花序；雌花花冠狭圆锥状或狭管状；两性花花冠管状。瘦果倒卵形或长圆形，褐色。花果期7～10月。

分布与生境 分布于我国南北各地，俄罗斯、蒙古、朝鲜、日本、印度、美国也有分布。生于田边、山坡、路旁、荒地等处。

用途 基生叶、幼苗及幼叶等入药，民间称"土茵陈"，其化学成分、功用等与茵陈蒿相同；亦作青蒿（即黄花蒿）的代用品。

花

269 | 蒌蒿

Artemisia selengensis Turcz. ex Bess.
菊科 Compositae
蒿属 *Artemisia*

别名 柳叶蒿、狭叶艾、三叉叶蒿、水蒿

形态特征 多年生草本，高60～150厘米，植株具清香气味。茎单一或少数，初时绿褐色，后为紫红色，无毛，有纵棱。叶上面绿色，无毛，背面密被灰白色蛛丝状平贴的绵毛；茎下部叶近成掌状或指状，常3或5全裂或深裂；中部叶近成掌状，5深裂或为指状3深裂；上部叶与苞片叶指状3深裂、2裂或不分裂。头状花序多数，近无梗，直立或稍倾斜，在分枝上排成密穗状花序，并在茎上组成狭而伸长的圆锥花序；雌花花冠狭管状，檐部具一浅裂，花柱伸出花冠外；两性花花冠管状，花柱与花冠近等长。瘦果卵形，略扁，上端偶有不对称的花冠着生面。花果期7～10月。

分布与生境 分布于我国东北、华北、西北、西南地区，俄罗斯、蒙古、朝鲜也有分布。生于河、湖岸边与沼泽地带，也见于湿润的疏林中、山坡、路旁、荒地等处。

用途 春季嫩茎叶入药，有健体补虚、清心解毒、利胆退黄的功能，主治肝胆湿热、脾虚纳滞、脘腹胀满、牙痛、喉痛等症；民间常用作治疗急性传染性肝炎。嫩茎及叶作蔬菜或腌制酱菜。

花序

幼株

植株

花序

茎叶

植株

270 | 大籽蒿

Artemisia sieversiana Ehrhart ex Willd.
菊科 Compositae
蒿属 *Artemisia*

别名 山艾、白蒿、大白蒿、臭蒿子、大头蒿

形态特征 二年生草本，高 50～150 厘米。主根垂直，狭纺锤形。茎单生，直立，纵棱明显，分枝多；茎、枝被灰白色微柔毛。下部与中部叶两面被微柔毛，二至三回羽状全裂，每侧有裂片 2～3 枚，裂片常再成不规则的羽状全裂或深裂；上部叶及苞片叶羽状全裂或不分裂，无柄。头状花序大，多数，半球形或近球形，具短梗，在分枝上排成总状花序或复总状花序，而在茎上组成开展或略狭窄的圆锥花序；总苞片 3～4 层，近等长；雌花花冠狭圆锥状，檐部具 2～4 裂齿，花柱略伸出花冠外；两性花多层，花冠管状，花柱与花冠等长。瘦果长圆形。花期 7～8 月，果期 8～10 月。

分布与生境 分布于我国各地，俄罗斯、蒙古、朝鲜、印度、巴基斯坦也有分布。生于沙质草地、山坡草地、路旁、荒地、河漫滩等。

用途 含挥发油。民间入药，有消炎、清热、止血之效；高原地区用于治疗太阳紫外线辐射引起的灼伤。牧区作牲畜饲料。

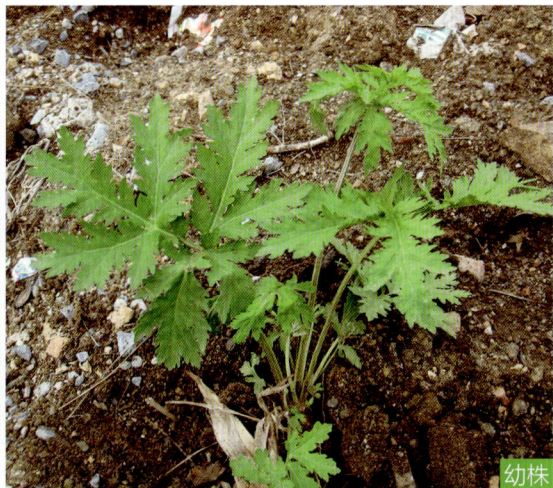

幼株

271 | 宽叶山蒿

Artemisia stolonifera (Maxim.) Komar.
菊科 Compositae
蒿属 *Artemisia*

别名 天目蒿

形态特征 多年生草本，高50～120厘米。根状茎横卧、细长，具营养枝及多数细长的匍匐枝。茎少数或单生，纵棱明显；茎、枝初时被灰白色蛛丝状薄毛，后渐稀疏或无毛。叶初时微有蛛丝状柔毛，后渐脱落，背面密生灰白色蛛丝状绒毛；基生叶、茎下部叶与营养枝叶椭圆形或椭圆状倒卵形，边缘具疏裂齿或疏锯齿；中部叶椭圆状倒卵形、长卵形或卵形，全缘或中部以上边缘具2～3枚浅裂齿或为深裂齿，并有少数疏或密的锯齿；上部叶小，无柄；苞片叶椭圆形、卵状披针形或线状披针形，全缘。头状花序多数，具短梗或近无梗，下倾，在短的分枝上密集排成穗状花序或穗状花序状的总状花序，而在茎上组成狭窄的圆锥花序；雌花花冠狭管状，檐部有2～3裂齿，花柱伸出花冠外；两性花花冠管状或高脚杯状，花柱与花冠等长。瘦果卵形或椭圆形，略扁。花期7～9月，果期9～10月。

分布与生境 分布于我国东北、华北地区，俄罗斯、朝鲜、日本也有分布。生于林缘、林下、路旁、撂荒地及山坡。

用途 枯黄后可作绵羊、山羊的饲料。

花序

植株

植株

272 | 阴地蒿

Artemisia sylvatica Maxim.
菊科 Compositae
蒿属 *Artemisia*

叶

花序

植株

花

别名 林下艾、林地蒿、林中蒿、山艾叶

形态特征 多年生草本，高1米以上，植株有香气。茎少数或单生，直立，有纵纹，中部以上分枝；茎、枝初时微被短柔毛，后脱落。叶背面被灰白色蛛丝状薄绒毛或近无毛；茎下部叶具长柄，二回羽状深裂，花期叶凋谢；中部叶具柄，一至二回羽状深裂，每侧有裂片2～3枚，裂片再次3～5深裂或浅裂或不分裂；上部叶小，有短柄，羽状深裂或近全裂；苞片叶3～5深裂或不分裂。头状花序多数，近球形或宽卵形，具短梗，下垂，在分枝的小枝上排成穗状花序式的总状花序，而在分枝上排成复总状花序，在茎上常再组成疏松、开展、具多级分枝的圆锥花序；雌花花冠狭管状或狭圆锥状，花柱伸出花冠外；两性花花冠管状，花柱近与花冠等长。瘦果小，狭卵形或狭倒卵形。花期8月，果期9～10月。

分布与生境 分布于我国东北、华北、西北、西南地区，俄罗斯、朝鲜、蒙古也有分布。生于林下、林缘或灌丛下荫蔽处。

用途 叶入药，有祛湿、止痛的功能，主治带下病、腹痛等症；有些地区做艾叶的代用品。

273 | 紫菀

Aster tataricus L. f.
菊科 Compositae
紫菀属 Aster

别名 青牛舌头花、山白菜、驴耳朵菜、青菀

形态特征 多年生草本，高 40 ～ 150 厘米。茎直立，粗壮，有棱及沟，被疏粗毛。基部叶在花期枯落，长圆状或椭圆状匙形，下半部渐狭成长柄，连柄长 20 ～ 50 厘米，宽 3 ～ 13 厘米，顶端尖或渐尖，边缘有具小尖头的圆齿或浅齿；下部叶匙状长圆形，常较小，下部渐狭或急狭成具宽翅的柄，渐尖，边缘除顶部外有密锯齿；中部叶长圆形或长圆披针形，无柄，全缘或有浅齿；上部叶狭小。头状花序多数，在茎和枝端排列成复伞房状；总苞半球形，总苞片 3 层；舌状花淡蓝色至蓝紫色；管状花黄色。瘦果倒卵状长圆形，紫褐色，上部被疏粗毛；冠毛污白色或带红色。花期 7 ～ 9 月，果期 9 ～ 10 月。

分布与生境 分布于我国东北、华北、西北地区，俄罗斯、朝鲜、日本也有分布。生于河岸草地、草甸、山坡、林间。

用途 根药用，有止咳、化痰的功能，主治慢性气管炎、咳嗽、气逆、咯痰不爽、肺虚久咳、痰中带血、外感咳嗽、小便不利等症。花大、美丽，可用作观赏。可作为蜜源植物。

植株

花序

花

274 | 柳叶鬼针草

Bidens cernua L.
菊科 Compositae
鬼针草属 *Bidens*

别名 鬼针

形态特征 一年生草本，高 10～90 厘米。茎直立，近圆柱形，麦秆色或带紫色。叶对生，无柄，披针形至条状披针形，长 5～15 厘米，宽 0.5～1.5 厘米，先端渐尖，中部以下渐狭，基部半抱茎状，边缘具疏锯齿，两面无毛。头状花序单生茎、枝端，开花时下垂；总苞盘状，外层苞片叶状，内层苞片膜质；舌状花中性，舌片黄色，先端锐尖或有 2～3 个小齿；盘花两性，筒状，冠檐扩大呈壶状，顶端 5 齿裂；中央花管状，两性。瘦果狭楔形，具 4 棱，棱上有倒刺毛，顶端芒刺 4 枚，有倒刺毛。花期 6～8 月，果期 9～10 月。

分布与生境 分布于我国东北、华北各地及四川、云南、西藏等，广布于北美洲、欧洲及亚洲各国。生于草甸、湖边湿地、沼泽边缘。

用途 全草入药，有清热解毒、消肿止痛、利尿通淋的功能，主治湿热痢疾、湿疮瘙痒、跌仆闪挫、风湿痹症、痈疽疮疖、小便淋沥涩痛等症。

植株

花

275 | 大狼杷草

Bidens frondosa L.
菊科 Compositae
鬼针草属 *Bidens*

别名 外国脱力草

形态特征 一年生草本，高 20 ～ 120 厘米。茎直立，分枝，被疏毛或无毛，常带紫色。叶对生，具柄，为一回羽状复叶，小叶 3 ～ 5 枚，披针形，长 3 ～ 10 厘米，宽 1 ～ 3 厘米，先端渐尖，边缘有粗锯齿，背面被稀疏短柔毛。头状花序单生茎端和枝端；总苞钟状或半球形，外层苞片 5 ～ 10 枚，披针形或匙状倒披针形，叶状，边缘有缘毛，内层苞片长圆形，膜质，具淡黄色边缘；无舌状花或舌状花不发育，极不明显；筒状花两性，花冠长约 3 毫米，冠檐 5 裂；瘦果扁平，狭楔形，长 5 ～ 10 毫米，近无毛或是糙伏毛，顶端芒刺 2 枚，有倒刺毛。花果期 7 ～ 10 月。

分布与生境 原产于北美洲，由国外传入我国。生于路旁、荒地、河边湿地。

用途 全草入药，有强壮、清热解毒的功效。主治体虚乏力、盗汗、咯血、痢疾、疳积、丹毒。

植株

幼株

花

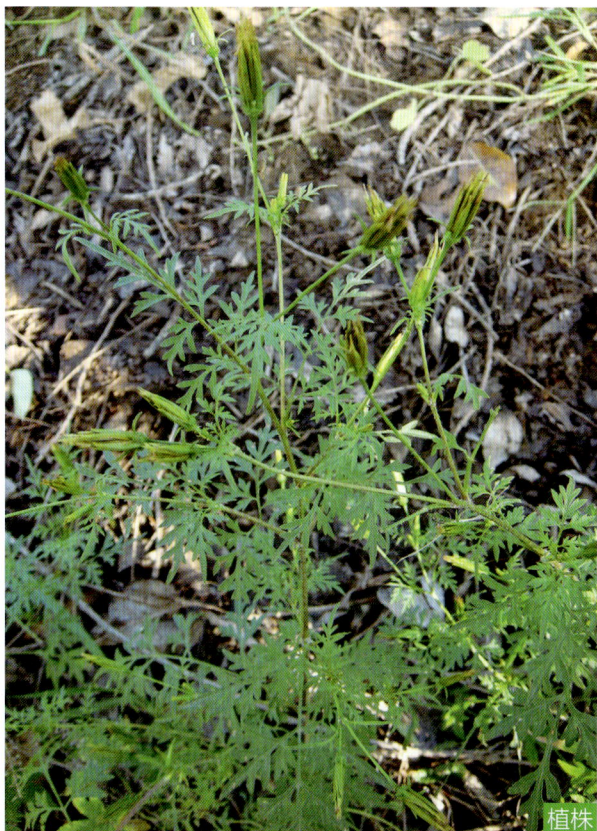
植株

276 | 小花鬼针草

Bidens parviflora Willd.
菊科 Compositae
鬼针草属 *Bidens*

别名 狼把草、鬼叉、鬼针、夜叉头

形态特征 一年生草本，高 20～90 厘米。茎下部圆柱形，中上部常为钝四方形。叶对生，具柄，叶片二至三回羽状分裂，最后一次裂片条形或条状披针形，宽约 2 毫米，边缘稍向上反卷；上部叶互生，二回或一回羽状分裂。头状花序单生茎端及枝端，具长梗；总苞筒状，外层苞片 4～5 枚，内层苞片稀疏，常仅 1 枚；无舌状花，盘花两性，花冠筒状，冠檐 4 齿裂。瘦果条形，略具 4 棱，顶端芒刺 2 枚，有倒刺毛。花期 6～8 月，果期 9～10 月。

分布与生境 分布于我国东北、华北、西北、西南各省区，俄罗斯、朝鲜、日本也有分布。生于湿草地、沟旁、荒地、耕地等处。

用途 全草入药，有清热解毒、活血散瘀之效，主治感冒发热、咽喉肿痛、肠炎、阑尾炎、痔疮、跌打损伤、冻疮、毒蛇咬伤；外用时将鲜品捣烂敷于患处。

植株

花

277 | 狼杷草

Bidens tripartita L.
菊科 Compositae
鬼针草属 *Bidens*

花

别名 狼把草、鬼叉、鬼针、夜叉头

形态特征 一年生草本，高20～150厘米。茎直立，近四棱形，无毛，绿色或带紫色。叶对生，下部的较小，不分裂，边缘具锯齿，通常于花期枯萎；中部叶具柄，有狭翅，通常3～5深裂，两侧裂片披针形至狭披针形，顶生裂片较大，披针形或长椭圆状披针形，与侧生裂片边缘均具疏锯齿；上部叶较小，披针形，三裂或不分裂。头状花序单生茎端及枝端；总苞盘状；无舌状花，全为筒状两性花，花冠冠檐4裂。瘦果扁，楔形或倒卵状楔形，边缘有倒刺毛，顶端芒刺通常2枚，极少3～4枚，两侧有倒刺毛。花期7～8月，果期9～10月。

分布与生境 分布于我国东北、华北、华东、华中、西南及西北各地，广布于亚洲、欧洲和非洲北部各国。生于湿草地、沟旁、稻田边等处。

用途 全草入药，有清热解毒、止咳平喘的功能，主治咳嗽、哮喘、肺痈、咽喉肿痛、痢疾、丹毒等症；外用治疖肿、湿疹、皮癣。

植株

花

植株

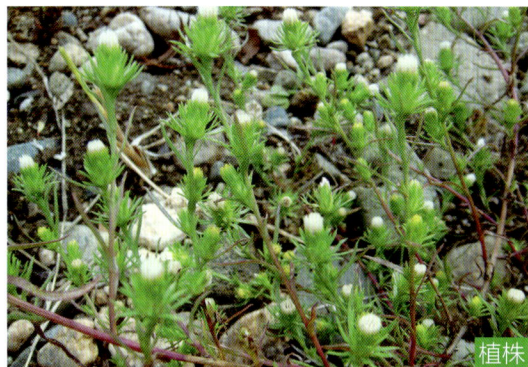
植株

278 | 短星菊

Brachyactis ciliata Ledeb.
菊科 Compositae
短星菊属 *Brachyactis*

别名 虫实叶菊

形态特征 一年生草本，高 10 ～ 60 厘米。茎直立，自基部分枝，下部常紫红色，上部及分枝被疏短糙毛。叶较密集，无柄，稍肉质，线形或线状披针形，长 2 ～ 5 厘米，宽 2 ～ 6 毫米，顶端尖或稍尖，基部半抱茎，全缘，上部叶渐小而逐渐变成总苞片。头状花序多数，在茎或枝端排成总状圆锥花序；总苞半球状钟形，总苞片 2 ～ 3 层，线形，顶端及边缘有缘毛；雌花多数，花冠细管状，无色，连同花柱长约 4 毫米；两性花花冠管状，长 4 ～ 4.5 毫米，管部上端被微毛，无色或裂片淡粉色，花柱分枝披针形，花全部结实。瘦果长圆形，长 2 ～ 2.2 毫米，红褐色，被密短软毛；冠毛白色 2 层，外层刚毛状，内层糙毛状。花果期 8 ～ 10 月。

分布与生境 分布于我国东北、华北、西北各地，俄罗斯、蒙古、朝鲜、日本也有分布。生于荒地、湿地、林下沙质湿地、河边或盐碱湿地上。

花

植株

279 | 丝毛飞廉

Carduus crispus L.
菊科 Compositae
飞廉属 *Carduus*

幼株

别名 飞廉

形态特征 二年生或多年生草本，高 30 ～ 150 厘米。茎直立，被稀疏的多细胞长节毛，上部或接头状花序下部有稀疏或较稠密的蛛丝状毛或蛛丝状棉毛。下部茎叶全形椭圆形、长椭圆形或倒披针形，长 5 ～ 18 厘米，宽 1 ～ 7 厘米，羽状深裂或半裂，边缘有大小不等的刺齿，齿顶及齿缘具针刺；中部茎叶与下部茎叶同形并等样分裂，但渐小；全部茎叶两面明显异色，上面绿色，下面灰绿色或浅灰白色，两侧沿茎下延成茎翼。头状花序，通常 3 ～ 5 个集生于分枝顶端或茎端。总苞卵圆形，直径 1.5 ～ 2.5 厘米；总苞片多层，覆瓦状排列，最外层宽约 0.7 毫米，中内层苞片宽 0.9 ～ 2 毫米，最内层苞片宽不及 1 毫米。小花红色或紫色，长 1.5 厘米。瘦果稍压扁，楔状椭圆形，长约 4 毫米。冠毛多层，白色或污白色，不等长。花果期 6 ～ 10 月。

分布与生境 分布于我国各地，欧洲、亚洲及北美洲各国均有分布。生于草地、田边、山脚下及河岸。

用途 全草入药，有祛风清热、利湿、凉血散瘀的功能，主治风热感冒、头晕目眩、风热痹痛、尿路感染、跌打损伤等症。为优良蜜源植物。

植株

花

植株

280 | 烟管头草

Carpesium cernuum L.
菊科 Compositae
天名精属 *Carpesium*

别名 杓儿菜、烟袋草

形态特征 多年生草本，高 50～100 厘米。茎下部密被白色长柔毛及卷曲的短柔毛，向上渐无毛，多分枝。基叶于开花前凋萎；茎下部叶较大，具长柄，柄长约为叶片的 2/3 或近等长，下部具狭翅，向叶基渐宽，叶片长椭圆形或匙状长椭圆形，先端锐尖或钝，基部长渐狭下延，两面被短柔毛及腺点，边缘具稍不规整具胼胝尖的锯齿；中部叶椭圆形至长椭圆形；上部叶渐小，椭圆形至椭圆状披针形，近全缘。头状花序单生茎端及枝端，开花时下垂；总苞壳斗状，直径 1～2 厘米；苞片 4 层；雌花狭筒状，两性花筒状，冠檐 5 齿裂。瘦果线形至纺锤形。花期 7～9 月，果期 9～10 月。

分布与生境 分布于我国东北、华北、华中、华东、华南、西南各地及西北的陕西、甘肃等地。朝鲜、日本及欧洲各国也有分布。生于山坡灌丛、林缘、沟边等处。

用途 全草入药，性味苦、辛、寒，有小毒，消肿止痛，主治感冒发热、咽喉肿痛、牙痛、急性肠炎、痢疾、尿路感染；外用治疮肿毒、乳腺炎、腮腺炎、带状疱疹、毒蛇咬伤等，用时将鲜品捣烂敷患处。

植株

花

281 | 石胡荽

Centipeda minima (L.) A. Br. et Aschers.
菊科 Compositae
石胡荽属 *Centipeda*

植株

别名 球子草

形态特征 一年生小草本，高达 20 厘米。茎多分枝，匍匐状，微被蛛丝状毛或无毛。叶互生，楔状倒披针形，长 7～18 毫米，顶端钝，基部楔形，边缘有少数锯齿。头状花序扁球形，直径约 3 毫米，单生于叶腋；总苞半球形，总苞片 2 层，绿色，边缘透明膜质；边缘花雌性，多层，花冠顶端 2～3 微裂；盘花两性，花冠顶端 4 深裂，淡紫红色，下部有明显的狭管。瘦果椭圆形，具 4 棱，棱上有长毛，无冠状冠毛。花果期 6～10 月。

分布与生境 分布于我国东北、华北、华中、华东、华南、西南地区，俄罗斯、蒙古、朝鲜、日本、印度、马来西亚及大洋洲各国也有分布。生于路旁、湿草地、耕地、阴湿地、沟边等处。

用途 本种为中草药"鹅不食草"，有祛风、散寒、利湿、退翳、通鼻窍的功能，主治感冒、寒哮、喉痹、百日咳、阿米巴痢疾、疟疾、鼻渊、疥癣、跌打损伤等症。

花序

植株

282 | 甘野菊

Chrysanthemum lavandulifolium (Fisch. ex Trautv.) Makino var. *seticuspe* (Maxim.) Shih
菊科 Compositae
菊属 *Chrysanthemum*

形态特征　多年生草本，高0.3～1.5米。有地下匍匐茎。茎直立，自中部以上多分枝或仅上部伞房状花序分枝，茎枝有稀疏的柔毛。基部和下部叶花期脱落；中部茎叶叶片质较薄，羽状深裂，长4.5～6厘米，宽4～6厘米，基部微心形或偏楔形，无羽轴，侧裂片2对，近等大，边缘具粗大牙齿；茎上部叶向上渐小。头状花序半球形，通常多数在茎枝顶端排成疏松或稍紧密的复伞房花序；总苞碟形，总苞片3层，外层线形或线状长圆形，长2.5毫米，无毛或有稀柔毛，中内层卵形、长椭圆形至倒披针形，全部苞片顶端圆形，边缘白色或浅褐色膜质；舌状花黄色，舌片椭圆形，长5～7.5毫米，先端全缘或2～3个不明显的齿裂。瘦果长1.2～1.5毫米。花果期8～11月。

分布与生境　分布于我国东北、华北、西北、西南地区，日本也有分布。生于山坡、灌丛、山坡石质地、路旁。

用途　头状花序入药，有清热解毒的功能，主治疔疮痈肿、目赤肿痛、头痛眩晕。花大、美丽，可用作园林观赏植物。

植株

花

283 | 烟管蓟

Cirsium pendulum Fisch. ex DC.
菊科 Compositae
蓟属 *Cirsium*

别名 垂头蓟、老牛锉、大蓟

形态特征 多年生草本，高1～3米。茎直立，粗壮，上部分枝，具条棱，被极稀疏的蛛丝状及多细胞长节毛。基生叶及下部茎叶不规则二回羽状分裂，一回为深裂，一回侧裂片5～7对，二回侧裂片斜三角形，边缘及顶端有针刺；向上的叶渐小，无柄或扩大耳状抱茎；全部叶无毛，边缘及齿顶或裂片顶端针刺长可达3毫米。头状花序下垂，在茎枝顶端排成总状圆锥花序；总苞钟状，总苞片约10层，覆瓦状排列；小花紫色或红色，花冠檐部短，5浅裂。瘦果偏斜楔状倒披针形，顶端斜截形，稍压扁。冠毛污白色，长羽毛状。花期6～7月，果期8～9月。

分布与生境 分布于我国东北、华北、西北地区，俄罗斯、朝鲜、日本也有分布。生于林下、河岸、河谷、湿草甸等处。

用途 全草入药，有解毒、止血、补虚的功能，主治疮肿、疟疾、外伤出血、体虚。

植株

花序

幼株

284 | 刺儿菜

Cirsium segetum Bunge
菊科 Compositae
蓟属 *Cirsium*

花

幼株

植株

植株

别名 小蓟

形态特征 多年生草本，高 15 ～ 60 厘米。根状茎细长，有须根。茎细，有条棱，被蛛丝状绵毛。基生叶莲座状，披针形或长圆状披针形，花期枯萎；茎生叶互生，无柄，椭圆形、长圆形或长圆状披针形，先端具 1 小刺尖，全缘或具波状缘，边缘有刺，两面被蛛丝状绵毛；茎上部叶向上渐小。头状花序一至数个，单生于茎或枝端，单性，雌雄异株；雄头状花序小于雌头状花序，花冠紫红色。瘦果椭圆形或卵形；冠毛白色或淡褐色。花果期 7 ～ 9 月。

分布与生境 分布于我国各地，俄罗斯、蒙古、朝鲜、日本及欧洲部分国家也有分布。生于田间、荒地、路旁等处。

用途 全草入药，性味苦、凉，有凉血、行瘀止血的功效，主治衄血、尿血、传染性肝炎、功能性子宫出血、外伤出血；外用治痈疖疮疡；根状茎治肝炎。嫩茎叶可食或作猪饲料。

285 | 大刺儿菜

Cirsium setosum (Willd.) Bieb.
菊科 Compositae
蓟属 *Cirsium*

别名 大蓟

形态特征 多年生草本，高达2米。茎粗壮，具条棱，幼时被蛛丝状绵毛，上部多分枝。基生叶莲座状，花期枯萎；茎生叶具短柄或无柄；叶片长圆状披针形或披针形，长6～11厘米，宽2～3厘米，基部楔形，先端刺尖，边缘具羽状缺刻状牙齿或羽状浅裂，背面初被蛛丝状绵毛；上部叶向上渐小，微有齿或全缘。头状花序多数，密集，排列成伞房状，单性，雌雄异株；花冠紫红色。瘦果倒卵形或长圆形；冠毛白色。花果期7～9月。

分布与生境 分布于我国各地，俄罗斯、蒙古、朝鲜、日本也有分布。生于林下、林缘、河岸、荒地、田间及路旁。

用途 全草入药，为利尿、止血剂，功效同刺儿菜。

植株

花

幼株

植株

花序

幼株

286 | 小蓬草

Conyza canadensis (L.) Cronq.
菊科 Compositae
白酒草属 *Conyza*

别名 加拿大蓬、飞蓬、小飞蓬、小白酒草

形态特征 一年生草本，高50～100厘米。茎直立，被疏长硬毛，上部多分枝。叶密集，基部叶花期常枯萎；下部叶倒披针形，长6～10厘米，宽1～1.5厘米，顶端尖或渐尖，基部渐狭成柄，边缘具疏锯齿或全缘；中部和上部叶较小，线状披针形或线形，近无柄或无柄，全缘或少有具1～2个齿。头状花序多数，小，排列成顶生多分枝的大圆锥花序；总苞近圆柱状，总苞片2～3层；雌花多数，舌状，白色，顶端具2个钝小齿；两性花淡黄色，花冠管状，上端具4或5个齿裂。瘦果线状披针形，稍扁压；冠毛污白色，糙毛状。花果期6～10月。

分布与生境 我国南北各地均有分布，原产于北美洲，现世界广泛分布，为一种常见的杂草。生于旷野、荒地、田边和路旁。

用途 嫩茎、叶可作猪饲料；全草入药，有清热利湿、散瘀消肿的功能，主治痢疾、肠炎、肝炎、胆囊炎、跌打损伤、风湿骨痛、疮疖肿痛、外伤出血、牛皮癣等症。

287 | 屋根草

Crepis tectorum L.
菊科 Compositae
还阳参属 *Crepis*

别名 北苦菜草、还阳参

形态特征 一年生或二年生草本，高 30～90厘米。茎直立，自基部或自中部伞房花序状或伞房圆锥花序状分枝，被白色的蛛丝状短柔毛。基生叶及下部茎叶披针形或倒披针形，顶端急尖，基部楔形渐窄成短翼柄，边缘有稀疏的锯齿或凹缺状锯齿至羽状全裂；中部茎叶与基生叶及下部茎叶等样分裂或不裂，无柄，基部尖耳状或圆耳状抱茎；上部茎叶无柄，基部不抱茎，边缘全缘；全部叶两面被稀疏的小刺毛及头状具柄的腺毛。头状花序多数或少数，在茎枝顶端排成伞房花序或伞房圆锥花序；总苞钟状，总苞片 3～4 层；舌状小花黄色，花冠管外面被白色短柔毛。瘦果纺锤形，有 10 条等粗的纵肋，沿肋有小刺毛；冠毛白色。花果期 7～10 月。

分布与生境 分布于我国东北、西北地区，俄罗斯、蒙古、哈萨克斯坦及欧洲各国也有分布。生于山地林缘、河谷草地、田间或撂荒地。

用途 本种为优良的蜜源植物。幼苗可食。

植株

幼株

花

花

花

花

288 | 东风菜

Doellingeria scaber (Thunb.) Nees
菊科 Compositae
东风菜属 *Doellingeria*

别名 山蛤芦、钻山狗、白云草、疙瘩药、草三七

形态特征 多年生草本，高 100～150 厘米。根状茎肥厚。茎直立，上部有斜升的分枝，被微毛。基部叶在花期枯萎，叶片心形，边缘有具小尖头的齿，顶端尖，基部急狭成被微毛的柄；中部叶较小，卵状三角形，有具翅的短柄；上部叶小，矩圆披针形或条形；全部叶两面被微糙毛，有三或五出脉。头状花序，圆锥伞房状排列；总苞半球形，总苞片约 3 层，覆瓦状排列；舌状花白色；管状花檐部钟状。瘦果倒卵圆形或椭圆形，无毛；冠毛污黄白色。花期 6～10 月，果期 8～10 月。

分布与生境 分布于我国东北、华北及华中地区，俄罗斯、朝鲜、日本也有分布。生于山坡草地、林间、路旁等处。

用途 全草入药，消肿止痛，主治跌打损伤、虫蛇咬伤等症；根入药，有疏散风热、活血止痛的功能，主治肠炎腹痛、骨节疼痛、跌打损伤。嫩茎叶可食。

植株下部

花

植株

289 | 鳢肠

Eclipta prostrata (L.) L.
菊科 Compositae
鳢肠属 *Eclipta*

别名 旱莲草、墨旱莲

形态特征 一年生草本，高达60厘米。茎直立，斜升或平卧，通常自基部分枝，被贴生糙毛。叶长圆状披针形或披针形，无柄或有极短的柄，顶端尖或渐尖，边缘有细锯齿或有时仅波状，两面被密硬糙毛。头状花序；总苞球状钟形，总苞片绿色，2层；边花雌性，2层，白色，舌状，顶端2浅裂或全缘；中央花两性，花冠管状，白色，顶端4齿裂。瘦果暗褐色，雌花的瘦果三棱形，两性花的瘦果扁四棱形。花果期7～10月。

分布与生境 分布于我国各地，广泛分布于世界热带及亚热带国家。生与河边、田边、水田地、路边。

用途 全草入药，有凉血、止血、滋补肝肾、清热解毒之效，主治肝肾有亏、头晕目眩、鼻衄、吐血、咯血、牙龈出血、尿血、血痢、便血、崩漏、头发早白、腰酸、外伤出血、阴部湿痒等症。可作家禽及牲畜的青饲料。

花

植株

290 | 一年蓬

Erigeron annuus (L.) Pers.
菊科 Compositae
飞蓬属 *Erigeron*

花

花序

别名 千层塔、治疟草、野蒿

形态特征 一年生或二年生草本，高 30 ～ 100 厘米。茎直立，上部有分枝，下部被开展的长硬毛，上部被较密、上弯的短硬毛。基部叶花期枯萎，长圆形或宽卵形，基部狭成具翅的长柄，边缘具粗齿；下部叶与基部叶同形，但叶柄较短；中部和上部叶较小，长圆状披针形或披针形，具短柄或无柄，边缘有不规则的齿或近全缘；最上部叶线形。头状花序数个或多数，排列成疏圆锥花序；总苞半球形，总苞片 3 层；边花雌性，白色或有时淡天蓝色，舌状，2 层；中央花两性，管状，黄色。瘦果披针形，扁压，被疏贴柔毛；雌花冠毛极短，膜片状连成小冠，两性花的冠毛 2 层，外层鳞片状，内层刚毛状。花期 7 ～ 8 月，果期 8 ～ 9 月。

分布与生境 本种原产于北美洲，在我国已驯化，广泛分布于我国东北、华北、华南、西北、西南各省区。生于林下、林缘、路旁及山坡荒地。

用途 全草入药，有止泻、清热解毒的功能，主治消化不良、胃肠炎、齿龈炎、疟疾、毒蛇咬伤等症。

植株

幼株

291 | 牛膝菊

Galinsoga parviflora Cav.
菊科 Compositae
牛膝菊属 *Galinsoga*

别名 辣子草、向阳花、珍珠草

形态特征 一年生草本，高10～80厘米。茎纤细，被疏散或上部稠密的贴伏短柔毛和少量腺毛。叶对生，卵形或长椭圆状卵形，长2.5～5.5厘米，宽1～3.5厘米，基出三脉或不明显五出脉；向上及花序下部的叶渐小，通常披针形。头状花序半球形，多数在茎枝顶端排成疏松的伞房花序；总苞半球形或宽钟状；总苞片1～2层，约5个；舌状花4～5个，白色，顶端3齿裂；管状花花冠黄色。瘦果三棱或中央的瘦果4～5棱，黑色或黑褐色，常压扁，被白色微毛。花果期7～10月。

分布与生境 原产于南美洲，在我国已驯化野生。分布于我国东北、西南地区。生于杂草地、荒地、路旁、田间、河边、湖边。

用途 全草入药，有止血、清热解毒的功能，主治扁桃体炎、咽喉肿痛、黄疸、外伤出血等症。

植株 植株

292 | 向日葵

Helianthus annuus L.
菊科 Compositae
向日葵属 *Helianthus*

别名 丈菊

形态特征 一年生高大草本，高 1～3 米。茎直立，粗壮，被白色粗硬毛。叶互生，心状卵圆形或卵圆形，顶端急尖或渐尖，基部三出脉，边缘有粗锯齿，两面被短糙毛，有长柄。头状花序极大，径约 10～30 厘米，单生于茎端或枝端，常下倾；总苞片多层，覆瓦状排列；花托平或稍凸；舌状花多数，黄色，不结实；管状花极多数，棕色或紫色，结果实。瘦果倒卵形或卵状长圆形，稍扁压，常被白色短柔毛。花期 7～9 月，果期 8～9 月。

分布与生境 原产于北美洲，世界各国均有栽培，我国东北、西北地区广泛人工栽培。

用途 种子供食用或榨油食用。花穗、种子皮壳及茎秆可作饲料及工业原料。种子入药，透疹、止痢，主治疹发不透、血痢、慢性骨髓炎；花托入药，养肝补肾、降压、止痛，主治高血压、头痛目眩、肾虚耳鸣、牙痛、胃痛、腹痛、痛经等症；叶入药，降压、截疟、解毒，主治高血压、疟疾、疔疮等症；根入药，清热利湿、行气止痛，主治淋浊、水肿、带下、疝气、脘腹胀痛、跌打损伤；花入药，祛风、平肝、利湿，主治头晕、耳鸣、小便淋沥等症。

植株

花

293 | 菊芋

Helianthus tuberosus L.
菊科 Compositae
向日葵属 *Helianthus*

别名 菊薯、洋姜、鬼子姜

形态特征 多年生草本，高 1 ～ 3 米。具块状的地下茎及纤维状根。茎直立，被白色短糙毛或刚毛。叶通常对生，有叶柄，但上部叶互生；下部叶卵圆形或卵状椭圆形，有长柄，长 10 ～ 16 厘米，宽 3 ～ 6 厘米，边缘有粗锯齿，有离基三出脉，上面被白色短粗毛、下面被柔毛；上部叶长椭圆形至阔披针形，基部渐狭，下延成短翅状。头状花序较大，少数或多数，单生于枝端；舌状花及管状花黄色。瘦果小，楔形，上端有 2 ～ 4 个有毛的锥状扁芒。花期 8 ～ 9 月，果期 9 ～ 10 月。

分布与生境 原产于北美洲，在我国各地广泛栽培，或逸为野生。

用途 块茎含有丰富的淀粉，是优良的多汁饲料。新鲜的茎、叶作青贮饲料。块茎也是一种美味的蔬菜，并可加工制成酱菜；另外，块茎还可制菊糖及酒精。块茎及茎叶入药，有清热凉血、活血祛瘀的功能，主治跌打损伤、糖尿病等症。

植株

花

块茎

植株

花

幼株

294 | 泥胡菜

Hemistepta lyrata (Bunge) Bunge
菊科 Compositae
泥胡菜属 *Hemistepta*

别名 猪兜菜、艾草

形态特征 二年生草本，高 30～100 厘米。茎单生，被稀疏蛛丝毛，上部常分枝。基生叶长椭圆形或倒披针形，花期通常枯萎；中下部茎叶与基生叶同形，全部叶大头羽状深裂或几全裂，侧裂片 2～6 对，全部裂片边缘三角形锯齿或重锯齿，侧裂片边缘通常稀锯齿，最下部侧裂片通常无锯齿。头状花序在茎枝顶端排成疏松伞房花序；总苞宽钟状或半球形，总苞片多层，覆瓦状排列；小花紫色或红色，花冠檐部深 5 裂。瘦果小，楔状或偏斜楔形，深褐色，压扁；冠毛异型，白色，两层，外层冠毛羽毛状，内层冠毛极短，鳞片状。花果期 6～9 月。

分布与生境 分布于我国各地，朝鲜、日本、印度、越南、老挝也有分布。生于路旁、林下、荒地、田间、河边。

用途 全草入药，有清热解毒、消肿去瘀的功能，主治痔疮、痈肿疔毒、外伤出血、骨折。嫩茎叶可作饲料。

295 | 狗娃花

Heteropappus hispidus (Thunb.) Less.
菊科 Compositae
狗娃花属 *Heteropappus*

别名 狗哇花、斩龙戟

形态特征 一或二年生草本，高达 150 厘米。主根垂直，纺锤状。茎单生，有时数个丛生，被上曲或开展的粗毛。基部及下部叶在花期枯萎，倒卵形，长 4～13 厘米，宽 0.5～1.5 厘米，渐狭成长柄，顶端钝或圆形，全缘或有疏齿；中部叶矩圆状披针形或条形，长 3～7 厘米，宽 0.3～1.5 厘米，常全缘；上部叶渐小，条形；全部叶质薄，两面被疏毛或无毛，边缘有疏毛，中脉及侧脉显明。头状花序单生于枝端而排列成伞房状；总苞半球形，总苞片 2 层，近等长，条状披针形。舌状花约 30 余个，管部长 2 毫米；舌片浅红色或白色，条状矩圆形，长 12～20 毫米，宽 2.5～4 毫米；管状花花冠长 5～7 毫米，管部长 1.5～2 毫米，裂片长 1 或 1.5 毫米。瘦果倒卵形，扁，长 2.5～3 毫米，宽 1.5 毫米，有细边肋，被密毛；冠毛在舌状花极短，白色，膜片状，或部分带红色，长，糙毛状；在管状花糙毛状，初白色，后带红色，与花冠近等长。花期 8～9 月，果期 9～10 月。

分布与生境 分布于我国东北、西北、华北各地及福建、浙江、台湾等，俄罗斯、蒙古、朝鲜日本也有分布。生于山坡、灌丛、林缘、路旁、河岸、沟边、荒地。

用途 全草入药，有清热降火、消肿的功能，主治疮肿、蛇咬伤。

植株

花

296 | 山柳菊

Hieracium umbellatum L.
菊科 Compositae
山柳菊属 *Hieracium*

植株

别名 伞花山柳菊

形态特征 多年生草本，高30～120厘米。茎直立，基部常淡红紫色，被极稀疏的小刺毛。基生叶及下部茎叶花期脱落不存在；中上部茎叶多数或极多数，互生，无柄，披针形至狭线形，长3～10厘米，宽0.5～2厘米，基部狭楔形，顶端急尖或短渐尖，边缘全缘、几全缘或边缘有稀疏的尖犬齿。头状花序少数或多数，在茎枝顶端排成伞房花序或伞房圆锥花序；总苞黑绿色，钟状，总苞片3～4层；舌状小花黄色。瘦果黑紫色，圆柱形，无毛；冠毛淡黄色，糙毛状。花期7～8月，果期8～9月。

分布与生境 分布于我国东北、华北、西北、华中及西南地区，俄罗斯、朝鲜、日本及欧洲各国也有分布。生于林下、林缘、路旁、河滩沙地。

用途 全草饲用或染制羊毛与丝绸。全草及根入药，清热解毒，主治痈肿疮毒、痢疾、尿道感染、腹痛痞块等症。可作为蜜源植物。

花序

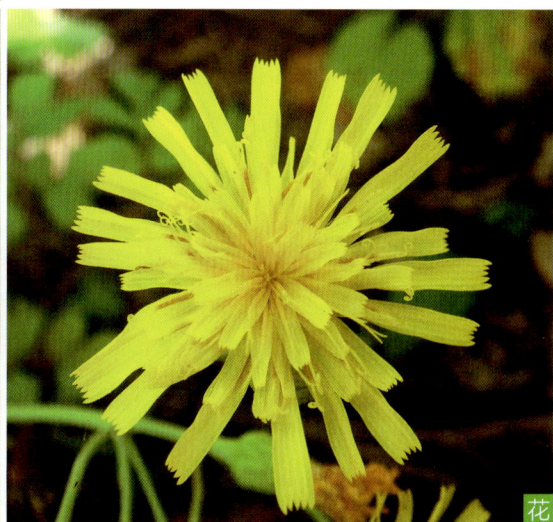

花

297 | 旋覆花

Inula japonica Thunb.
菊科 Compositae
旋覆花属 *Inula*

别名 金佛花、金佛草、六月菊

形态特征 多年生草本，高 30 ~ 70 厘米。茎直立，被长伏毛，或下部有时脱毛。基部叶常较小，在花期枯萎；中部叶长圆形、长圆状披针形或披针形，长 4 ~ 13 厘米，宽 1.5 ~ 3.5 厘米，基部多少狭窄，顶端稍尖或渐尖，边缘有小尖头状疏齿或全缘；上部叶渐狭小，线状披针形。头状花序，排列成疏散的伞房花序；总苞半球形，总苞片约 6 层；舌状花黄色；管状花花冠有三角披针形裂片。瘦果圆柱形，有 10 条沟，顶端截形，被疏短毛。花期 7 ~ 9 月，果期 9 ~ 10 月。

分布与生境 分布于我国东北、华北、西北、华东、华中地区，俄罗斯、蒙古、朝鲜、日本也有分布。生于路旁、河边湿地、林缘、河岸、沼泽边湿地。

用途 全草入药，有散风寒、化痰饮、消肿毒、祛风湿的功能，主治风寒咳嗽、伏饮痰喘、胁下胀痛、疔疮肿毒、风湿疼痛；花入药，有降气化痰、降逆止呕的功能，主治痰涎壅肺、咳喘痰多、痰饮蓄结、胸膈痞闷、噫气呕吐、胸胁疼痛等症。可作蜜源植物。

植株

花

298 | 线叶旋覆花

Inula linearifolia Turcz.
菊科 Compositae
旋覆花属 *Inula*

别名 蚂蚱膀子、条叶旋覆花、窄叶旋覆花

形态特征 多年生草本，高 30 ～ 80 厘米。茎直立，被短柔毛。基部叶和下部叶在花期常生存，线状披针形，有时椭圆状披针形，长 5 ～ 15 厘米，宽 0.7 ～ 1.5 厘米，下部渐狭成长柄，边缘常反卷，有不明显的小锯齿，顶端渐尖，质较厚；中部叶渐无柄；上部叶渐狭小，线状披针形至线形。头状花序，在枝端单生或 3 ～ 5 个排列成伞房状；总苞半球形，总苞片约 4 层；舌状花黄色；管状花有尖三角形裂片。瘦果圆柱形，有细沟，被短粗毛。花期 7 ～ 9 月，果期 8 ～ 10 月。

分布与生境 分布于我国东北、西北、华北、华东地区，俄罗斯、蒙古、朝鲜、日本也有分布。生于河边湿地、林缘湿地、草甸、路旁及山沟等处。

用途 用途同旋覆花。

花

植株

299 | 中华小苦荬

Ixeridium chinense (Thunb.) Tzvel.
菊科 Compositae
小苦荬属 *Ixeridium*

花

花

别名 小苦苣、山苦菜、山苦荬

形态特征 多年生草本，高 5～30 厘米。茎直立，上部伞房花序状分枝。基生叶长椭圆形、倒披针形、线形或舌形，顶端钝或急尖或向上渐窄，基部渐狭成有翼的短或长柄，全缘，不分裂亦无锯齿或边缘有尖齿或凹齿，或羽状浅裂、半裂或深裂；茎生叶 2～4 枚，长披针形或长椭圆状披针形，不裂，边缘全缘，顶端渐狭，基部耳状抱茎。头状花序通常在茎枝顶端排成伞房花序；总苞圆柱状，总苞片 3～4 层；舌状小花白色、黄色，干时带红色。瘦果褐色，长椭圆形，喙细，细丝状；冠毛白色，微糙。花果期 5～10 月。

分布与生境 分布于我国大部分省区，俄罗斯、朝鲜、日本也有分布。生于山坡、路旁、田野、河边灌丛或岩石缝隙中。

用途 可作牲畜及家禽的青饲料。全草入药，有清热解毒、活血化瘀的功能，主治肠痈、痢疾、泄泻、肺热咳嗽、吐血、衄血、疮疡肿毒、跌打损伤等症。

植株

植株

300 | 抱茎小苦荬

Ixeridium sonchifolium (Maxim.) Shih
菊科 Compositae
小苦荬属 *Ixeridium*

花

幼株

别名 苦碟子、抱茎苦荬菜、鸭子食

形态特征 多年生草本，高 15～60 厘米。茎单生，直立，上部伞房花序状或伞房圆锥花序状分枝，全部茎枝无毛。基生叶莲座状，匙形、长倒披针形或长椭圆形，边缘有锯齿，顶端圆形或急尖，或大头羽状深裂；中下部茎叶长椭圆形、匙状椭圆形、倒披针形或披针形，羽状浅裂或半裂，极少大头羽状分裂；上部茎叶向上渐小，边缘全缘，极少有锯齿或尖锯齿；全部叶两面无毛。头状花序多数，排成伞房圆锥花序；总苞圆柱形，总苞片 3 层；舌状小花黄色。瘦果黑色，纺锤形，喙细丝状；冠毛白色，微糙毛状。花果期 7～11 月。

分布与生境 分布于我国东北、华北、西南地区，朝鲜、日本也有分布。生于山坡、路旁、疏林地、撂荒地、河滩地。

用途 全草入药，清热解毒、镇痛消肿，主治头痛、牙痛、脘腹痛、肠痈、痢疾、泽泻、肺痈等症。春季嫩茎叶可食。

植株

301 | 苦荬菜

Ixeris polycephala Cass.
菊科 Compositae
苦荬菜属 *Ixeris*

别名 多头莴苣、多头苦荬菜

形态特征 一年生草本，高 10 ～ 80 厘米。茎直立，上部伞房花序状分枝，全部茎枝无毛。基生叶花期生存，线形或线状披针形，包括叶柄长 7 ～ 12 厘米，宽 5 ～ 8 毫米，顶端急尖，基部渐狭成长或短柄；中下部茎叶披针形或线形，顶端急尖，基部箭头状半抱茎；向上或最上部的叶渐小，与中下部茎叶同形，基部箭头状半抱茎或长椭圆形，基部收窄，但不成箭头状半抱茎；全部叶两面无毛，边缘全缘。头状花序多数，在茎枝顶端排成伞房状花序；总苞圆柱状，总苞片 3 层；舌状小花黄色，极少白色。瘦果压扁，褐色，长椭圆形；冠毛白色，微糙，不等长。花果期 5 ～ 7 月。

分布与生境 分布于我国东北、华北、西北、西南地区，尼泊尔、印度、克什米尔地区、孟加拉国、日本广有分布。生于山坡林缘、灌丛、草地、田野、路旁。

用途 全草入药，有清热解毒、去腐化脓、止血生肌的功能，主治疔疮、无名肿毒、子宫出血等症。

植株

植株

花

302 | 裂叶马兰

Kalimeris incisa (Fisch.) DC.
菊科 Compositae
马兰属 *Kalimeris*

别名 北鸡儿肠

形态特征 多年生草本，高60～120厘米。茎直立，有沟棱，无毛或疏生向上的白色短毛，上部分枝。下部叶在花期枯萎；中部叶长椭圆状披针形或披针形，长6～10厘米，宽1.2～2.5厘米，顶端渐尖，基部渐狭，无柄，边缘疏生缺刻状锯齿或间有羽状披针形尖裂片；上部分枝上的叶小，条状披针形，全缘。头状花序，单生枝端且排成伞房状；总苞半球形，总苞片3层，覆瓦状排列；舌状花淡蓝紫色；管状花黄色。瘦果倒卵形，淡绿褐色，被白色短毛。花果期7～9月。

分布与生境 分布于我国东北三省及内蒙古东部，俄罗斯、朝鲜、日本也有分布。生于河岸、林荫处、灌丛及山坡草地。

用途 全草入药，有凉血、清热、利湿、解毒的功能，主治吐血、衄血、血痢、创伤出血、疟疾、黄疸、水肿、淋浊、咽痛等症。

植株

花

303 | 全叶马兰

Kalimeris integrifolia Turcz. ex DC.
菊科 Compositae
马兰属 *Kalimeris*

别名 全叶鸡儿肠、扫帚鸡儿肠

形态特征 多年生草本，高 30 ～ 70 厘米。茎直立，被细硬毛，中部以上有近直立的帚状分枝。下部叶在花期枯萎；中部叶条状披针形或矩圆形，顶端钝或渐尖，常有小尖头，基部渐狭无柄，全缘，边缘稍反卷；上部叶较小，条形；全部叶两面密被粉状短绒毛。头状花序单生枝端且排成疏伞房状；总苞半球形，总苞片 3 层，覆瓦状排列；舌片淡紫色；管状花黄色。瘦果倒卵形，浅褐色，扁，有浅色边肋；冠毛带褐色。花期 7 ～ 8 月，果期 9 ～ 10 月。

分布与生境 分布于我国东北、西北、华北、西南地区，俄罗斯、朝鲜、日本也有分布。生于山坡、灌丛、林缘、路旁、河岸。

用途 全草入药，功效同裂叶马兰。可作牧草。

植株

植株

花

304 | 山莴苣

Lagedium sibiricum (L.) Sojak
菊科 Compositae
山莴苣属 *Lagedium*

别名 北山莴苣、山苦菜

形态特征 多年生草本，高 50～130 厘米。茎直立，常淡红紫色，上部伞房状或伞房圆锥状花序分枝，茎枝光滑无毛。中下部茎叶披针形或长椭圆状披针形，顶端渐尖、长渐尖或急尖，无柄，半抱茎，边缘全缘、几全缘、小尖头状微锯齿或小尖头；向上的叶渐小；全部叶两面光滑无毛。头状花序，排成伞房圆锥花序；总苞片 3～4 层，淡紫红色；舌状小花蓝色或蓝紫色。瘦果长椭圆形或椭圆形，褐色或橄榄色，压扁；冠毛白色，2 层。花果期 7～9 月。

分布与生境 分布于我国东北、西北各地，俄罗斯、蒙古、日本及欧洲各国也有分布。生于林缘、林下、草甸、河岸、湖边湿地。

用途 可作猪、羊、兔及家禽的青饲料。全草入药，主治阑尾炎、扁桃体炎、痈肿疮毒、子宫出血、子宫颈炎、血崩、乳痈、疣瘤等症。幼苗可食。

花

花序

植株

305 | 毒莴苣

Lactuca serriola L.
菊科 Compositae
莴苣属 *Lactuca*

别名 刺莴苣

形态特征 一年生草本，高达 2 米以上。茎基部具稀疏皮刺。叶互生，中、下部叶狭倒卵形至长圆形，常羽状分裂或倒向羽状浅裂、半裂、深裂，无柄，基部箭形抱茎；顶生叶卵状披针形或披针形，全缘或仅具稀疏的牙齿状齿；全部叶或裂片边缘有细齿或刺齿或细刺，下面沿脉有刺毛，刺毛黄色。头状花序，排列成疏松的大圆锥花序；总苞 3 层；舌状花淡黄色，干后变蓝紫色。瘦果倒卵形，灰褐色。花果期 8～10 月。

分布与生境 本种原产于欧洲，在我国新疆、辽宁等省区有分布，为外来有害物种。生于荒地、路边、湖边湿地、河滩、草地。

用途 毒莴苣的乳汁和叶具有药用价值，具有镇静、止痛和催眠作用。

花与果

茎叶

植株

306 | 无毛山尖子

Parasenecio hastatus (L.) H. Koyama var. *glaber* (Ledeb.) Y. L. Chen
菊科 Compositae
蟹甲草属 *Parasenecio*

别名 山尖菜、戟叶兔儿伞、无毛三尖子

形态特征 多年生草本，高 50～150 厘米。茎直立，不分枝，上部被密腺状短柔毛。下部叶在花期枯萎凋落，中部叶叶片三角状戟形，长 7～20 厘米，宽 13～19 厘米，顶端急尖或渐尖，基部戟形或微心形，沿叶柄下延成具狭翅的叶柄，边缘具不规则的细尖齿；上部叶渐小，基部裂片退化而呈三角形或近菱形；最上部叶和苞片披针形至线形；叶下面无毛或仅沿脉被疏短柔毛。头状花序多数，下垂，排列成塔状的狭圆锥花序；总苞圆柱形，总苞片 7～8，总苞片外面无毛或仅基部被微毛；花冠淡白色，檐部窄钟状。瘦果圆柱形，淡褐色，具肋；冠毛白色。花期 7～8 月，果期 9 月。

分布与生境 分布于我国东北三省及陕西、内蒙古、宁夏。生于林下、林缘、山坡、路旁等处。

用途 全草入药，有消肿生肌的功能，主治跌打损伤、刀伤。

植株 植株

307 | 黄瓜菜

Paraixeris denticulata (Houtt.) Nakai
菊科 Compositae
黄瓜菜属 *Paraixeris*

别名 苦荬菜

形态特征 一年生或二年生草本，高 30～120厘米。茎直立，无毛，上部或中部伞房花序状分枝。基生叶及下部茎叶花期枯萎脱落；中下部茎叶卵形、琴状卵形、椭圆形、长椭圆形或披针形，不分裂，顶端急尖或钝，有宽翼柄，基部圆形，耳部圆耳状扩大抱茎，边缘大锯齿或重锯齿或全缘；上部及最上部茎叶渐小，边缘大锯齿或重锯齿或全缘，无柄，基部耳状扩大抱茎；全部叶两面无毛。头状花序多数，排成伞房花序或伞房圆锥状花序；总苞圆柱状，总苞片 2 层；舌状小花黄色。瘦果长椭圆形，压扁，黑色或黑褐色；冠毛白色，糙毛状。花果期 8～10 月。

分布与生境 分布于我国东北、华北、西南地区，俄罗斯、蒙古、朝鲜、日本也有分布。生于山坡林下、林缘、田边。

用途 全草入药，有清热解毒、散瘀、止血的功能，主治肺痈、血淋、乳痈、疖肿、跌打损伤。

植株

花

植株

植株下部

花

308 | 日本毛连菜

Picris japonica Thunb.
菊科 Compositae
毛连菜属 *Picris*

别名 兴安毛连菜、枪刀菜

形态特征 多年生草本，高 30～120 厘米。茎直立，有纵沟纹，基部有时稍带紫红色，上部分枝，被钩状硬毛，硬毛黑色或黑绿色。基生叶花期枯萎脱落；下部茎叶倒披针形或椭圆状倒披针形，先端钝或急尖或渐尖，基部渐狭成有翼的柄，边缘有细尖齿或钝齿或边缘浅波状；中部叶披针形，无柄；上部茎叶渐小，线状披针形；全部叶两面被分叉的钩状硬毛。头状花序多数，排成伞房圆锥花序；总苞圆柱状钟形，总苞片 3 层，黑绿色，被黑色或近黑色的硬毛；舌状小花黄色。瘦果椭圆状，棕褐色；冠毛污白色，外层糙毛状，内层羽毛状。花果期 8～10 月。

分布与生境 分布于我国东北、西北、华北、西南地区，俄罗斯、日本也有分布。生于山坡草地、林缘、灌丛、河边、沟边。

用途 全草入药，有清热、消肿及止痛的功能，主治流感、乳痈。

309 | 多裂翅果菊

Pterocypsela laciniata (Houtt.) Shih
菊科 Compositae
翅果菊属 *Pterocypsela*

别名 山莴苣

形态特征 多年生草本，高达2米。根粗厚，分枝成萝卜状。茎单生，直立，上部圆锥状花序分枝，全部茎枝无毛。中下部茎叶全形倒披针形、椭圆形或长椭圆形，规则或不规则二回羽状深裂，无柄；向上的茎叶渐小，与中下部茎叶同形并等样分裂或不裂而为线形。头状花序多数，在茎枝顶端排成圆锥花序；总苞果期卵球形，总苞片4～5层，苞片顶端急尖或钝，边缘或上部边缘染红紫色；舌状小花黄色。瘦果椭圆形，压扁，棕黑色，边缘有宽翅；冠毛2层，白色。花果期8～10月。

分布与生境 我国除西北各地外，广为分布，俄罗斯、朝鲜、日本也有分布。生于山沟、路旁、林边、撂荒地、山坡、路旁、湖边湿地、河边。

用途 可作猪、羊、兔及家禽的青饲料。嫩茎叶可食。全草入药，有清热解毒、活血、止血的功能，主治疣瘤、咽喉肿痛、肠痈、疮疖肿毒、子宫颈炎、产后瘀血腹痛、崩漏、痔疮出血。

植株

花

茎叶

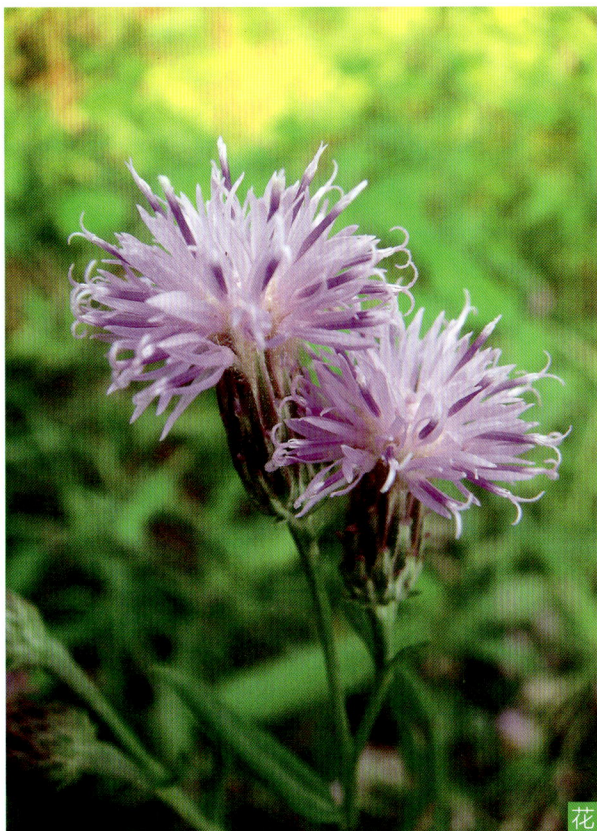
花

310 | 草地风毛菊

Saussurea amara (L.) DC.
菊科 Compositae
风毛菊属 *Saussurea*

别名 驴耳风毛菊、羊耳朵

形态特征 多年生草本，高 25 ～ 60 厘米。茎直立，疏被微毛。基生叶与下部茎叶有长或短柄，柄长 2 ～ 4 厘米；叶片披针状长椭圆形、椭圆形、长圆状椭圆形或长披针形，顶端钝或急尖，基部楔形渐狭，边缘通常全缘或有极少的钝而大的锯齿或波状浅齿；中上部茎叶渐小，有短柄或无柄，基部有时有小耳。头状花序，排成伞房圆锥花序；总苞钟状或圆柱形，总苞片 4 层，外层有细齿或 3 裂，中层与内层顶端有淡紫红色圆形附片；小花淡紫色。瘦果长圆形，有 4 肋；冠毛白色。花果期 7 ～ 10 月。

分布与生境 分布于我国东北、西北地区，俄罗斯及欧洲各国也有分布。生于荒地、湿草地、沙质地。

用途 全草入药，可治流感、瘟疫、麻疹、猩红热。

植株

植株

311 | 美花风毛菊

Saussurea pulchella (Fisch.) Fisch.
菊科 Compositae
风毛菊属 *Saussurea*

别名 球花风毛菊

形态特征 多年生草本，高 50～200 厘米。茎直立，上部有伞房状分枝，疏被毛。基生叶具长柄，叶片全形长圆形或椭圆形，羽状深裂或全裂，裂片线形或披针状线形，顶端长渐尖，边缘全缘或再分裂或有齿；下部与中部茎叶与基生叶同形并等样分裂；上部茎叶小，披针形或线形，无柄，羽状浅裂或不裂。头状花序多数，在茎枝顶端排成伞房花序或伞房圆锥花序；总苞球形或球状钟形，总苞片 6～7 层，顶端具圆形红色膜质附片；小花淡紫色。瘦果倒圆锥状，黄褐色；冠毛 2 层，淡褐色。花果期 8～10 月。

分布与生境 分布于我国东北、华北地区，俄罗斯、朝鲜、蒙古、日本也有分布。生于山坡、林缘、灌丛、沟边、路旁。

用途 全草入药，有祛风除湿、理气止痛的功能，可用于治疗风湿痹症、肝郁气滞、腹痛、腹泻。

花

幼株

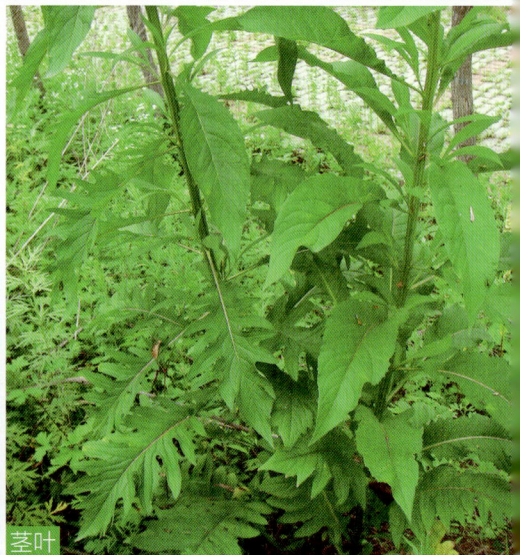

茎叶

312 | 鸦葱

Scorzonera austriaca Willd.
菊科 Compositae
鸦葱属 *Scorzonera*

花

别名 罗罗葱、谷罗葱、笔管草、老观笔

形态特征 多年生草本，高 10 ～ 42 厘米。根垂直直伸，黑褐色。茎多数，簇生，不分枝，直立，光滑无毛，茎基被稠密的棕褐色纤维状撕裂的鞘状残遗物。基生叶线形、披针形至广披针形，长 3 ～ 35 厘米，宽 0.2 ～ 2.5 厘米，顶端渐尖或钝，向下部渐狭成翼状柄，柄基鞘状，边缘平或稍见皱波状；茎生叶少数，2 ～ 3 枚，鳞片状，半抱茎。头状花序单生茎端；总苞圆柱状，总苞片约 5 层，外面光滑无毛；舌状小花黄色。瘦果圆柱状，有多数纵肋；冠毛淡黄色。花期 4 ～ 5 月，果期 5 ～ 6 月。

分布与生境 分布于我国东北、华北地区，俄罗斯、朝鲜及欧洲各国也有分布。生于山坡草地、林下、路旁、河滩地。

用途 全草入药，有清热解毒，活血消肿的功效；外用治疗疮、痈疽、毒蛇咬伤、蚊虫叮咬、乳腺炎。

植株

植株

花

313 | 桃叶鸦葱

Scorzonera sinensis Lipsch. et Krasch. ex Lipsch.
菊科 Compositae
鸦葱属 *Scorzonera*

别名 老虎嘴

形态特征 多年生草本，高 5 ～ 40 厘米。根垂直直伸，粗壮，褐色或黑褐色。茎直立，簇生或单生，不分枝，光滑无毛；茎基被稠密的纤维状撕裂的鞘状残遗物。基生叶披针形、倒披针形或线形，包括叶柄长 8 ～ 30 厘米，宽 0.3 ～ 5 厘米，顶端渐尖或钝，向基部渐狭成长或短柄，两面光滑无毛，离基 3 ～ 5 出脉；茎生叶少数，鳞片状，半抱茎或贴茎。头状花序单生茎顶；总苞圆柱状，总苞片约 5 层；舌状小花黄色。瘦果圆柱状，肉红色；冠毛污黄色。花果期 4 ～ 7 月。

分布与生境 分布于我国东北、华北地区。生于山坡、丘陵地、灌丛间。

用途 全草及根入药，有祛风除湿、理气活血、清热解毒、通乳消肿的功能，主治外感风热、疗毒恶疮、乳痈。嫩叶焯熟后可食。

花

植株

花

植株

植株

314 | 欧洲千里光

Senecio vulgaris L.
菊科 Compositae
千里光属 *Senecio*

别名 白顶草、北千里光

形态特征 一年生草本，高 10 ～ 45 厘米。茎单生，直立，多分枝，被疏蛛丝状毛至无毛。叶无柄，全形倒披针状匙形或长圆形，长 3 ～ 11 厘米，宽 0.5 ～ 2 厘米，顶端钝，羽状浅裂至深裂；下部叶基部渐狭成柄状；中部叶基部扩大且半抱茎，两面尤其下面多少被蛛丝状毛至无毛；上部叶较小，线形，具齿。头状花序，排列成顶生密集伞房花序；总苞钟状；无舌状花，管状花多数；花冠黄色，檐部漏斗状。瘦果圆柱形，沿肋有柔毛；冠毛白色。花期 4 ～ 10 月。

分布与生境 原产于欧洲，分布于我国东北、西北及西南地区，俄罗斯、朝鲜、日本也有分布。生于开阔山坡、湿草地及水边湿地。

用途 全草入药，有清热解毒的功能，主治小儿口疮、疔疮。

花序

315 | 钟苞麻花头

Serratula cupuliformis Nakai et Kitag.
菊科 Compositae
麻花头属 *Serratula*

形态特征 多年生草本，高 40～100 厘米。茎直立，单生，不分枝或上部少分枝。基部叶与下部茎叶有柄，叶片长椭圆形、倒披针形，长 6～13 厘米，宽 2～5 厘米，顶端渐尖，基部渐狭，边缘有锯齿或粗锯齿。头状花序单生茎顶或少数头状花序生茎枝顶端；总苞卵状，上部有收缢；总苞片约 10 层，覆瓦状排列；小花紫红色。成熟瘦果长圆状倒卵形，通常具 4 条肋；冠毛带土红色，刚毛锯齿状。花果期 6～9 月。

分布与生境 分布于我国东北三省及河北、山西、陕西，生于山坡、林间草地、河岸。

用途 可作蜜源植物。嫩茎叶适口性好，可作家畜的饲料。

植株

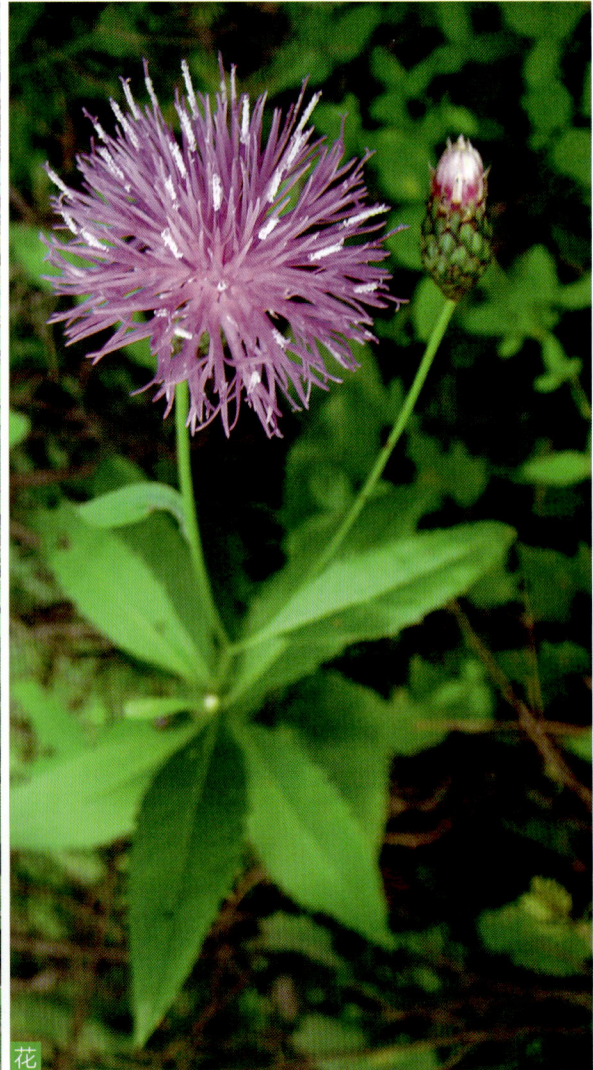
花

316 | 腺梗豨莶

Siegesbeckia pubescens Makino
菊科 Compositae
豨莶属 *Siegesbeckia*

别名 毛豨莶

形态特征 一年生草本，高 25 ～ 200 厘米。茎直立，粗壮，被开展的灰白色长柔毛和糙毛。基部叶卵状披针形，花期枯萎；中部叶卵圆形或卵形，开展，长 5 ～ 15 厘米，宽 3 ～ 10 厘米，基部宽楔形，下延成翼柄，先端渐尖，边缘有尖头状规则或不规则的粗齿；上部叶渐小，披针形或卵状披针形；全部叶基出三脉，两面被平伏短柔毛。头状花序，排列成松散的圆锥花序；花梗密生紫褐色头状具柄腺毛和长柔毛；总苞宽钟状，总苞片 2 层，背面密生紫褐色头状具柄腺毛；边花雌性，舌状，先端 2 ～ 3 齿裂，有时 5 齿裂；中央花两性，管状，冠檐钟状，先端 4 ～ 5 裂。瘦果倒卵圆形，4 棱，顶端有灰褐色环状突起。花期 6 ～ 8 月，果期 8 ～ 10 月。

分布与生境 分布于我国东北、华北、西北、西南地区，俄罗斯、朝鲜、日本也有分布。生于山坡、山谷林缘、河谷、溪边、河槽潮湿地、耕地边等处。

用途 全草入药，有通经络、清热解毒的功能，主治风湿痹症、骨节疼痛、四肢麻木、脚弱无力、中风手足不遂、痈肿疮毒、湿疹瘙痒等症。

植株

幼株

花

317 | 苣荬菜

Sonchus arvensis L.
菊科 Compositae
苦苣菜属 *Sonchus*

别名 荬菜、苣菜、曲麻菜

形态特征 多年生草本，高 30～150 厘米。茎直立，上部或顶部有伞房状花序分枝。基生叶与中下部茎叶全形倒披针形或长椭圆形，羽状或倒向羽状深裂、半裂或浅裂，长 6～24 厘米，宽 2～5 厘米，边缘有小锯齿或小尖头；上部茎叶及接花序分枝下部的叶披针形或线钻形，渐小；全部叶基部圆耳状扩大半抱茎。头状花序，排成伞房状花序；总苞钟状，总苞片 3 层；舌状小花黄色。瘦果稍压扁，长椭圆形，每面有 5 条细肋；冠毛白色，柔软。花果期 6～10 月。

分布与生境 分布于我国东北、华北、华南、西南地区，几乎遍布全球。生于田间、撂荒地、路旁、河滩、近水旁。

用途 嫩茎叶微苦，可作野菜食用。全草入药，有清热解毒、凉血止血的功能，主治疮疡肿毒、急性咽炎、痢疾、肺热、吐血、便血、尿血、血崩。

植株

花

幼株

植株

植株

318 | 花叶滇苦菜

Sonchus asper (L.) Hill
菊科 Compositae
苦苣菜属 *Sonchus*

别名 续断菊

形态特征 一年生草本，高 20 ～ 50 厘米。茎直立，有纵纹或纵棱，全部茎枝光滑无毛或上部及花梗被头状具柄的腺毛。基生叶与茎生叶同形，但较小；中下部茎叶长椭圆形或匙状椭圆形，包括渐狭的翼柄长 7 ～ 13 厘米，宽 2 ～ 5 厘米，顶端渐尖、急尖或钝，基部渐狭成短或较长的翼柄，耳状抱茎；上部茎叶披针形，不裂，圆耳状抱茎；全部叶及裂片与抱茎的圆耳边缘有尖齿刺，两面光滑无毛。头状花序，排成稠密的伞房花序；总苞宽钟状，总苞片 3 ～ 4 层，覆瓦状排列；舌状小花黄色。瘦果倒披针状，褐色，压扁，两面各有 3 条细纵肋；冠毛白色。花果期 7 ～ 10 月。

分布与生境 分布于我国东北、华北、西北地区，俄罗斯、哈萨克斯坦、乌兹别克斯坦、日本及欧洲、西亚各国也有分布。生于山坡、林缘及水边。

用途 可作为蜜源植物。

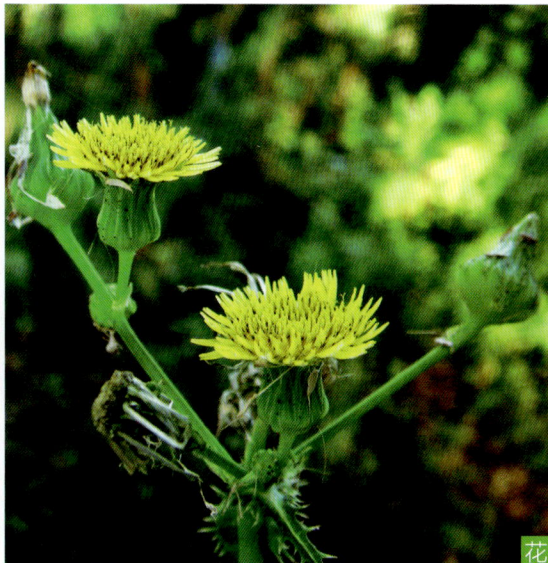
花

319 | 苦苣菜

Sonchus oleraceus L.
菊科 Compositae
苦苣菜属 *Sonchus*

别名 滇苦英菜、苦菜

形态特征 一年生或二年生草本，高 40～150 厘米。茎直立，单生，有纵条棱或条纹。基生叶羽状深裂，全形长椭圆形或倒披针形，或大头羽状深裂，全部基生叶基部渐狭成翼柄；中下部茎叶羽状深裂或大头状羽状深裂，长 3～12 厘米，宽 2～7 厘米，基部急狭成翼柄，柄基圆耳状抱茎，侧生裂片 1～5 对；下部茎叶或接花序分枝下方的叶与中下部茎叶同形；全部叶或裂片边缘及抱茎小耳边缘有大小不等的急尖锯齿或大锯齿，两面光滑无毛。头状花序，排成伞房花序；总苞宽钟状，总苞片 3～4 层，覆瓦状排列；舌状小花黄色。瘦果褐色，长椭圆形，压扁，每面各有 3 条细脉，肋间有横皱纹；冠毛白色。花果期 6～10 月。

分布与生境 分布于我国东北、华北、西北、西南、华南地区，几乎遍布全球。生于山坡、山谷林缘、林下、平地田间、空旷处或近水处。

用途 全草入药，有祛湿、清热解毒的功能，主治血淋、黄疸、痔疮、疔肿。春季嫩茎叶可食。可作猪、羊、兔和家禽的青饲料。

植株

花

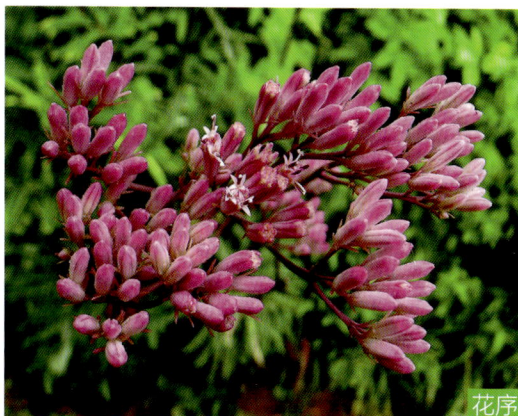
花序

320 | 兔儿伞

Syneilesis aconitifolia (Bunge) Maxim.
菊科 Compositae
兔儿伞属 *Syneilesis*

别名 一把伞、帽头菜、雨伞菜

形态特征 多年生草本，高 70 ～ 120 厘米。茎直立，无毛，具纵肋，下部紫褐色，不分枝。基生叶通常 1 枚，具长柄；叶片盾状圆形，直径 20 ～ 30 厘米，掌状深裂；裂片 7 ～ 9，每裂片再次 2 ～ 3 浅裂；小裂片线状披针形，边缘具不等长的锐齿，初时反折呈闭伞状，被密蛛丝状绒毛，后开展成伞状，变无毛；中部叶较小，裂片通常 4 ～ 5；其余的叶呈苞片状，披针形，向上渐小，无柄或具短柄。头状花序，在茎端密集成复伞房状；总苞筒状；总苞片 1 层，5 枚；花冠淡粉白色，檐部窄钟状，5 裂。瘦果圆柱形，具肋；冠毛污白色或变红色，糙毛状。花期 7 ～ 8 月，果期 8 ～ 9 月。

分布与生境 分布于我国东北、华北、华中及西北地区，俄罗斯、朝鲜、日本也有分布。生于山坡、灌丛、草地、林缘、路旁。

用途 根及全草入药，具祛风湿、舒筋活血、止痛之功效，可治腰腿疼痛、跌打损伤、肢体麻木等症。

植株

花序

幼株

植株

321 | 丹东蒲公英

Taraxacum antungense Kitag.
菊科 Compositae
蒲公英属 *Taraxacum*

别名 婆婆丁、蒲公英

形态特征 多年生草本，植株矮小。根木质化，单一。叶倒披针形，长5～21厘米，宽1.5～2厘米，羽状分裂或大头羽状分裂，基部下延至柄，呈狭翼，带紫红色，顶端裂片阔三角形，先端钝或尖，每侧裂片2～3片，三角状披针形，全缘或疏具小尖齿，倒向平展，下部羽轴有小裂片或小尖齿。花葶与叶近等长或长与叶，无毛；头状花序；总苞长13毫米，基部圆形，外层总苞片花期反卷，披针形，背部先端具乳头状纤毛，具极短的角状突起或无角状突起，内层总苞片线状披针形，先端增厚，具白色膜质边缘；舌状花淡黄色，边缘花舌片背面有紫色条纹。瘦果长圆状披针形，淡棕色，上部具刺状突起，下部光滑或具稀疏的小瘤，顶端逐渐收缩为长0.5毫米的喙基，喙长9毫米；冠毛白色。花果期6～7月。

分布与生境 分布于我国东北地区，俄罗斯、朝鲜也有分布。生于路边、荒地、湿草地、河边等处。

用途 春季可作野菜食用。全草供药用，功效同朝鲜蒲公英。

果实

花

花

植株

322 | 亚洲蒲公英

Taraxacum asiaticum Dahlst.
菊科 Compositae
蒲公英属 *Taraxacum*

别名 戟叶蒲公英、婆婆丁

形态特征 多年生草本。根颈部有暗褐色残存叶基。叶线形或狭披针形，长4～20厘米，宽3～9毫米，具波状齿，羽状浅裂至羽状深裂，顶裂片较大，戟形或狭戟形，两侧的小裂片狭尖，侧裂片三角状披针形至线形，裂片间常有缺刻或小裂片，无毛或被疏柔毛。花葶数个，与叶等长或长于叶，顶端光滑或被蛛丝状柔毛；头状花序；总苞基部卵形，外层总苞片宽卵形、卵形或卵状披针形，有明显的宽膜质边缘，先端有紫红色突起或较短的小角，内层总苞片线形或披针形，较外层总苞片长2～2.5倍，先端有紫色略钝突起或不明显的小角；舌状花黄色，稀白色，边缘花舌片背面有暗紫色条纹，柱头淡黄色或暗绿色。瘦果倒卵状披针形，麦秆黄色或褐色，上部有短刺状小瘤，顶端逐渐收缩为长1毫米的圆柱形喙基，喙长5～9毫米；冠毛污白色。花果期4～9月。

分布与生境 分布于我国东北地区，生于山坡、路旁及水湿地。

用途 春季可作野菜食用。全草药用，功效同朝鲜蒲公英。

植株

果实

花

323 | 朝鲜蒲公英

Taraxacum coreanum Nakai
菊科 Compositae
蒲公英属 *Taraxacum*

别名　白花蒲公英、婆婆丁

形态特征　多年生草本。叶基生，倒披针形，长5～15厘米，宽2～5厘米，先端锐尖，基部渐狭成柄，羽状浅裂至深裂，顶端裂片三角状戟形或三角形，先端尖，侧裂片狭三角形或线形，平展或倒向，全缘或常在裂片间夹有小裂片或齿。花葶数个，顶端幼时密被白色绵毛，后光滑；头状花序；总苞宽钟状，外层总苞片先端具明显角状突起，带红紫色，内层总苞片先端暗紫色，增厚或具小角状突起；舌状花白色。瘦果褐色，上部具刺状突起，中部以下具瘤状突起；冠毛白色。花果期5～6月。

分布与生境　分布于我国东北三省及内蒙古、河北，朝鲜也有分布。生于山坡向阳地或路旁。

用途　春季可作野菜食用。全草入药，有清热解毒、利湿的功能，主治疔毒疮肿、乳痈、肺痈、目赤肿痛、淋巴结核、急性扁桃体炎、肝炎、胆囊炎。

花

植株

花

花

324 | 蒲公英

Taraxacum mongolicum Hand. – Mazz.
菊科 Compositae
蒲公英属 *Taraxacum*

别名 蒙古蒲公英、辽东蒲公英、婆婆丁

形态特征 多年生草本。根圆柱状，黑褐色，粗壮。叶倒卵状披针形，长4～20厘米，宽1～5厘米，先端钝或急尖，边缘有时具波状齿或羽状深裂，有时倒向羽状深裂或大头羽状深裂，顶端裂片较大，三角形或三角状戟形，基部渐狭成叶柄，疏被蛛丝状白色柔毛。花葶上部紫红色，密被蛛丝状白色长柔毛；头状花序；总苞钟状，总苞片2～3层，先端具小角状突起；舌状花黄色。瘦果倒卵状披针形，暗褐色，上部具小刺，下部具成行排列的小瘤，喙长6～10毫米；冠毛白色。花期4～9月，果期5～10月。

分布与生境 分布于我国东北、华北、西北、西南地区，俄罗斯、蒙古、朝鲜也有分布。生于山坡草地、路旁、河滩。

用途 全草供药用，功效同朝鲜蒲公英。春季可作野菜食用。

植株

果实

325 | 狗舌草

Tephroseris kirilowii (Turcz. ex DC.) Holub
菊科 Compositae
狗舌草属 *Tephroseris*

别名 狗舌头草

形态特征 多年生草本，高 20～60 厘米，全株密被白色蛛丝状毛。茎单生，直立。基生叶数个，莲座状，具短柄，长圆形或卵状长圆形，长 5～10 厘米，宽 1～2 厘米，顶端钝，具小尖，基部渐狭成翼柄；茎叶少数，向茎上部渐小，下部叶倒披针形，长 4～8 厘米，宽 0.5～1.5 厘米，无柄，基部半抱茎；上部叶小，披针形，苞片状。头状花序，排列成伞房花序；总苞近圆柱状钟形，总苞片 1 层；舌状花黄色，顶端钝，具 3 细齿，管状花多数，花冠黄色，檐部漏斗状。瘦果圆柱形，密被硬毛；冠毛白色。花期 5～6 月，果期 6～7 月。

分布与生境 分布于我国东北、华北、西北、西南、华南地区，俄罗斯、朝鲜、日本也有分布。生于河岸湿草地、沟边、林下。

用途 全草入药，有清热、解毒、利尿的功能，主治肺脓疡、肾炎水肿、小便不利、白血病、口腔炎、疖肿等。

植株

植株

326 | 江浙狗舌草

Tephroseris pierotii (Miq.) Holub
菊科 Compositae
狗舌草属 *Tephroseris*

别名 河滨千里光

形态特征 根状茎草本，高 50～80 厘米，仅植株上部疏被白色蛛丝状毛。茎单生，直立，较粗壮。基生叶数个，莲座状，具长柄，在花期通常生存，长圆形、狭长圆形或披针形，长 12～20 厘米，宽 1.5～3 厘米，顶端钝至稍尖，基部楔形，或渐狭成叶柄，边缘具有小尖头齿，初时两面被白色蛛丝状绒毛，后多少脱毛；茎叶较多数，无柄，下部叶长圆至披针形，基部半抱茎，上部茎叶渐小，披针形至线形，渐尖，基部宽半抱茎，最上部叶苞片状，被白色蛛丝状绒毛。头状花序，排成伞房花序；总苞半球形，总苞片 1 层；舌状花黄色，顶端钝，具 3 细齿，管状花花冠黄色。瘦果圆柱形，无毛；冠毛白色。花期 5～7 月，果期 6～8 月。

分布与生境 主要分布于我国江浙一带，东北地区也有分布，朝鲜、日本也有分布。生于湿草地、沼泽。

用途 全草入药，有清热解毒、利尿的功效。花色艳丽，可用作园林观赏植物。

植株

花序

327 长喙婆罗门参

Tragopogon dubius Scop.
菊科 Compositae
婆罗门参属 *Tragopogon*

形态特征 二年生草本，高 30~60 厘米。根圆锥形。茎单一或少分枝。基生叶丛生，线形或披针状线形；茎下部叶及中部叶长 8~20 厘米，宽 6~18 毫米，基部扩展，半抱茎，向上突然收缩延伸成披针形或线形叶片；茎上部叶较短，先端长渐尖或渐尖。花序梗长，中空，在头状花序下增粗，果期可增至 6~10 毫米；头状花序大；总苞片 2 层，线状披针形，明显超出花；花淡黄色，舌状。瘦果长圆形，稍弯曲，淡黄褐色，具纵肋，上密被鳞片状小疣，具长喙；冠毛污白色或带黄色，长 2.5 厘米。花期 5~8 月，果期 6~9 月。

分布与生境 原产于欧洲，分布于我国东北南部地区。生于山坡、沟边、路旁。

用途 花大、艳丽，可用作园林观赏植物。

植株

花

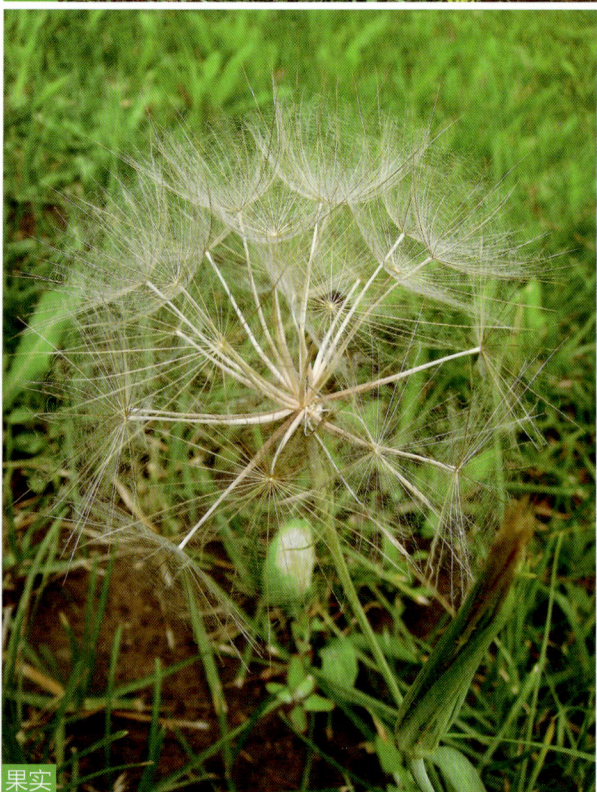
果实

328 | 东北三肋果

Tripleurospermum tetragonospermum (F. Schmidt) Pobed.
菊科 Compositae
三肋果属 *Tripleurospermum*

别名 褐苞三肋果、褐苞母菊

形态特征 一年生草本，高 20～50 厘米。茎直立，具条纹，上部疏生短柔毛，下部无毛。下部和中部叶倒披针状矩圆形或矩圆形，长 5～15 厘米，宽 2～5 厘米，二至三回羽状全裂，无叶柄，基部宽，抱茎，末回裂片全为条状丝形；上部叶向上渐变小。头状花序；总苞半球形，总苞片约 4 层，覆瓦状排列；舌状花舌片白色，顶端具 3 钝齿，管状花黄色。瘦果矩圆状三棱形，淡褐色，腹面有 3 肋；冠状冠毛白色膜质。花果期 6～8 月。

分布与生境 分布于我国东北地区，俄罗斯、日本也有分布。生于河岸沙地、路旁空地、荒草地。

用途 花色艳丽，可用作园林观赏植物及蜜源植物。

植株

幼株

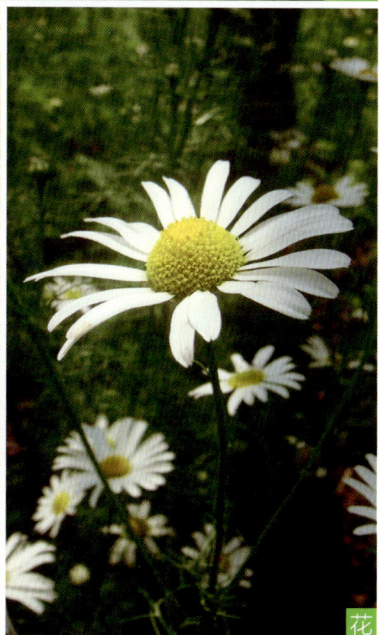

花

329 | 意大利苍耳

Xanthinm italicum Moretti
菊科 Compositae
苍耳属 *Xanthium*

别名 大苍耳、洋苍耳

形态特征 一年生草本,高20～200厘米。茎直立,有脊,粗糙具毛,通常分支较多,有黑紫色斑点。叶单生,低部叶常于节部近于对生,高位叶互生;叶片三角状卵形至宽卵形,常呈现有3～5浅裂,长10～14厘米,宽10～15厘米,三主脉突出,边缘锯齿状到浅裂,表面有粗糙软毛。花小,绿色,头状花序单性同株;雄花聚成短的穗状或者总状花序;雌花序生于雄花序下方叶腋中,生2花。瘦果包于总苞,总苞椭圆形,中部粗,棕色至棕褐色;果实表面密布独特的毛、具柄腺体、直立粗大的倒钩刺,刺和体表无毛或者具有稀少腺毛;顶端具有2条内弯的喙状粗刺,基部具有收缩的总苞柄。花期7～8月,果期8～9月。

分布与生境 本种原产于北美洲,后传至欧洲、亚洲、大洋洲和南美洲各国。生于荒草地、沟渠旁、路旁。

用途 本种生长很快,对部分农作物危害较为严重。幼苗有毒,不可作为饲料。

植株

果实

植株

植株

植株

330 | 苍耳

Xanthium sibiricum Patrin ex Widder
菊科 Compositae
苍耳属 *Xanthium*

菊科

别名 粘头婆、苍耳子、老苍子

形态特征 一年生草本，高达1米，全株被白色短糙伏毛。根纺锤状，分枝或不分枝。茎直立，上部有纵沟。叶三角状卵形或心形，长4～9厘米，宽5～10厘米，近全缘，或有3～5不明显浅裂，边缘有不规则的粗锯齿，有三基出脉，侧脉弧形，直达叶缘。雄性的头状花序球形，花冠钟形，管部上端有5宽裂片；雌性的头状花序椭圆形，内层总苞片结合成囊状，在瘦果成熟时变坚硬，外面有疏生的具钩状的刺，刺极细而直。瘦果2，倒卵形。花期7～8月，果期9～10月。

分布与生境 分布于我国各地，俄罗斯、伊朗、印度、朝鲜、日本也有分布。生于田间、路旁、荒山坡、撂荒地。

用途 为一种常见的田间杂草。种子可榨油，苍耳子油与桐油的性质相仿，可掺和桐油制油漆，也可作油墨、肥皂、油毡的原料；又可制硬化油及润滑油。果实有小毒，果实供药用，有散风除湿、通窍止痛的功能，主治风寒头痛、鼻渊、风湿痹痛、四肢挛痛、疥癞等症；叶入药，有祛风、散热、除湿、解毒的功能，主治感冒、头晕、鼻渊、目赤、疔疮、疥癣。根入药，主治疔疮、痈疽、丹毒、尾炎、宫颈炎、肾炎水肿、乳糜尿、风湿骨痛等症。苍耳幼苗有剧毒，切勿采食。

331 | 东方泽泻

Alisma orientale (Samuel.) Juz.
泽泻科 Alismataceae
泽泻属 *Alisma*

别名 泽泻、水车前、车古菜

形态特征 多年生水生或沼生草本。叶基生，宽披针形、椭圆形，长 3～18 厘米，宽 1～9 厘米，先端渐尖，基部近圆形或浅心形，叶脉 5～7 条，叶柄较粗壮，基部渐宽，边缘窄膜质。花葶高 35～90 厘米，或更高；花轮生呈伞形状，再集生成大型圆锥花序；花被片 6，外轮 3 片，卵形，萼片状，内轮 3 片，近圆形，白色、淡红色；雄蕊 6；花柱直立。瘦果椭圆形，背部具 1～2 条浅沟。种子紫红色。花果期 5～9 月。

分布与生境 分布于我国各地，俄罗斯、蒙古、日本也有分布。生于湖泊、水塘、沟渠、沼泽中。

用途 块茎入药，主治肾炎水肿、肾盂肾炎、肠炎泄泻、小便不利等症。

植株

植株

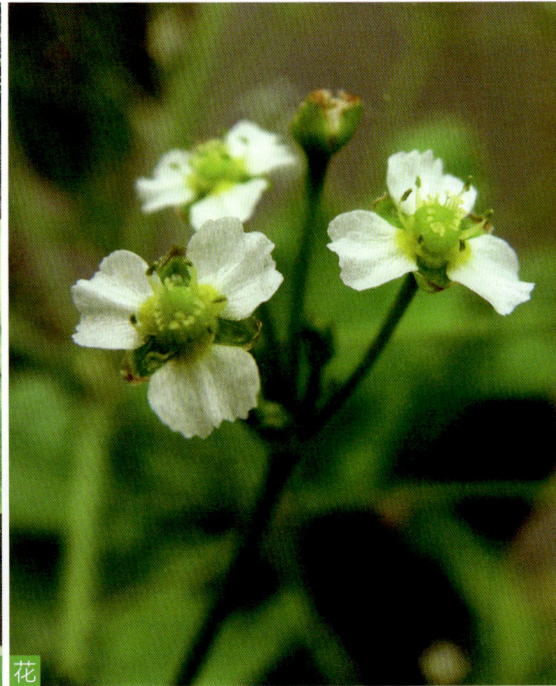

花

332 野慈姑

Sagittaria trifolia L.
泽泻科 Alismataceae
慈姑属 *Sagittaria*

别名 慈姑、矮慈姑、茨姑

形态特征 多年生水生或沼生草本，高达80厘米。根状茎横走，较粗壮。叶箭形，叶片长短、宽窄变异很大，通常顶裂片短于侧裂片；叶柄基部渐宽，鞘状。花葶直立，挺水；花序总状或圆锥状，具分枝1～2枚，具花多轮，每轮2～3花；苞片3枚；花单性；花被片反折，内轮花被片白色或淡黄色。瘦果两侧压扁，倒卵形，具翅，背翅多少不整齐；果喙短，自腹侧斜上。种子褐色。花果期7～9月。

分布与生境 除西藏等少数地区未见到标本外，几乎全国各地均有分布。生于湖泊、池塘、沼泽、沟渠、水田等水域。

用途 球茎含淀粉，可食用或酿酒。球茎入药，主治毒蛇咬伤、痈肿疮毒、产后血闷、胎衣不下、淋病、咳嗽痰血、狂犬咬伤等症。可用于水边湿地绿化。

植株

花

植株

333 | 剪刀草

Sagittaria trifolia L. f. *longiloba* (Turcz.)
Makino
泽泻科 Alismataceae
慈姑属 *Sagittaria*

别名 慈姑、三裂慈姑

形态特征 多年生水生或沼生草本，高达60厘米，植株细弱。匍匐根状茎末端通常不膨大呈球形。叶片明显窄小，呈飞燕状，全长约15厘米，或更长，顶裂片与侧裂片宽约0.5～3厘米；叶柄基部渐宽，鞘状。花葶直立，挺水；花序总状，通常具雌花1～3轮，稀圆锥花序；苞片3枚；花被片反折，内轮花被片白色。瘦果两侧压扁，倒卵形，具翅，背翅多少不整齐；果喙短，自腹侧斜上。种子褐色。花果期7～9月。

分布与生境 分布于我国东北、华北、西北、华东、华中、华南各地及西南部分省区。生于平原、丘陵或山地的湖泊、沼泽、沟渠、水塘、稻田等水域的浅水处。

用途 可作家畜、家禽饲料。也常用于花卉观赏。

植株

花序

334 花蔺
Butomus umbellatus L.
花蔺科 Butomaceae
花蔺属 *Butomus*

别名 猪尾巴菜、蒲子莲

形态特征 多年生水生草本，通常成丛生长。根茎横走或斜向生长，节生须根多数。叶基生，长 30 ～ 120 厘米，宽 3 ～ 10 毫米，无柄，先端渐尖，基部扩大成鞘状，鞘缘膜质。花葶圆柱形，长约 70 厘米；伞形花序，花序基部 3 枚苞片卵形，先端渐尖；花柄长 4 ～ 10 厘米；花被片外轮较小，萼片状，绿色而稍带红色，内轮较大，花瓣状，粉红色；雄蕊花丝扁平，基部较宽；雌蕊柱头纵折状向外弯曲。蓇葖果成熟时沿腹缝线开裂，顶端具长喙。种子多数，细小。花果期 7 ～ 9 月。

分布与生境 分布于我国东北、华北、华东、西北地区，欧洲各国也有分布。生于湖泊、水塘、沟渠的浅水中或沼泽里。

用途 根状茎含淀粉，可供酿酒等用。也常栽植水边，用于观赏。

植株

花序

335 | 水鳖

Hydrocharis dubia (Bl.) Backer
水鳖科 Hydrocharitaceae
水鳖属 *Hydrocharis*

别名 马尿花、芣菜

形态特征 多年生浮水草本。匍匐茎发达。叶簇生，多漂浮，有时伸出水面；叶片心形或圆形，长 4.5～5 厘米，宽 5～5.5 厘米，先端圆，基部心形，全缘，上面深绿色，下面微带红紫色，有蜂窝状贮气组织，当叶挺出水面后常消失；叶脉 5 条，稀 7 条。花单性；雄花序腋生，2～3 朵，佛焰苞 2 枚，萼片 3，花瓣 3，白色；雌佛焰苞小，苞内雌花 1 朵，花大，萼片 3，花瓣 3，白色，基部黄色，退化雄蕊 6 枚，腺体 3 枚，花柱 6，子房下位，不完全 6 室。果实浆果状，球形至倒卵形，具数条沟纹。种子多数，椭圆形，顶端渐尖；种皮上有许多毛状凸起。花果期 8～10 月。

分布与生境 分布于我国东北、华北、西南、华南地区，大洋洲和亚洲其他国家也有分布。生于静水沼泽、池塘中。

用途 可作饲料及用于沤绿肥；幼叶柄作蔬菜。

植株

植株

336 | 黑藻

Hydrilla verticillata (L. f.) Royle
水鳖科 Hydrocharitaceae
黑藻属 *Hydrilla*

别名 水王孙

形态特征 多年生沉水草本。茎圆柱形，质较脆。叶3～8枚轮生，线形或长条形，长7～17毫米，宽1～1.8毫米，常具紫红色或黑色小斑点，先端锐尖，边缘锯齿明显，无柄，具腋生小鳞片。花单性，雌雄同株或异株；雄佛焰苞近球形，绿色，顶端具刺凸，雄花萼片3，白色，花瓣3，白色或粉红色，雄蕊3，2～4室；雌佛焰苞管状，绿色，苞内雌花1朵，萼片3，花瓣3。果实圆柱形，表面常有2～9个刺状凸起。种子茶褐色，两端尖。花期7～8月，果期8月。

分布与生境 分布于我国各地，欧洲、非洲、大洋洲及亚洲其他国家也有分布。生于池塘、沼泽、河流、湖泊中。

用途 全草入药，主治疮疡肿毒。可作浅水、室内水体绿化或水族箱内的沉水观赏植物。

植株

植株

337│菹草

Potamogeton crispus L.
眼子菜科 Potamogetonaceae
眼子菜属 *Potamogeton*

别名 虾藻、虾草

形态特征 多年生沉水草本，具近圆柱形的根茎。茎稍扁，多分枝。叶条形，无柄，长 3～8 厘米，宽 3～10 毫米，先端钝圆，基部约 1 毫米与托叶合生，但不形成叶鞘，叶缘多少呈浅波状，具疏或稍密的细锯齿；叶脉 3～5 条，平行；托叶薄膜质，早落；休眠芽腋生，略似松果。穗状花序顶生，具花 2～4 轮；花小，被片 4，淡绿色，雌蕊 4 枚，基部合生。果实卵形，果喙长可达 2 毫米，向后稍弯曲，背脊具齿牙。花果期 5～7 月。

分布与生境 分布于我国南北各地，为世界广布种。生于池沼、水田、水沟、河流中。

用途 本种为草食性鱼类的良好天然饵料，我国一些地区选其为囤水田养鱼的草种。全草入药，有清热解毒、利尿、消积的功能，主治急性结膜炎、黄疸、水肿、白带、小儿疳积、蛔虫病；外用治痈疖肿毒。

植株

植株

338 | 眼子菜

Potamogeton distinctus A. Benn.
眼子菜科 Potamogetonaceae
眼子菜属 *Potamogeton*

别名 鸭子草

形态特征 多年生水生草本。根茎发达，白色，多分枝。茎圆柱形，通常不分枝。叶两型，浮水叶革质，披针形、宽披针形至卵状披针形，长2～10厘米，宽1～4厘米，具5～20厘米长的柄；沉水叶披针形至狭披针形，草质，具柄，常早落；托叶膜质，呈鞘状抱茎。穗状花序顶生，开花时伸出水面，花后沉没水中；花小，花被片4，绿色；雌蕊2枚。果实宽倒卵形，背部明显3脊，基部及上部各具2凸起，喙略下陷而斜伸。花果期6～8月。

分布与生境 广布于我国各地，俄罗斯、朝鲜、日本也有分布。生于池塘、水田、水沟及河流中。

用途 本种为常见水田杂草。全草入药，有清热解毒、利尿、消积的功能，主治急性结膜炎、黄疸、水肿、白带、小儿疳积、蛔虫病；外用治痈疖肿毒。

花序

果实

植株

339 | 尖叶眼子菜

Potamogeton oxyphyllus Miq.
眼子菜科 Potamogetonaceae
眼子菜属 *Potamogeton*

别名 线叶藻

形态特征 多年生沉水草本，无根茎。茎近圆柱形，具分枝，淡黄色，纤长。叶线形，无柄，长 3～10 厘米，宽 1.5～3 毫米，常微弯曲而呈镰状，先端渐尖，基部渐狭，全缘；托叶膜质，与叶离生，常早萎，纤维状宿存。穗状花序顶生，具花 3～4 轮；花序梗自下而上稍膨大成棒状；花小，被片绿色；雌蕊 4 枚。果实倒卵形，背部 3 脊。花果期 6～10 月。

分布与生境 分布于我国东北、华北、西北、华东、华南地区，俄罗斯、日本、朝鲜也有分布。生于池塘、沟渠、湖泊中。

用途 可用作浅水绿化植物。

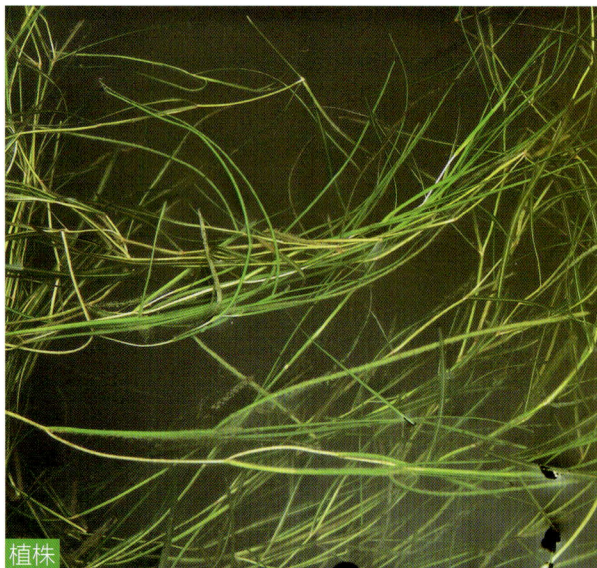
植株

植株

植株

花序

340 | 篦齿眼子菜

Potamogeton pectinatus L.
眼子菜科 Potamogetonaceae
眼子菜属 *Potamogeton*

别名 龙须眼子菜、红线儿菹

形态特征 多年生沉水草本。根茎发达，白色，具分枝。茎长 50～200 厘米，近圆柱形，纤细，下部分枝稀疏，上部分枝稍密集。叶线形，长2～10 厘米，宽 0.3～1 毫米，先端渐尖或急尖，基部与托叶贴生成鞘；鞘绿色，边缘叠压而抱茎；叶脉 3 条，平行。穗状花序顶生，具花 4～7 轮；花序梗细长，与茎近等粗；花被片 4；雌蕊 4 枚。果实倒卵形，顶端具短喙，背部钝圆。花果期 6～8 月。

分布与生境 分布于我国南北各地，全球广布。生于河沟、水渠、池塘、湖泊、沼泽。

用途 全草可入药，性凉味微苦，有清热解毒之功效；治肺炎、疮疖。

植株

341 | 竹叶眼子菜

Potamogeton wrightii Morong
眼子菜科 Potamogetonaceae
眼子菜属 *Potamogeton*

别名 箬叶藻、马来眼子菜

形态特征 多年生沉水草本。根茎发达，白色，节处生有须根。茎圆柱形，不分枝或具少数分枝。叶条形或条状披针形，具长柄，稀短于 2 厘米；叶片长 5～19 厘米，宽 1～2.5 厘米，先端钝圆而具小凸尖，基部钝圆或楔形，边缘浅波状，有细微的锯齿；托叶近膜质，无色或淡绿色，与叶片离生，鞘状抱茎。穗状花序顶生；花序梗膨大，稍粗于茎；花小，被片 4，绿色；雌蕊 4 枚，离生。果实倒卵形，两侧稍扁，背部明显 3 脊，中脊狭翅状，侧脊锐。花果期 6～9 月。

分布与生境 分布于我国南北各地，俄罗斯、朝鲜、日本、印度及东南亚各国也有分布。生于河流、池塘、灌渠区、湖泊等水体中。

用途 全草入药，有清热解毒、利尿、消积的功能，主治急性结膜炎、黄疸、水肿、白带、小儿疳积、蛔虫病；外用治痈疖肿毒。可用作浅水绿化植物。

植株

植株

植株

342 | 纤细茨藻

Najas gracillima (A. Br.) Magnus
茨藻科 Najadaceae
茨藻属 *Najas*

别名 草茨藻、细叶刺藻

形态特征 一年生沉水草本。植株纤细，易碎，呈黄绿色至深绿色，基部节生有不定根，株高10～20厘米。茎圆柱形；分枝多，呈二叉状。叶多为5叶假轮生，无柄；叶片狭线形至刚毛状，长约2厘米，宽约0.5毫米，上部边缘每侧具极小的刺状细齿。花单性；雄花黄绿色，具1佛焰苞和1花被，雄蕊1枚；雌花显著，雌蕊1枚，柱头2裂。瘦果褐色，长椭圆形。花果期7～9月。

分布与生境 分布于我国东北、西南、华南地区，俄罗斯、朝鲜、日本及美洲各国也有分布。生于水沟、池塘、水田。

用途 可用作浅水绿化植物。

植株 植株

343 | 薤白

Allium macrostemon Bunge
百合科 Liliaceae
葱属 *Allium*

花序

别名 小根蒜，密花小根蒜

形态特征 多年生草本。鳞茎近球状，直径达2厘米，基部常具小鳞茎，外皮灰黑色，纸质或膜质，不破裂。叶3～5枚，半圆柱状或三棱状半圆柱形，中空，比花葶短。花葶圆柱状，高30～70厘米；总苞2裂；伞形花序半球状至球状，具多而密集的花，或间具珠芽或有时全为珠芽；珠芽暗紫色，基部具小苞片；花淡紫色或淡红色；花被片6，二轮排列，外轮花被片矩圆状卵形至矩圆状披针形，内轮的常较狭；雄蕊6；子房近球状；花柱伸出花被外。花期5～6月，果期8～9月。

分布与生境 除新疆、青海外，我国其他各地均有分布，俄罗斯、朝鲜、日本也有分布。生于田地、草地、山坡、河沟岸坡等处。

用途 本种植物的鳞茎供药用，为健胃理肠药，有理气、宽胸、散结、祛痰之效，并可治痢疾、慢性支气管炎、慢性胃炎等；外用治火伤。东北称"小根蒜"，作蔬菜或腌制酱菜食用。

植株

鳞茎

植株

植株

344 | 南玉带

Asparagus oligoclonos Maxim.
百合科 Liliaceae
天门冬属 *Asparagus*

形态特征 多年生草本，高40～80厘米。根粗稍肉质，粗2～3毫米。茎平滑或稍具条纹，坚挺，上部不俯垂；分枝具条纹，稍坚挺，有时嫩枝疏生软骨质齿。叶状枝通常5～12枚成簇，近扁的圆柱形，略有钝棱，伸直或稍弧曲，长1～3厘米。鳞片状叶基部通常距不明显或有短距，极少具短刺。花1～2朵腋生，单性，雌雄异株，黄绿色；花梗长1.5～2厘米，关节位于近中部或上部；雄花花被片6，雄蕊6；雌花较小，花被片6。浆果球形，熟时红色，渐变黑色。花期5～6月，果期7～8月。

分布与生境 分布于我国东北三省及内蒙古、河北、山东、河南，俄罗斯、朝鲜、日本也有分布。生于林下、山沟、草原或潮湿地上。

用途 全草入药，有清热解毒、止咳平喘、利尿的功能。春季嫩苗可食。

植株

花

345 | 龙须菜

Asparagus schoberioides Kunth.
百合科 Liliaceae
天门冬属 *Asparagus*

别名 雉隐天冬

形态特征 多年生草本，高可达1米。茎直立，上部和分枝具纵棱，分枝有时有极狭的翅。叶状枝通常每3～4枚成簇，窄条形，镰刀状，基部近锐三棱形，上部扁平，长1～4厘米，宽0.7～1毫米。鳞片状叶近披针形，基部无刺。花每2～4朵腋生，单性，雌雄异株，黄绿色；花梗极短，长约0.5～1毫米；雄花花被片6，雄蕊6，3长3短；雌花和雄花近等大。浆果球形，熟时红色，后转为黑色，具1～2颗种子。花期5～6月，果期8～9月。

分布与生境 分布于我国东北、华北、西北地区，俄罗斯、朝鲜、日本也有分布。生于林下或草坡上。

用途 全草入药，有滋阴止血的功能，主治肺络灼伤之咯血、瘰结热气、利尿。幼苗可作野菜食用。

幼株

植株

植株

花

346 | 宝珠草

Disporum viridescens (Maxim.) Nakai
百合科 Liliaceae
万寿竹属 *Disporum*

别名 绿宝铎草

形态特征 多年生草本，高 30～80 厘米。根状茎短，通常有长匍匐茎；根多而较细。茎直立，有时分枝。叶椭圆形至卵状矩圆形，长 5～12 厘米，宽 2～5 厘米，先端短渐尖或有短尖头，基部收狭成短柄或近无柄。花淡绿色，1～2 朵生于茎或枝的顶端；花被片 6，开展，矩圆状披针形，脉纹明显，先端尖，基部囊状；雄蕊 6；柱头 3 裂，向外弯卷。浆果球形，黑色。种子红褐色。花期 5～6 月，果期 7～9 月。

分布与生境 分布于我国东北三省，俄罗斯、朝鲜、日本也有分布。生于林下或山坡草地。

用途 根入药，有清肺止咳、健胃和胃的功能，主治肺热咳嗽、干咳无痰、咽痒、咽干、食积腹胀等症。

植株

果实

植株

351

347 | 大花百合

Lilium concolor Salisb. var. *megalanthum*
Wang et Tang
百合科 Liliaceae
百合属 *Lilium*

别名 黄花有斑百合、山丹

形态特征 多年生草本，高达 1 米。鳞茎卵球形，鳞片卵形或卵状披针形，白色，鳞茎上方茎上有根。茎直立，少数近基部带紫色，有小乳头状突起。叶散生，条形，长 3.5～7 厘米，宽 5～10 毫米，边缘有小乳头状突起，两面无毛。花 1～5 朵排成近伞形或总状花序；花冠星状开展，深红色，无斑点，有光泽；花被片较长，长 5～5.2 厘米，宽 8～14 毫米，有紫色斑点；雄蕊 6，向中心靠拢；子房圆柱形，柱头稍膨大。蒴果矩圆形，顶端凹，基部具柄。花期 6～7 月，果期 8～9 月。

分布与生境 分布于我国东北、华北、西北地区。生于山坡草丛、路旁、灌木林下、湿草甸。

用途 鳞茎含淀粉，可食，也可酿酒。花美丽，可供观赏。鳞茎可供药用，有滋补强壮、润肺止咳、清心安神的功效。

植株

花 花序

348 | 有斑百合

Lilium concolor Salisb. var. *pulchellum*
(Fisch.) Regel
百合科 Liliaceae
百合属 *Lilium*

别名 山丹

形态特征 多年生草本，高达 30～80 厘米。鳞茎卵球形，鳞片卵形或卵状披针形，白色，鳞茎上方茎上有根。茎直立，有小乳头状突起。叶散生，条形，长 3.5～7 厘米，宽 3～6 毫米，边缘有小乳头状突起，两面无毛。花 1～5 朵排成近伞形或总状花序；花冠星状开展，深红色；花被片长 2.5～4 厘米，宽 4～7 毫米，有斑点；雄蕊 6，向中心靠拢；子房圆柱形，柱头稍膨大。蒴果矩圆形，顶端凹，基部具柄。花期 6～7 月，果期 8～9 月。

分布与生境 分布于我国东北、华北地区。生于草甸、山坡、湿草地、灌丛间及疏林下。

用途 鳞茎含淀粉，可食，可也酿酒。花美丽，可供观赏。鳞茎可供药用，有滋补强壮、润肺止咳、清心安神的功效。

植株

花

植株

植株

花

349 | 卷丹

Lilium tigrinum Ker Gawler
百合科 Liliaceae
百合属 *Lilium*

别名 药百合、虎皮百合

形态特征 多年生草本，高达 1.5 米。地下鳞茎近宽球形，鳞片宽卵形，白色。茎直立，带紫色条纹，具白色绵毛。叶散生，矩圆状披针形或披针形，两面近无毛，先端有白毛，边缘有乳头状突起，上部叶腋有珠芽，珠芽老时变为黑色。花 3～6 朵或更多排成总状花序；苞片叶状，卵状披针形，有白绵毛；花梗有时紫色，有白色绵毛；花下垂，花被片披针形，反卷，橙红色，有紫黑色斑点；内轮花被片蜜腺两边有乳头状突起及流苏状突起。蒴果狭长卵形。花期 7～8 月，果期 9～10 月。

分布与生境 分布于我国东北、华北、西北、华东、华中、华南、西南地区，朝鲜、日本也有分布。生于山坡、林缘、草地或水旁。

用途 鳞茎含淀粉，可食。鳞茎可供药用，有滋补强壮、润肺止咳、清心安神的功能，主治肺痨咳嗽、咳痰、热病后余热未清、虚烦惊悸、神志恍惚等症。花美丽，可供观赏。

350 | 鹿药

Maianthemum japonicum (A. Gray) La
Frankie
百合科 Liliaceae
舞鹤草属 *Maianthemum*

别名 山糜子、九层楼

形态特征 多年生草本，植株高 20～40 厘米。
根状茎横走，圆柱状，有时具膨大结节。茎直
立，中部以上或仅上部具粗伏毛。叶互生，4～9
枚，卵状椭圆形、椭圆形或矩圆形，先端近短渐
尖，两面疏生粗毛或近无毛，具短柄。圆锥花序
具 10～20 余朵花；花单生，白色；花被片 6，
分离或仅基部稍合生；雄蕊 6；柱头几乎不分裂。
浆果近球形，熟时红色，具 1～2 粒种子。花期
5～6 月，果期 8～9 月。

分布与生境 分布于我国东北、华北、西北、
华东、华中、西南地区，俄罗斯、朝鲜、日本也
有分布。生于林下阴湿处或岩缝中。

用途 根茎和根入药，有补气益肾、祛风除湿、
活血调经的功能，主治风湿骨痛、神经性头痛、
虚痨、阳痿、月经不调；外用治乳腺炎、痈疖肿
毒、跌打损伤。

花序

植株

351 | 玉竹
Polygonatum odoratum (Mill.) Druce
百合科 Liliaceae
黄精属 *Polygonatum*

别名 地管子、尾参、铃铛菜

形态特征 多年生草本，高 20 ～ 50 厘米。根状茎圆柱形，直径 5 ～ 14 毫米。茎单一，具棱角，上部多少外倾。叶互生，7 ～ 12 枚，椭圆形至卵状矩圆形，长 5 ～ 12 厘米，宽 3 ～ 6 厘米，先端尖，下面带灰白色，下面脉上平滑至呈乳头状粗糙。花序具 1 ～ 4 花生于叶腋，花梗下垂；花被黄绿色至白色，花被筒较直，花被片 6，先端内弯具 1 簇白毛；雄蕊 6；柱头 3 裂。浆果蓝黑色，具 7 ～ 9 粒种子。花期 5 ～ 6 月，果期 7 ～ 9 月。

分布与生境 分布于我国东北、华北、西北、华东、华中地区，亚洲及欧洲温带地区的国家都有分布。生于山坡、林缘、林下、河岸、沟渠边及灌木丛中。

用途 根茎具有养阴润燥、生津止渴的功能，用于热病口燥咽干、干咳少痰、心烦心悸、糖尿病等。根茎含淀粉，可食用或酿酒。可用于园林绿化，供观赏。

花

植株

果

352 五叶黄精

Polygonatum acuminatifolium Kom.
百合科 Liliaceae
黄精属 *Polygonatum*

别名 五叶玉竹

形态特征 多年生草本，高 20 ～ 30 厘米。根状茎细圆柱形，直径 3 ～ 4 毫米。叶互生，具 4 ～ 5 叶，椭圆形至矩圆状椭圆形，长 7 ～ 9 厘米，柄长 5 ～ 15 毫米。花序具 2 ～ 3 花，总花梗单生于叶腋，中部以上具一膜质的微小苞片；花被白绿色，花被片 6，筒内花丝贴生部分具短绵毛；雄蕊 6，花丝扁，具乳头状突起至具短绵毛，顶端有时膨大呈囊状。浆果熟时蓝黑色。花期 5 ～ 6月，果期 7 ～ 9 月。

分布与生境 分布于我国东北地区，俄罗斯也有分布。生于林下。

用途 根茎入药，有养阴润燥、生津养胃的功能，主治肺胃阴伤、燥热咳嗽、舌干口渴、咽干口燥、干咳少痰、心烦、心悸。春季幼苗可食。

花

植株

353 | 小玉竹

Polygonatum humile Fisch. ex Maxim.
百合科 Liliaceae
黄精属 *Polygonatum*

别名 山苞米

形态特征 多年生草本，高 15～50 厘米。根状茎细圆柱形，直径 2～5 毫米。茎直立，有棱角。叶互生，7～14 枚，椭圆形、长椭圆形或卵状椭圆形，长 4～9 厘米，先端尖至略钝，下面具短糙毛。花序通常仅具 1 花，花梗显著向下弯曲；花被白色，顶端带绿色，筒状，花被片先端 6 浅裂；花丝两侧稍扁；子房长约 4 毫米。浆果蓝黑色，有 5～6 颗种子。花期 5～6 月，果期 7～9 月。

分布与生境 分布于我国东北、华北地区，俄罗斯、朝鲜、日本也有分布。生于林下、林缘、山坡、草地。

用途 根状茎入药，常混入"玉竹"内应用，主治热病伤阴、口燥咽干、干咳少痰、心烦、心悸、糖尿病、跌打损伤等症。幼苗可食。

植株

花

花

植株

354 | 二苞黄精

Polygonatum involucratum
(Franch. et Sav.) Maxim.
百合科 Liliaceae
黄精属 *Polygonatum*

别名 黄精、包叶黄精

形态特征 多年生草本，高20～40厘米。根状茎细圆柱形，直径3～5毫米。茎圆柱形，具条棱，光滑。叶4～7枚，互生，叶片卵形、卵状椭圆形至矩圆状椭圆形，长5～10厘米，宽2.5～6厘米，下部的具短柄，上部的近无柄。花序具2花，总花梗单生于叶腋，顶端具2枚叶状苞片；苞片宿存，具多脉；花被绿白色至淡黄绿色；花丝向上略弯，两侧扁，具乳头状突起；花柱等长于或稍伸出花被之外。浆果蓝黑色。花期5～6月，果期8～9月。

分布与生境 分布于我国东北、华北地区，俄罗斯、朝鲜、日本也有分布。生于林下或阴湿山坡。

用途 根茎入药，有养阴润燥、生津止渴的功能，主治热病伤津、心烦口渴、肺燥咳嗽、消渴病、心脏病。幼苗可食。

355 | 藜芦

Veratrum nigrum L.
百合科 Liliaceae
藜芦属 *Veratrum*

别名 黑藜芦、山葱、旱葱

形态特征 多年生草本，高可达 1 米，粗壮。茎直立，基部的鞘枯死后残留为有网眼的黑色纤维网。叶互生，4～5 枚，椭圆形、宽卵状椭圆形或卵状披针形，大小常有较大变化，通常长 22～25 厘米，宽约 10 厘米，薄草质，两面无毛。圆锥花序密生黑紫色花；侧生总状花序近直立伸展，通常具雄花；顶生总状花序常较侧生花序长 2 倍以上，几乎全部着生两性花；总轴和枝轴密生白色绵状毛；小苞片披针形，边缘和背面有毛；花被片开展或在两性花中略反折，先端钝或浑圆，基部略收狭，全缘。蒴果卵形，成熟时 3 裂。种子多数，具翅。花期 7～8 月，果期 8～9 月。

分布与生境 分布于我国东北、华北、西北、华东、华中、华南地区，亚洲北部及欧洲中部国家也有分布。生于山坡林下、草丛中。

用途 根状茎或全草入药，有涌吐风痰、杀虫毒的功能，主治中风痰壅、癫痫、疟疾、黄疸、头痛等症；外用治疥癣。有毒，内服宜慎。全草有毒，误食后严重者可致死亡。

花序

植株

花

356 | 穿龙薯蓣

Dioscorea nipponica Makino
薯蓣科 Dioscoreaceae
薯蓣属 *Dioscorea*

别名　穿山龙、穿龙骨、串地龙

形态特征　多年生缠绕草质藤本。根状茎横生，圆柱形，多分枝，栓皮层显著剥离。茎左旋，近无毛。单叶互生，叶柄长 10～20 厘米；叶片掌状心形，变化较大，边缘为不等大的三角状浅裂、中裂或深裂，顶端叶片小，近于全缘，叶表面黄绿色，无毛或有稀疏的白色细柔毛，尤以脉上较密。雌雄异株；雄花序为腋生的穗状花序；雌花序穗状，雌蕊柱头 3 裂，裂片再 2 裂。蒴果成熟后枯黄色，三棱形，顶端凹入，每棱翅状。种子每室 2 枚，有时仅 1 枚发育，四周有不等的薄膜状翅，上方呈长方形。花期 6～8 月，果期 8～10 月。

分布与生境　分布于我国东北、西北、华东、华中地区，俄罗斯、朝鲜、日本也有分布。生于林下或林缘灌丛中。

果实

用途　根茎入药，有舒筋活络、止咳化痰、祛风止痛的功能，主治腰腿疼痛、筋骨麻木、跌打损伤、闪腰、咳嗽喘息等症。根茎含淀粉，可酿酒。幼苗可食。

植株

357 | 雨久花

Monochoria korsakowii Regel et Maack
雨久花科 Pontederiaceae
雨久花属 *Monochoria*

别名 浮蔷

形态特征 一年生水生草本高 30～50 厘米，全株光滑无毛。根状茎粗壮，具柔软须根。茎直立，基部有时带紫红色。叶基生和茎生；基生叶宽卵状心形，长 4～10 厘米，宽 3～8 厘米，顶端急尖或渐尖，基部心形，全缘；叶柄长达 30 厘米；茎生叶叶柄渐短，基部增大成鞘，抱茎。总状花序顶生，有时再聚成圆锥花序；花被片椭圆形，蓝色。蒴果长卵圆形。种子长圆形，有纵棱。花期 7～8 月，果期 9～10 月。

分布与生境 分布于我国东北、华北、华中及华东地区，俄罗斯、朝鲜、日本也有分布。生于稻田、池塘、沟渠、湖沼靠岸的浅水处。

用途 全株可作为水池中观赏植物。可作为家禽、家畜饲料。药用有清热解毒、祛湿、定喘、消肿的功能，主治高热咳喘、小儿丹毒。

花

植株

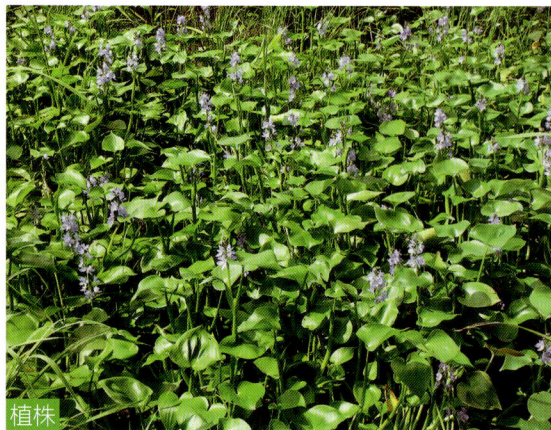
植株

358 | 鸭舌草

Monochoria vaginalis (Burm. f.) Presl
雨久花科 Pontederiaceae
雨久花属 *Monochoria*

别名 水玉簪、肥菜、鸭嘴菜

形态特征 一年生水生草本，高 10～35 厘米。茎直立或斜上，全株光滑无毛。叶基生和茎生；叶片形状和大小变化较大，由心状宽卵形、长卵形至披针形，长 2～7 厘米，宽 0.8～5 厘米，具弧状脉；叶柄长 10～20 厘米，基部扩大成开裂的鞘。总状花序从叶柄中部抽出；花序在花期直立，果期下弯；花通常 3～5 朵，蓝色。种子椭圆形，灰褐色。花期 8～9 月，果期 9～10 月。

分布与生境 分布于我国南北各地，日本、马来西亚、菲律宾、印度、尼泊尔、不丹也有分布。生于稻田、池塘、沟渠、湖沼靠岸的浅水处。

用途 嫩茎和叶可作蔬食，也可作猪、兔及家禽的饲料。全草入药，有清热、凉血、利尿、解毒的功能，主治感冒高热、肺热咳喘、百日咳、咯血、吐血、崩漏、尿血、热淋、痢疾、肠炎、肠痛、丹毒、疮肿、咽喉肿痛、牙龈肿痛、毒蛇咬伤、毒菇中毒。

花序

植株

359 马蔺

Iris lactea Pall. var. *chinensis* (Fisch.) Koidz.
鸢尾科 Iridaceae
鸢尾属 *Iris*

别名 紫蓝草、箭秆风、马莲

形态特征 多年生密丛草本。根状茎粗壮，木质，外包有大量致密的红紫色折断的老叶残留叶鞘及毛发状的纤维。须根粗而长。叶基生，条形或狭剑形，长约50厘米，宽4～6毫米，顶端渐尖，基部鞘状，带红紫色。花茎光滑，高3～10厘米；苞片3～5枚，绿色，边缘白色，内包含有2～4朵花；花浅蓝色、蓝色或蓝紫色，花被上有较深色的条纹；花被管短，外花被顶端钝或急尖，爪部楔形，内花被裂片爪部狭楔形。蒴果长椭圆状柱形，长4～6厘米，有6条明显的肋，顶端有短喙。种子为不规则的多面体，棕褐色。花期5～6月，果期6～9月。

分布与生境 分布于我国东北、华北、西北地区，俄罗斯、朝鲜、印度也有分布。生于林缘、路旁草地、山坡灌丛、河边。

用途 马蔺习性耐盐碱、耐践踏，根系发达，可用于水土保持和改良盐碱土。叶在冬季可作牛、羊、骆驼的饲料，并可供造纸及编织用。根的木质部坚韧而细长，可制刷子。全草入药，有清热解毒、利尿通淋、活血消肿的功能，主治喉痹、淋浊、关节痛、痈疽恶疮、金疮；花和种子入药，马蔺种子中含有马蔺子甲素，可作口服避孕药。

果实

植株

花

花序

360 | 扁茎灯心草

Juncus compressus Jacq.
灯心草科 Juncaceae
灯心草属 *Juncus*

别名 细灯心草

形态特征 多年生草本，簇生，高约 25 ～ 70 厘米。根状茎粗壮横走，褐色，具黄褐色须根。茎直立，圆柱形或稍扁。叶基生和茎生；基生叶 2 ～ 3 枚，叶片线形，长 3 ～ 15 厘米，宽 0.5 ～ 1 毫米；茎生叶 1 ～ 2 枚，叶片线形，扁平，长 10 ～ 15 厘米；叶鞘松弛抱茎，叶耳圆形。顶生复聚伞花序；叶状总苞片通常 1 枚，线形，常超出花序；从总苞叶腋中发出多个花序分枝，长短不一；花单生，彼此分离；小苞片 2 枚；花被片 6，外轮者稍长于内轮；雄蕊 6 枚；柱头 3 分叉。蒴果卵球形，超出花被，具短尖头，成熟时褐色、光亮。种子斜卵形，成熟时褐色。花期 5 ～ 7 月，果期 6 ～ 8 月。

分布与生境 分布于我国东北、华北、西北、华东及西南地区，俄罗斯、朝鲜、日本及欧洲各国也有分布。生于河岸、塘边、田埂上、沼泽及草原湿地。

用途 可用于水边湿地绿化。

植株

果实

361 | 灯心草

Juncus effuses L.
灯心草科 Juncaceae
灯心草属 *Juncus*

别名 灯心、灯草

形态特征 多年生草本，高 40～100 厘米。根状茎粗壮、横走，具黄褐色稍粗的须根。茎丛生，直立，圆柱形，具纵条纹，茎内充满白色的髓心。叶全部为低出叶，呈鞘状或鳞片状，包围在茎的基部，长 1～22 厘米，基部红褐色至黑褐色；叶片退化为刺芒状。聚伞花序假侧生，含多花，排列紧密或疏散；总苞片圆柱形，生于顶端，似茎的延伸，直立，长 5～28 厘米，顶端尖锐；小苞片 2 枚，膜质，顶端尖；花淡绿色；雄蕊 3 枚；柱头 3 分叉。蒴果长圆形或卵形，顶端钝或微凹，黄褐色。种子卵状长圆形，黄褐色。花期 6～7 月，果期 8～10 月。

分布与生境 分布于我国东北、华北、西北、华东、华中及西南地区。全世界温暖地区均有分布。生于水边、湿地、林下沟旁。

用途 茎皮纤维可作编织和造纸原料，也可作为人造棉的良好纺织原料。茎内白色髓心除供点灯和烛心用外，入药有利尿、清凉、镇静作用，主治淋病、水肿、小便不利、心烦不寐、小儿夜啼；外用敷金疮。

植株

果实

362 | 鸭跖草

Commelina communis L.
鸭跖草科 Commelinaceae
鸭跖草属 *Commelina*

花

别名 三夹子菜、竹节菜

形态特征 一年生披散草本。茎匍匐生根，多分枝，下部无毛，上部被短毛。叶披针形至卵状披针形，长3～9厘米，宽1.5～2厘米。总苞片佛焰苞状，与叶对生，折叠状，展开后为心形，顶端短急尖，基部心形，边缘常有硬毛。聚伞花序，下面一枝仅有花1朵，具长8毫米的梗，不孕，上面一枝具花3～4朵，具短梗，几乎不伸出佛焰苞；萼片膜质，内面2枚常靠近或合生；花瓣深蓝色，内面2枚具爪。蒴果椭圆形，2室，2片裂，有种子4颗。种子棕黄色，一端平截、腹面平，有不规则窝孔。花期6～9月，果期8～10月。

分布与生境 分布于我国东北、华北、西北、华中、华南、西南地区，俄罗斯、朝鲜、日本、越南及北美洲各国也有分布。生于稍湿草地、溪流边、湿地、林荫路旁等处。

用途 全草药用，能清热解毒、利水消肿，主治水肿、脚气、小便不利、感冒、丹毒、腮腺炎、黄疸型肝炎、热痢、疟疾等症。嫩茎叶为春季野菜。茎叶适口性好，营养价值高，可作饲料。

植株

363 | 水竹叶

Murdannia triquetra (Wall.) Bruckn.
鸭跖草科 Commelinaceae
水竹叶属 *Murdannia*

别名 疣草、肉草、细竹叶高草

形态特征 多年生草本。根状茎长而横走，具叶鞘。茎肉质，下部匍匐，节上生根，上部上升。叶无柄；叶片竹叶形，平展或稍折叠，长 2～6 厘米，宽 5～8 毫米，顶端渐尖而头钝。花序通常仅有单朵花，顶生并兼腋生，花序梗中部有一个条状的苞片，有时苞片腋中生一朵花；萼片绿色，浅舟状；花瓣粉红色，紫红色或蓝紫色。蒴果卵圆状三棱形，两端钝或短急尖。种子短柱状，不扁，红灰色。花期 7～9 月，果期 8～10 月。

分布与生境 分布于我国东北、华北、西北、华中、华南、西南地区，朝鲜、日本、印度、越南、老挝、柬埔寨也有分布。生于湿地、水田或沟渠。

用途 本种是南方相当普遍的稻田杂草。蛋白质含量颇高，可作饲料。幼嫩茎叶可供食用。全草药用，有清热解毒、利尿消肿之效，亦可治蛇虫咬伤。

植株

花序

364 | 看麦娘

Alopecurus aequalis Sobol.
禾本科 Gramineae
看麦娘属 *Alopecurus*

别名 褐蕊看麦娘、山高粱

形态特征 一年生草本，高 15 ～ 40 厘米。秆少数丛生，细瘦，光滑，节处常膝曲。叶鞘光滑，短于节间；叶舌膜质，长 2 ～ 5 毫米；叶片扁平，长 3 ～ 10 厘米，宽 2 ～ 6 毫米。圆锥花序圆柱状，灰绿色；小穗长 2 ～ 3 毫米；颖膜质，基部互相连合，具 3 脉，脊上有细纤毛，侧脉下部有短毛；外稃膜质，先端钝，等大或稍长于颖，下部边缘互相连合，芒长 1.5 ～ 3.5 毫米，隐藏或稍外露。颖果长约 1 毫米。花果期 4 ～ 8 月。

分布与生境 分布于我国大部分省区，欧洲、亚洲、北美洲各国也有分布。生于田边、湿地、水边潮湿处。

用途 本种为优良牧草，可作饲料。全草入药，有利湿消肿、解毒的功能，主治水肿、水痘；外用治小儿腹泻、消化不良。

植株 花序

365 | 荩草

Arthraxon hispidus (Thunb.) Makino
禾本科 Gramineae
荩草属 *Arthraxon*

别名 绿竹、马草

形态特征 一年生草本，高 30～50 厘米。秆细弱，无毛，基部倾斜，具多节，常分枝，基部节着地易生根。叶鞘短于节间，生短硬疣毛；叶舌膜质，长 0.5～1 毫米，边缘具纤毛；叶片卵状披针形，长 2～4 厘米，宽 0.8～1.5 厘米，下部边缘生疣基毛。总状花序细弱，2～10 枚呈指状排列或簇生于秆顶；小穗孪生，一有柄，一无柄；有柄小穗退化仅剩 0.2～1 毫米的针状刺柄；无柄小穗卵状披针形，呈两侧压扁，灰绿色或带紫色；第一颖草质，边缘膜质，包住第二颖 2/3，脉上粗糙至生疣基硬毛；第二颖近膜质，与第一颖等长；第二外稃与第一外稃等长，透明膜质，近基部伸出一膝曲的芒，芒长 6～9 毫米。颖果长圆形，与稃体等长。

分布与生境 分布于我国南北各地，世界温暖地区国家广泛分布。生于山坡、草地、湿地、阴湿处。

用途 本种为优良牧草，可作饲料。全草入药，有止咳定喘、杀虫解毒功能，主治哮喘、咳嗽、蛔虫病。

植株

花序

植株

366 | 菵草

Beckmannia syzigachne (Steud.) Fern.
禾本科 Gramineae
菵草属 *Beckmannia*

别名 菵米、水稗子

形态特征 一年生草本，高15～90厘米。秆直立，具2～4节。叶鞘无毛，多长于节间；叶舌透明膜质，长3～8毫米；叶片扁平，长5～20厘米，宽3～10毫米，粗糙或下面平滑。圆锥花序，分枝稀疏，直立或斜升；小穗扁平，圆形，灰绿色；颖草质，背部灰绿色，具淡色的横纹；外稃具5脉，常具伸出颖外之短尖头。颖果黄褐色，长圆形，先端具丛生短毛。花果期4～10月。

分布与生境 分布于我国南北各地，广布于世界各地。生于水边湿地及河岸上。

用途 可作饲料。全草入药，有清热、利肠胃、益气的功能，主治感冒发热、食滞胃肠、身体乏力。

花

植株

367 | 拂子茅

Calamagrostis epigeios (L.) Roth
禾本科 Gramineae
拂子茅属 *Calamagrostis*

别名 拂子草、狼尾巴草

形态特征 多年生草本，高 45～100 厘米。具根状茎。秆直立，平滑无毛或花序下稍粗糙。叶鞘平滑或稍粗糙，短于或基部者长于节间；叶舌膜质，长 5～9 毫米，先端易破裂；叶片长 15～27 厘米，宽 4～10 毫米，扁平或边缘内卷。圆锥花序紧密，圆筒形；小穗淡绿色或带淡紫色；两颖近等长或第二颖微短，具 1 脉；第二颖具 3 脉；外稃顶端具 2 齿，基盘的柔毛与颖近等长，芒自稃体背中部附近伸出，细直，长 2～3 毫米；内稃顶端细齿裂。花果期 7～9 月。

分布与生境 分布于我国南北各地，欧洲、亚洲、北美洲温带地区国家都有分布。生于湿草地、林缘、沟渠边、湿地。

用途 可作牧草。可作为固岸护坡的水土保持植物。全草入药，有催产助生的功能，主治难产及产后止血。

花

植株

花序

368 | 假苇拂子茅

Calamagrostis pseudophragmites (Hall. f.) Koel.
禾本科 Gramineae
拂子茅属 *Calamagrostis*

别名 大叶章、假苇拂子草

形态特征 多年生草本，高 40～100 厘米。秆直立。叶鞘平滑无毛，或稍粗糙，短于节间，有时在下部者长于节间；叶舌膜质，长 4～9 毫米，顶端钝而易破碎；叶片长 10～30 厘米，宽 2～7 毫米，扁平或内卷，上面及边缘粗糙，下面平滑。圆锥花序长圆状披针形，疏松开展；小穗草黄色或紫色；第一颖较长，具 1 脉；第二颖具 1 脉或第二颖具 3 脉；外稃透明膜质具 3 脉，芒自顶端或稍下伸出，细直，细弱，长 1～3 毫米，基盘的柔毛等长或稍短于小穗；内稃长为外稃的1/3～2/3。花果期 7～9 月。

分布与生境 分布于我国东北、华北、西南、西北地区，欧洲及亚洲的温带地区国家也有分布。生于山坡草地、路旁湿地及阴湿处。

用途 可作牧草。可作为固岸护坡的水土保持植物。

植株

花

花序

369 | 虎尾草

Chloris virgata Sw.
禾本科 Gramineae
虎尾草属 *Chloris*

别名 棒锤草、刷子头、刷帚草

形态特征 一年生草本，高 20～60 厘米。秆直立或基部膝曲，光滑无毛。叶鞘背部具脊，包卷松弛，无毛；叶舌长约 1 毫米，无毛或具纤毛；叶片线形，长 3～25 厘米，宽 3～6 毫米，两面无毛或边缘及上面粗糙。穗状花序 5 至 10 余枚，指状着生于秆顶，常直立而并拢成毛刷状，成熟时常带紫色；颖膜质，1 脉；第一颖长约 1.8 毫米；第二颖等长或略短于小穗，中脉延伸成长小尖头；第一小花两性，外稃两侧压扁，顶端尖或有时具 2 微齿，芒自背部顶端稍下方伸出；内稃略短于外稃，具 2 脊，脊上被微毛，基盘具长约 0.5 毫米的毛；第二小花不孕，仅存外稃，顶端截平或略凹，芒长 4～8 毫米，自背部边缘稍下方伸出。颖果纺锤形，淡黄色，光滑无毛而半透明。花果期 6～10 月。

分布与生境 分布于我国各地，广布于世界温带及热带国家。生于路边、草地、河岸沙地。

用途 可作牧草。全草入药，有清热除湿、杀虫、止痒的功能。

植株

花序

370 | 毛马唐

Digitaria ciliaris (Retz.) Koeler var. *chrysoblephara* (Fig. et De Not.) R. R. Stewart

禾本科 Gramineae

马唐属 *Digitaria*

别名 俭草

形态特征 一年生草本，高 10 ～ 60 厘米。秆基部倾卧，着土后节易生根，具分枝。叶鞘多短于其节间，常具柔毛；叶舌膜质，长 1 ～ 2 毫米；叶片线状披针形，长 5 ～ 20 厘米，宽 3 ～ 10 毫米。总状花序 4 ～ 10 枚，呈指状排列于秆顶；小穗披针形，孪生于穗轴一侧；第一颖小，三角形；第二颖披针形，具 3 脉，脉间及边缘生柔毛；第一外稃等长于小穗，具 7 脉，间脉与边脉间具柔毛及疣基刚毛，成熟后，两种毛均平展张开；第二外稃淡绿色，等长于小穗。花果期 6 ～ 10 月。

分布与生境 分布于我国南北各地，世界温带、热带的国家也广泛分布。生于草地、田地、路旁。

用途 可作牧草。本种为果园及旱田的主要杂草。

花序

植株

花

371 | 止血马唐

Digitaria ischaemum (Schreb.) Schreb. ex Muhl.
禾本科 Gramineae
马唐属 *Digitaria*

别名 叉子草、马唐

形态特征 一年生草本，高 20～40 厘米。秆直立或基部倾斜，下部常有毛。叶鞘具脊，无毛或疏生柔毛；叶舌长 0.5～1 毫米；叶片扁平，线状披针形，长 5～12 厘米，宽 4～8 毫米，多少生长柔毛。总状花序；小穗 2～3 枚着生于各节；第一颖不存在；第二颖具 3～5 脉，等长或稍短于小穗；第一外稃具 5～7 脉，与小穗等长，脉间及边缘具细柱状棒毛与柔毛；第二外稃成熟后紫褐色，有光泽。谷粒成熟后黑褐色。花果期 7～11 月。

分布与生境 分布于我国大部分省区，欧洲、亚洲、北美洲各国也有分布。生于河边、田野。

用途 本种为优良的牧草，可作饲料。全草入药，有凉血、止血的功能，主治出血。本种为果园及旱田的杂草。

植株

花序

372 | 马唐

Digitaria sanguinalis (L.) Scop.
禾本科 Gramineae
马唐属 *Digitaria*

别名 鸡爪草、指草

形态特征 一年生草本，高 30 ～ 80 厘米。秆直立或下部倾斜，膝曲上升，无毛或节生柔毛。叶鞘短于节间，无毛或散生疣基柔毛；叶舌长 1 ～ 3 毫米；叶片线状披针形，长 5 ～ 15 厘米，宽 4 ～ 12 毫米，具柔毛或无毛。总状花序 4 ～ 12 枚成指状着生于主轴上；小穗椭圆状披针形；第一颖小，短三角形，无脉；第二颖具 3 脉，披针形，长为小穗的 1/2 左右，脉间及边缘大多具柔毛；第一外稃等长于小穗，具 7 脉，脉间及边缘生柔毛；第二外稃近革质，灰绿色，等长于第一外稃。颖果与小穗近等长。花果期 6 ～ 10 月。

分布与生境 分布于我国各地，世界温带及亚热带国家也广泛分布。生于路旁、荒地、田地。

用途 为优良牧草。全草入药，有明目、润肺的功能，主治目暗不明、肺热咳嗽。本种是危害农田、果园的杂草。

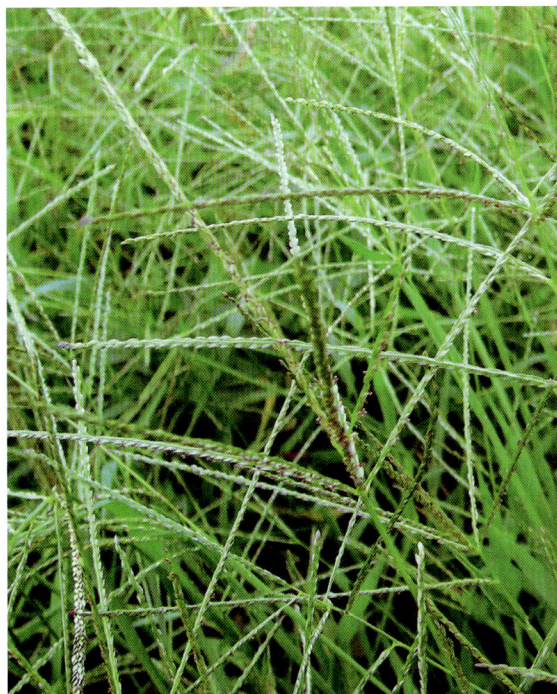

植株

植株

373 长芒稗

Echinochloa caudata Roshev.
禾本科 Gramineae
稗属 *Echinochloa*

别名 长芒野稗

形态特征 一年生草本，高 1～2 米。秆光滑无毛。叶鞘无毛；叶舌缺；叶片线形，长 10～40 厘米，宽 1～2 厘米，两面无毛。圆锥花序稍下垂，长 10～25 厘米，宽 1.5～4 厘米；主轴具棱，疏被疣基长毛；小穗卵状椭圆形，常带紫色，脉上具硬刺毛，有时疏生疣基毛；第一颖三角形，长为小穗的 1/3～2/5，具 3 脉；第二颖与小穗等长，顶端具小尖头，具 5 脉；第一外稃顶端具长芒，具 5 脉；第二外稃革质，光亮，边缘包着同质的内稃。花果期 7～10 月。

分布与生境 分布于我国大部分省区，俄罗斯、朝鲜、日本也有分布。生于湿地、沟渠水边湿地、田边。

用途 可作饲料。

植株

花序

374 | 稗

Echinochloa crusgalli (L.) Beauv.
禾本科 Gramineae
稗属 *Echinochloa*

别名 稗子、野稗

形态特征 一年生草本，高50～150厘米。秆光滑无毛，基部倾斜或膝曲。叶鞘疏松裹秆，平滑无毛，下部者长于而上部者短于节间；叶舌缺；叶片扁平，线形，长10～40厘米，宽5～20毫米，无毛。圆锥花序直立；小穗卵形，脉上密被疣基刺毛，具短柄或近无柄，密集在穗轴的一侧；第一颖三角形，长为小穗的1/3～1/2，具3～5脉；第二颖与小穗等长，先端渐尖或具小尖头，具5脉，脉上具疣基毛；外稃上部具7脉，顶端具芒，内稃薄膜质，具2脊；第二外稃椭圆形，平滑，光亮，成熟后变硬，顶端具小尖头，尖头上有一圈细毛。花果期7～10月。

分布与生境 分布于我国南北各地，世界温暖地区的国家广泛分布。生于湿地、水稻田、沟渠边。

用途 可作饲料。种子含淀粉，可酿酒、制麦芽糖。种子入药，有益气健脾、止血的功能，主治泄泻、金疮及外伤出血。

植株　花序

375 | 无芒稗

Echinochloa crusgalli (L.) Beauv. var.
mitis (Pursh) Peterm.
禾本科 Gramineae
稗属 *Echinochloa*

别名 无芒野稗、稗子

形态特征 一年生草本，高 50～120 厘米。秆直立，粗壮；叶片长 20～30 厘米，宽 6～12 毫米。圆锥花序直立，长 10～20 厘米，分枝斜上举而开展，常再分枝；小穗卵状椭圆形，长约 3 毫米，无芒或具极短芒，芒长常不超过 0.5 毫米，脉上被疣基硬毛。花果期 7～10 月。

分布与生境 分布于我国东北、华北、西北、华东、西南及华南各地，世界温暖带地区的国家广泛分布。生于湿地、水稻田、沟渠边。

用途 可作饲料。种子含淀粉，可酿酒、制麦芽糖。

植株 花序

376 | 牛筋草

Eleusine indica (L.) Gaertn.
禾本科 Gramineae
穆属 *Eleusine*

别名 蟋蟀草

形态特征 一年生草本，高 10 ～ 50 厘米。根系极发达。秆丛生，基部倾斜。叶鞘两侧压扁而具脊，松弛，无毛或疏生疣毛；叶舌长约 1 毫米；叶片平展，线形，长 10 ～ 15 厘米，宽 3 ～ 5 毫米，无毛或上面被疣基柔毛。穗状花序 2 ～ 8 个指状着生于秆顶；小穗孪生；颖披针形，具脊；第一颖长 1.5 ～ 2 毫米；第二颖长 2 ～ 3 毫米；第一外稃长 3 ～ 4 毫米，具脊，脊上有狭翼；内稃短于外稃，具 2 脊，脊上具狭翼。颖果卵形，基部下凹。花果期 8 ～ 10 月。

分布与生境 分布于我国南北各地，广布于全世界温带和热带地区的各国。生于荒地、路旁、田地。

用途 全株可作饲料，又为优良保土植物。全草入药，有清热、利湿的功能，主治黄疸、小儿惊风、痢疾、淋病、小便不利。

植株

花序

植株

377 | 纤毛披碱草

Elymus ciliaris (Trin. ex Bunge) Tzvelev
禾本科 Gramineae
披碱草属 *Elymus*

别名　纤毛鹅观草、北鹅观草

形态特征　多年生草本，高 40～80 厘米。秆单生或成疏丛，直立，基部节常膝曲，平滑无毛，常被白粉。叶鞘无毛；叶片扁平，长 10～20 厘米，宽 3～10 毫米，两面均无毛。穗状花序直立或多少下垂；颖先端常具短尖头，两侧或 1 侧常具齿，边缘与边脉上具有纤毛；第一颖长 7～8 毫米；第二颖长 8～9 毫米；外稃边缘具长而硬的纤毛，上部具有明显的 5 脉；第一外稃长 8～9 毫米，顶端延伸成粗糙反曲的芒，长 10～30 毫米；内稃长为外稃的 2/3，脊的上部具少许短小纤毛。颖果顶部有毛茸。花果期 5～7 月。

分布与生境　分布于我国南北各地，俄罗斯、朝鲜、日本也有分布。生于路旁、潮湿草地或山坡。

用途　本种为优良牧草，可作饲料。

植株

果穗

果实

378 柯孟披碱草

Elymus kamoji (Ohwi) S. L. Chen
禾本科 Gramineae
披碱草属 *Elymus*

别名 鹅观草

形态特征 多年生草本，高达 1 米。秆直立或基部倾斜。叶鞘外侧边缘常具纤毛；叶片扁平，长 5 ~ 40 厘米，宽 3 ~ 13 毫米。穗状花序，弯曲或下垂；小穗绿色或带紫色；颖先端锐尖至具短芒，边缘为宽膜质；第一颖长 4 ~ 6 毫米；第二颖长 5 ~ 9 毫米；外稃具有较宽的膜质边缘；第一外稃先端延伸成芒，芒粗糙，劲直或上部稍有曲折；内稃约与外稃等长，脊显著具翼，翼缘具有细小纤毛。颖果先端有毛茸。花果期 5 ~ 7 月。

分布与生境 几乎遍布于我国各地，朝鲜、日本也有分布。生于山坡或草地、路旁、河岸。

用途 可作优良牧草。

植株 果实

379 | 大画眉草

Eragrostis cilianensis (All.) Link. ex
Vignolo-Lutati
禾本科 Gramineae
画眉草属 *Eragrostis*

植株 花

别名 星星草

形态特征 一年生草本，高 20～90 厘米。秆粗壮，直立丛生，基部常膝曲，具 3～5 个节，节下有一圈明显的腺体。叶鞘疏松裹茎，鞘口具长柔毛；叶舌为一圈成束的短毛，长约 0.5 毫米；叶片线形扁平，伸展，长 6～20 厘米，宽 2～6 毫米，无毛。圆锥花序长圆形或尖塔形；小枝和小穗柄上均有腺体；小穗墨绿色带淡绿色或黄褐色；颖近等长，长约 2 毫米；外稃呈广卵形，先端钝；内稃宿存，稍短于外稃，脊上具短纤毛。颖果近圆形。花果期 7～10 月。

分布与生境 分布于我国南北各地，广布于世界热带和温带地区的国家。生于荒草地、路旁。

用途 可作青饲料或晒制牧草。全草入药，有清热解毒、利尿的功能，主治脓包疮、膀胱结石、肾结石、肾炎。

植株

花

380 | 小画眉草

Eragrostis minor Host
禾本科 Gramineae
画眉草属 *Eragrostis*

别名 蚊蚊草

形态特征 一年生草本，高15～40厘米。秆纤细，丛生，膝曲上升。叶鞘较节间短，鞘口有长毛；叶舌为一圈长柔毛；叶片线形，平展或卷缩，长3～15厘米，宽2～4毫米。圆锥花序开展而疏松；小穗长圆形，绿色或深绿色；颖锐尖，具1脉，脉上有腺点；第一外稃长约2毫米，具3脉；内稃长约1.6毫米，弯曲，脊上有纤毛，宿存。颖果红褐色，近球形。花果期7～9月。

分布与生境 分布于我国南北各地，世界温暖地区国家广泛分布。生于草地、路旁、荒野。

用途 可作青饲料或晒制牧草。

381 | 多秆画眉草

Eragrostis multicaulis Steud.
禾本科 Gramineae
画眉草属 *Eragrostis*

别名 复秆画眉草

形态特征 一年生草本，高约 30 厘米。秆丛生，直立或斜上升。叶鞘光滑，鞘口无毛；叶舌为一圈纤毛，长约 0.5 毫米；叶片扁平或卷缩，长 6～20 厘米，宽 2～3 毫米，无毛。圆锥花序开展或紧缩，分枝腋间无毛；小穗具柄，暗绿色或带紫色；颖为膜质，不等长，无脉或具 1 脉；第一外稃先端尖，具 3 脉；内稃稍作弓形弯曲，脊上有纤毛。颖果长圆形。花果期 6～9 月。

分布与生境 分布于我国东北、华北、华东、华南地区，日本也有分布。生于路边、山坡草地。

用途 可作饲料。

植株

花

382 | 野黍

Eriochloa villosa (Thunb.) Kunth
禾本科 Gramineae
野黍属 *Eriochloa*

植株

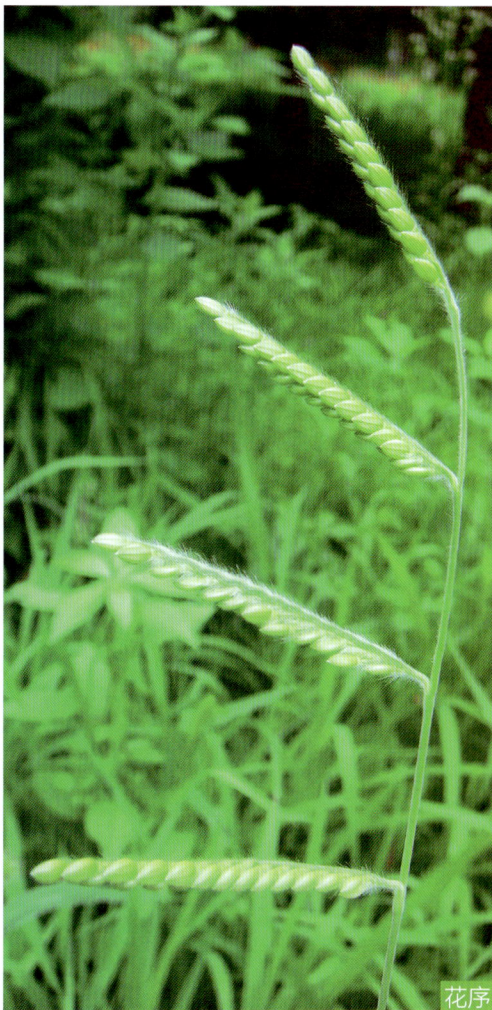
花序

别名 拉拉草、唤猪草

形态特征 一年生草本，高 30～100 厘米。秆直立，基部分枝，稍倾斜。叶鞘无毛或被毛或鞘缘一侧被毛，节具髭毛；叶舌具长约 1 毫米纤毛；叶片扁平，长 5～25 厘米，宽 5～15 毫米。圆锥花序由 4～8 枚总状花序组成；总状花序密生柔毛，常排列于主轴的一侧；小穗卵状椭圆形；第一颖微小，短于或长于基盘；第二颖与第一外稃皆为膜质，等长于小穗，均被细毛；第二外稃革质，稍短于小穗。颖果卵圆形。花果期 7～10 月。

分布与生境 分布于我国东北、华北、华东、华中、西南、华南各地，日本、印度也有分布。生于旷野、山坡及潮湿处。

用途 可作饲料。谷粒含淀粉，可食用及酿酒。

383 牛鞭草

Hemarthria altissima (Poir.) Stapf et C. E. Hubb.

禾本科 Gramineae
牛鞭草属 *Hemarthria*

别名 脱节草

形态特征 多年生草本，高达1米。具长而横走的根茎。秆直立，一侧有槽。叶鞘边缘膜质，鞘口具纤毛；叶舌膜质，白色，长约0.5毫米，上缘撕裂状；叶片线形，长15～20厘米，宽4～6毫米，两面无毛。总状花序单生或簇生；无柄小穗卵状披针形；第一颖革质，等长于小穗；第二颖厚纸质，贴生于总状花序轴凹穴中；第一小花仅存膜质外稃；第二小花两性，外稃膜质，无芒。花果期7～10月。

分布与生境 分布于我国东北、华北、华东、华中、华南、西南地区，俄罗斯、朝鲜、日本及非洲北部、欧洲地中海沿岸各国也有分布。生于河滩地、水沟、田边。

用途 可作饲料。可作为河岸边水土保持植物。

植株　花序

384 | 芒颖大麦草

Hordeum jubatum L.
禾本科 Gramineae
大麦属 *Hordeum*

别名 芒麦草

形态特征 多年生草本，高 30～50 厘米。秆丛生，直立或基部稍倾斜，平滑无毛。叶鞘下部者长于而中部以上者短于节间；叶舌干膜质、截平，长约 0.5 毫米；叶片扁平，长 6～12 厘米，宽 1.5～3.5 毫米。穗状花序柔软，绿色或稍带紫色；三联小穗具柄，两颖为长 5～6 厘米弯软细芒状，小花退化为芒状，稀为雄性；中间无柄小穗的颖长 4.5～6.5 厘米，细而弯；外稃披针形，具 5 脉，先端具长达 7 厘米的细芒；内稃与外稃等长。花果期 5～8 月。

分布与生境 原产于北美洲及欧亚大陆的寒温带，分布于我国东北地区，可能为逸生。生于路旁、田野、水边湿地。

用途 用于绿化，供观赏。

植株

植株

花序

385 | 白茅

Imperata cylindrica (L.) Beauv.
禾本科 Gramineae
白茅属 *Imperata*

别名 白茅草

形态特征 多年生草本，高 30～80 厘米。具粗壮的长根状茎。秆直立，具 1～3 节，节无毛。叶鞘聚集于秆基，老后破碎呈纤维状；叶舌膜质，长约 2 毫米；分蘖叶片长约 20 厘米，宽约 8 毫米，扁平，质地较薄；秆生叶片长 1～3 厘米，窄线形，通常内卷，顶端渐尖呈刺状，质硬，被有白粉。圆锥花序稠密，长 20 厘米，银白色；两颖草质及边缘膜质，近相等，具 5～9 脉，常具纤毛；第一外稃卵状披针形，透明膜质，无脉；第二外稃与其内稃近相等，顶端具齿裂及纤毛。颖果椭圆形，长约 1 毫米。花果期 5～7 月。

分布与生境 分布于我国东北、华北、西北地区，俄罗斯、朝鲜、日本及非洲北部、西亚、中亚各国也有分布。生于山坡、路旁、河岸草地、沟渠岸坡。

用途 根供药用，有凉血止血、清热利尿的功能，主治血热吐血、衄血、咯血、尿血、小便不利、水肿、热病烦渴、黄疸、肺热咳嗽等症。嫩茎叶可作饲料。

植株

花序

386 | 蓉草

Leersia oryzoides (L.) Swartz.
禾本科 Gramineae
假稻属 *Leersia*

别名 稻李氏禾、稻状游草

形态特征 多年生草本，高达1米。具根状茎。秆下部倾卧，节上有毛。叶鞘被倒生刺毛；叶舌膜质，顶端截平；叶片长10～30厘米，宽6～10毫米，线状披针形，两面与边缘具小刺状粗糙。圆锥花序疏展，分枝常弯曲；小穗含1花，两侧压扁；外稃散生糙毛，脊具刺状纤毛；内稃具3脉，脊上生刺毛；雄蕊3枚。花果期7～9月。

分布与生境 分布于我国东北各地及新疆、湖南，亚洲、欧洲和非洲、美洲温带与亚热带地区各国均有分布。生于湿地。

用途 茎秆可作造纸原料。可作饲料。种子含淀粉，可酿酒。

果实

植株

植株

387 | 羊草

Leymus chinensis (Trin.) Tzvel.
禾本科 Gramineae
赖草属 *Leymus*

别名 碱草

形态特征 多年生草本，高 40～90 厘米。具下伸或横走根茎。须根具沙套。秆散生，直立。叶鞘光滑，基部残留叶鞘呈纤维状；叶舌截平，顶具裂齿，长 0.5～1 毫米；叶片长 7～18 厘米，宽 3～6 毫米，扁平或内卷。穗状花序直立；穗轴边缘具细小睫毛；小穗粉绿色，成熟时变黄色；颖锥状，等于或短于第一小花，不覆盖第一外稃的基部；外稃顶端渐尖或形成芒状小尖头，背部具不明显的 5 脉，基盘光滑；内稃与外稃等长，先端常微 2 裂。花果期 6～8 月。

分布与生境 分布于我国东北、华北、西北地区，俄罗斯、朝鲜、日本也有分布。生于草地、盐碱地、沙质地、河岸、路旁。

用途 为优良的牧草和饲料。根入药，有清热、止血、利尿的功能。

植株

果实

388 | 荻

Miscanthus sacchariflorus (Maxim.) Hackel
禾本科 Gramineae
芒属 *Miscanthus*

植株

别名 芒草、红毛公、巴茅

形态特征 多年生草本，高 1～2 米。具发达被鳞片的长匍匐根状茎，节处生有粗根与幼芽。秆直立，节生柔毛。叶鞘无毛，长于或上部者稍短于其节间；叶舌短，长 0.5～1 毫米，具纤毛；叶片扁平，宽线形，长 20～50 厘米，宽 5～18 毫米，上面基部密生柔毛，中脉白色，粗壮。圆锥花序疏展成伞房状，主轴无毛，具 10～20 枚较细弱的分枝；小穗线状披针形，成熟后带褐色；第一颖 2 脊间具 1 脉或无脉；第二颖与第一颖近等长；第一外稃稍短于颖；第二外稃短于颖片的 1/4；第二内稃长约为外稃的一半。花果期 8～10 月。

分布与生境 分布于我国东北、华北、西北、华南地区，朝鲜、日本也有分布。生于山坡草地、河岸湿地。

用途 本种为优良的防沙护坡植物。茎叶可作造纸原料。全草入药，有清热活血的功能，主治妇女干血痨、潮热、产妇失血口渴、牙痛等症。

花序

茎

389 | 糠稷

Panicum bisulcatum Thunb.
禾本科 Gramineae
黍属 *Panicum*

别名 糠稷、糖黍

形态特征 一年生草本，高 0.5～1 米。秆纤细，较坚硬，直立或基部伏地，节上可生根。叶鞘松弛，边缘被纤毛；叶舌膜质，长约 0.5 毫米，顶端具纤毛；叶片质薄，狭披针形，长 5～20 厘米，宽 3～15 毫米。圆锥花序，分枝斜举或平展；小穗绿色或有时带紫色；第一颖长约为小穗的 1/2，具 1～3 脉；第二颖与第一外稃同形并且等长，具 5 脉；第一内稃缺；第二外稃椭圆形，成熟时黑褐色。花果期 9～10 月。

分布与生境 分布于我国东北、华北、华东、华南地区，俄罗斯、朝鲜、日本也有分布。生于荒野潮湿处、池塘及沟渠的岸边。

用途 可作饲料。种子含淀粉，可酿酒。

植株

果实

390 | 稷

Panicum miliaceum L.
禾本科 Gramineae
黍属 *Panicum*

别名 黍、糜、糜子

形态特征 一年生栽培草本，高 40～120 厘米。秆粗壮，直立，单生或少数丛生，节密被髭毛，节下被疣基毛。叶鞘松弛，被疣基毛；叶舌膜质，长约 1 毫米；叶片线形或线状披针形，长 10～30 厘米，宽 5～20 毫米，两面具疣基的长柔毛或无毛。圆锥花序开展或较紧密，成熟时下垂；颖纸质，无毛；第一颖长约为小穗的 1/2～2/3；第二颖与小穗等长；第一小花中性，第一外稃形似第二颖，具 11～13 脉；内稃透明膜质，顶端微凹或深 2 裂；第二小花长约 3 毫米，成熟后因品种不同，而有黄、乳白、褐、红和黑等色；第二外稃平滑，具 7 脉，内稃具 2 脉。花果期 7～10 月。

分布与生境 我国东北、华北、华东等地区均有栽培，常逸出为野生。

用途 谷类作物，用于食用或酿酒。种子入药，有益气补中、除烦止渴、解毒的功能，主治烦渴、泻痢、呃逆、咳嗽、胃痛、小儿鹅口疮、疮痈、烫伤。

植株

茎

植株

391 | 狼尾草

Pennisetum alopecuroides (L.) Spreng.
禾本科 Gramineae
狼尾草属 *Pennisetum*

别名　狗尾巴草、芮草、狼茅

形态特征　多年生草本，高30～120厘米。须根粗而硬。秆直立，丛生，在花序下密生柔毛。叶鞘光滑，两侧压扁，基部彼此跨生；叶舌具长约2.5毫米纤毛；叶片线形，长10～80厘米，宽3～8毫米。圆锥花序直立，长5～25厘米，主轴密生柔毛；刚毛粗糙，淡绿色或紫色；小穗通常单生，成熟后常黑紫色；第一颖微小或缺；第二颖先端短尖，具3～5脉，长约为小穗的1/3～2/3；第一小花中性，外稃与小穗等长。颖果长圆形。花果期8～10月。

分布与生境　分布于我国南北各地，亚洲、大洋洲、非洲各国均有分布。生于田边、路旁、山坡、河岸边。

用途　可作饲料。是编织或造纸的原料。常作为土法打油的油杷子。可作固堤防沙植物。可用于园林绿化，供观赏。全草入药，有明目、散血的功能，主治眼目赤痛。

花序

植株

392 | 虉草

Phalaris arundinacea L.
禾本科 Gramineae
虉草属 *Phalaris*

别名 草芦

形态特征 多年生草本，高 60～150 厘米。有根茎。秆通常单生或少数丛生。叶鞘无毛，下部者长于而上部者短于节间；叶舌薄膜质，长 2～3 毫米；叶片扁平，长 6～30 厘米，宽 1～1.8 厘米。圆锥花序紧密狭窄，长 8～15 厘米，密生小穗；小穗长 4～5 毫米，无毛或有微毛；颖沿脊上粗糙，上部有极狭的翼；孕花外稃宽披针形，长 3～4 毫米，上部有柔毛；内稃舟形，背具 1 脊；不孕外稃 2 枚，退化为线形，具柔毛。花果期 6～8 月。

分布与生境 分布于我国东北、华北、华中、华东地区，世界温带地区广泛分布。生于湿地、沟渠边。

用途 幼嫩时为牲畜喜食的优良牧草，收割或放牧以后再生力很强。秆可编织用具或造纸。可作为良好的水土保持植物。全草入药，有燥湿止带的功能，主治赤白带下、质黏气秽、外阴湿痒、舌苔黄滑而腻，脉象滑数。

花

植株

花序

393 | 梯牧草

Phleum pratense L.
禾本科 Gramineae
梯牧草属 *Phleum*

别名 猫尾草

形态特征 多年生草本，高 50～150 厘米。须根稠密，有短根茎。秆直立，基部常球状膨大并宿存枯萎叶鞘。叶鞘松弛，短于或下部者长于节间，光滑无毛；叶舌膜质，长 2～5 毫米；叶片扁平，长 10～30 厘米，宽 3～8 毫米。圆锥花序圆柱状，灰绿色，长 4～15 厘米；小穗长圆形；颖膜质，具 3 脉，脊上具硬纤毛，顶端具尖头；外稃薄膜质，具 7 脉；内稃略短于外稃。颖果长圆形。花果期 6～8 月。

分布与生境 原产于欧洲，我国一些省区引种栽培，也有逸生至荒野或路旁。

用途 本种为优良的牧草，可作饲料。

果穗

植株

花序

394 芦苇

Phragmites australis (Cav.) Trin. ex Steud.
禾本科 Gramineae
芦苇属 *Phragmites*

别名 芦、苇子

形态特征 多年生草本，高可达3米。根状茎发达，粗壮。秆直立，节下被腊粉。叶鞘下部者短于而上部者长于其节间；叶舌极短，边缘密生短纤毛；叶片披针状线形，长30厘米，宽2厘米，无毛。圆锥花序大型，长达40厘米，分枝多数，微垂头；小穗含4花；颖具3脉；第一颖长4毫米；第二颖长约7毫米；第一不孕外稃雄性；第二外稃具3脉，基盘延长，两侧密生丝状柔毛；内稃长约3毫米。颖果长约1.5毫米。花果期7～10月。

分布与生境 分布于我国南北各地，世界温带地区的国家广泛分布。生于池沼、河旁、湖边、低湿地。

用途 秆为造纸原料或作编席织帘及建棚材料。茎、叶嫩时为饲料；根状茎供药用，有清热生津、除烦止呕、利尿透疹的功能，主治热病烦渴、胃热呕吐、肺热咳嗽、肺痈热淋涩痛等症；叶、花入药，有清热辟秽、止泻、止血、解毒的功能，主治霍乱吐泻、吐血、衄血、血崩、肺痈、外伤出血、鱼蟹中毒。为固岸及固堤的优良水土保持植物。

植株

花序

果穗

395 | 假泽早熟禾

Poa pseudo-palustris Keng ex L. Liu
禾本科 Gramineae
早熟禾属 *Poa*

形态特征 多年生草本，高 20 ～ 50 厘米。秆直立，具 3 节。叶鞘短于节间，近等长于叶片；叶舌长 1.5 ～ 3 毫米；叶片长约 12 厘米，宽 2 毫米。圆锥花序疏松开展，长 6 ～ 20 厘米，每节具分枝 2 ～ 6 枚；小穗含 3 小花；颖先端尖，具 3 脉，稍带紫色；第一颖长约 3.2 毫米；第二颖长 3.5 ～ 4 毫米；外稃先端尖，绿色，先端下方呈紫色，基盘具丰富绵毛；第一外稃长 3.5 ～ 4 毫米；内稃稍短。颖果长约 1.5 毫米。花果期 7 ～ 8 月。

分布与生境 分布于我国东北三省及内蒙古，俄罗斯也有分布。生于山坡草地、林缘、湿草地。

用途 可用作饲料。

植株

花序

花序

植株

396 | 金色狗尾草

Setaria glauca (L.) Beauv.
禾本科 Gramineae
狗尾草属 *Setaria*

别名 狗尾巴草

形态特征 一年生草本，高20～90厘米。秆直立或基部倾斜膝曲，光滑无毛。叶鞘光滑无毛；叶舌退化为一圈长约1毫米的纤毛；叶片线状披针形或狭披针形，长5～40厘米，宽2～10毫米，上面粗糙，下面光滑，近基部疏生长柔毛。圆锥花序紧密呈圆柱状或狭圆锥状，长3～17厘米，直立，主轴具短细柔毛，刚毛金黄色或稍带褐色；在小穗簇中仅具一个发育的小穗；第一颖长为小穗的1/3～1/2，先端尖，具3脉；第二颖长为小穗的1/2～2/3，具5～7脉；第一外稃与小穗等长或微短，具5脉；第二外稃革质，等长于第一外稃。花果期6～10月。

分布与生境 分布于我国南北各地，欧亚大陆的温暖地带广泛分布。生于林边、荒野、路旁、田地。

用途 为田间杂草。可作牧草，秆、叶可作牲畜饲料。

397 | 大狗尾草

Setaria faberii Herrm.
禾本科 Gramineae
狗尾草属 *Setaria*

别名 法氏狗尾草、狗尾巴草

形态特征 一年生草本，高 50～120 厘米。秆直立或基部膝曲，粗壮而高大，具支柱根，光滑无毛。叶鞘松弛；叶舌具密集的长 1～2 毫米的纤毛；叶片线状披针形，长 10～40 厘米，宽 5～20 毫米。圆锥花序紧缩呈圆柱状，长 5～24 厘米，通常垂头，主轴具较密长柔毛；小穗椭圆形，刚毛通常绿色，粗糙；第一颖长为小穗的 1/3～1/2，顶端尖，具 3 脉；第二颖长为小穗的 3/4 或稍短于小穗，具 5～7 脉；第一外稃与小穗等长，具 5 脉，其内稃膜质；第二外稃与第一外稃等长，具细横皱纹；花柱基部分离；颖果椭圆形，顶端尖。花果期 7～10 月。

分布与生境 分布于我国东北、华北、华东、华南地区，日本也有分布。生于荒地、田间、路旁。

用途 秆、叶可作牲畜饲料。全草入药，有清热、消疳、杀虫止痒的功能，主治发热、疳积。

植株

花序

398 | 狗尾草

Setaria viridis (L.) Beauv.
禾本科 Gramineae
狗尾草属 *Setaria*

别名 谷莠子、莠、狗尾巴草

形态特征 一年生草本，高 10～100 厘米。根为须状。秆直立或基部膝曲。叶鞘松弛，无毛或疏具柔毛或疣毛；叶舌极短，边缘有长 1～2 毫米的纤毛；叶片扁平，长三角状狭披针形或线状披针形，长 4～30 厘米，宽 2～18 毫米，通常无毛或疏被疣毛。圆锥花序紧密呈圆柱状或基部稍疏离，直立或稍弯垂，主轴被较长柔毛，刚毛通常绿色或褐黄色到紫红色或紫色；小穗铅绿色；第一颖长约为小穗的 1/3，具 3 脉；第二颖几与小穗等长，具 5～7 脉；第一外稃与小穗第长，具 5～7 脉，其内稃短小狭窄；第二外稃边缘内卷。颖果灰白色。花果期 5～10 月。

分布与生境 分布于我国南北各地，世界各地广泛分布。生于荒野、路旁、田间。

用途 本种为常见农田杂草。秆、叶可作饲料。茎叶入药，有除热、祛湿、消肿的功能，主治痈肿、疮癣、赤眼。全草加水煮沸 20 分钟后，滤出液可喷杀菜虫。小穗可提炼糠醛。

植株　花序

399 | 菰

Zizania latifolia (Griseb.) Stapf
禾本科 Gramineae
菰属 *Zizania*

别名 茭白、茭笋

形态特征 多年生草本，高 1～2 米。具匍匐根状茎。秆高大直立，基部节上生不定根。叶鞘长于其节间，肥厚，有小横脉；叶舌膜质，长约 1.5 厘米；叶片扁平宽大，长 50～90 厘米，宽 15～30 毫米；圆锥花序长 30～50 厘米；雄小穗两侧压扁，带紫色，外稃具 5 脉，顶端具小尖头，内稃具 3 脉；雌小穗圆筒形，外稃 5 脉，芒长 20～30 毫米，内稃具 3 脉。颖果圆柱形。花果期 7～9 月。

分布与生境 分布于我国各地，俄罗斯、日本及欧洲各国也有分布。生于湖泊、池沼、沟渠中。

用途 菰的秆基嫩茎被真菌（*Ustilago edulis*）寄生后，粗大肥嫩，称茭白，是美味的蔬菜，也可入药，有清热除烦、止渴、通乳、利大小便的功能，主治热病烦渴、酒精中毒、大小便不利、乳汁不通。颖果称菰米，可作饭食用，有营养保健价值，具有清热除烦、生津止渴的功能，主治心烦口渴、大便不通、小便不利。根入药，主治消渴、烫伤。全草为优良的饲料。本种是固堤造陆的先锋植物。

植株

植株

花

400 | 菖蒲

Acorus calamus L.
天南星科 Araceae
菖蒲属 *Acorus*

别名 臭蒲、泥菖蒲、溪菖蒲

形态特征 多年生草本，高0.5～1.2米。根茎横走，稍扁，外皮黄褐色，芳香，肉质根多数，具毛发状须根。叶基生，2列，中下部叶鞘套褶，叶片剑状线形，长90～100厘米，基部宽，对褶，中部以上渐狭，草质，绿色，光亮。花序柄三棱形；叶状佛焰苞剑状线形；肉穗花序斜向上或近直立，狭锥状圆柱形；花黄绿色。浆果长圆形，成熟时红色。花期5～6月，果期6～7月。

分布与生境 分布于我国南北各地，世界温带及亚热带地区均有分布。生于浅水池塘、水沟旁、沼泽湿地、水边。

用途 根茎入药，味辛、苦，性温，能开窍化痰、辟秽杀虫，主治痰涎壅闭、神志不清、慢性气管炎、痢疾、肠炎、腹胀腹痛、食欲不振、风寒湿痹；外用敷疮疥。兽医用全草治牛膨胀病、肚胀病、百叶胃病、胀胆病、发疯狂、泻血痢、炭疽病、伤寒等。根状茎含挥发油，可作为化妆品、香精等香料。茎、叶纤维可作为人造棉和造纸的原料。园林上常用于水边湿地绿化。

植株

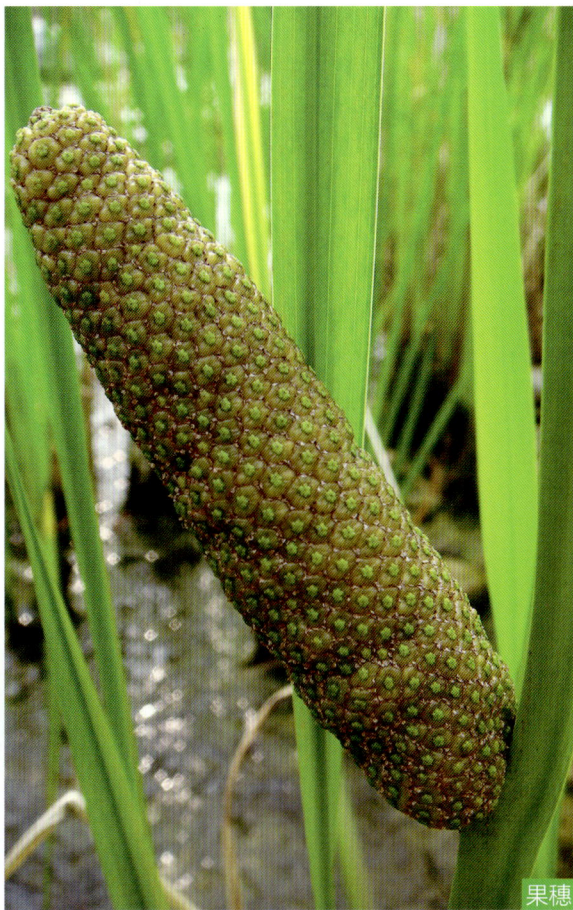
果穗

401 | 半夏

Pinellia ternata (Thunb.) Breit.
天南星科 Araceae
半夏属 *Pinellia*

别名 三叶半夏、生半夏、土半夏

形态特征 多年生草本，高 15～30 厘米。块茎圆球形，直径 1～2 厘米，具须根。叶 2～5 枚，有时 1 枚；叶柄基部具鞘，鞘以上内侧有珠芽；幼苗叶片卵状心形至戟形，为全缘单叶；老株叶片 3 全裂，长圆状椭圆形或披针形，两头锐尖，全缘或具不明显的浅波状圆齿。佛焰苞绿色或绿白色；檐部长圆形，绿色，有时边缘青紫色。肉穗花序；雌花序长 2 厘米，雄花序长 5～7 毫米；附属器绿色变青紫色。浆果卵圆形，黄绿色。花期 6～7 月，果期 7～8 月。

分布与生境 我国除内蒙古、新疆、青海、西藏尚未发现野生的外，各地广布，朝鲜、日本也有分布。生于草坡、荒地、旱田地、田边或疏林下。

用途 为旱地中的杂草。块茎入药，有毒，能燥湿化痰、降逆止呕、消痞散结，生用可消疖肿，主治咳嗽痰多、恶心呕吐、胸膈胀满、头晕不眠；外用治急性乳腺炎、急慢性化脓性中耳炎。兽医用以治锁喉癀。

植株

植株

402 | 浮萍

Lemna minor L.
浮萍科 Lemnaceae
浮萍属 *Lemna*

植株

别名 青萍、田萍、浮萍草、水浮萍、水萍草

形态特征 飘浮小型草本植物。叶状体对称，近圆形、倒卵形或倒卵状椭圆形，全缘，长 1.5～5 毫米，宽 2～3 毫米，不明显脉纹 3；背面垂生丝状根 1 条，根白色，长 3～4 厘米；通常于叶状体两侧由无性芽发育生成新叶状体，并逐渐脱离母体。花小，单性，雌雄同株。种子具凸出的胚乳，并具 12～15 条纵肋。花期 7～8 月，果期 7～9 月。

分布与生境 分布于我国南北各地，遍布世界各地。生于水田、池沼或其他静水中。

用途 为良好的猪饲料、鸭饲料；也是草鱼的饵料。全草入药，能发汗、利水、透疹、消肿毒，治风湿脚气、风疹热毒、衄血、水肿、小便不利、斑疹不透、感冒发热无汗。

植株

403 | 紫萍

Spirodela polyrrhiza (L.) Schleid.
浮萍科 Lemnaceae
紫萍属 *Spirodela*

别名 水萍、田萍、水萍草、浮萍、紫背浮萍

形态特征 多年生漂浮于水面的小草本。叶状体扁平，阔倒卵形，长5～8毫米，宽4～6毫米，先端钝圆，表面绿色，背面紫色，具掌状脉5～11条；背面中央生5～11条根，根长3～5厘米，白绿色；根基附近的一侧囊内形成圆形新芽，萌发后，幼小叶状体渐从囊内浮出，由一细弱的柄与母体相连。花单性，雌雄同株，具短小膜质佛焰苞，内有肉穗花序，有2个雄花和1个雌花。果实圆形，边缘具翅。花期7～8月，果期7～9月。

分布与生境 分布于我国南北各地，几乎遍布世界各地。生于水田、池沼、湖泊边缘、沟渠等静水中。

用途 全草入药，有发汗、利尿的功效，治感冒发热无汗、斑疹不透、水肿、小便不利、皮肤湿热。可作猪饲料，鸭也喜食，为放养草鱼的良好饵料。

植株

植株

植株

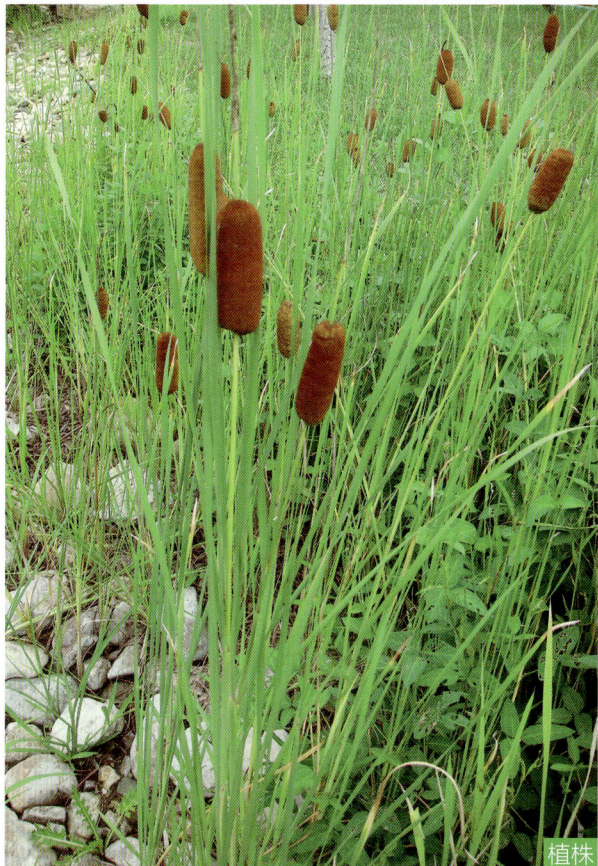

植株

404 | 达香蒲

Typha davidiana (Kronf.) Hand. - Mazz.
香蒲科 Typhaceae
香蒲属 *Typha*

别名 蒙古香蒲、蒲草

形态特征 多年生水生或沼生草本，高约 1 米。根状茎粗壮。叶片长 60 ～ 70 厘米，宽约 3 ～ 5 毫米。雌雄花序远离；雄花序在上，比雌花序长约 1 ～ 3 倍，穗轴光滑，基部具 1 枚叶状苞片，花后与花先后脱落；雌性花序在下，叶状苞片比叶宽，花后脱落。果实长 1.3 ～ 1.5 毫米，披针形，具棕褐色条纹，果柄不等长。种子纺锤形，长约 1.2 毫米，黄褐色，微弯。花期 6 月，果期 7 ～ 8 月。

分布与生境 分布于我国东北三省及内蒙古，亚洲北部各国均有分布。生于水旁、河湖淤积水低地、沼泽。

用途 可用于岸边固坡护土。花粉入药，即蒲黄，有化瘀止血、利水通淋的功能，主治吐血、衄血、咯血、崩漏、外伤出血、闭经、痛经、脘腹刺痛、跌扑肿痛、血淋涩痛、高脂血症、慢性非特异性结肠炎。

果穗

405 | 宽叶香蒲

Typha latifolia L.
香蒲科 Typhaceae
香蒲属 *Typha*

别名 蒲草

形态特征 多年生水生或沼生草本，高达 2 米以上。根状茎乳黄色，先端白色。叶条形，叶片长 45～95 厘米，宽 0.5～2 厘米，光滑无毛；叶鞘抱茎。雌雄花序紧密相接；雄花序在上，叶状苞片 1～3 枚，花后脱落；雌花序在下，成熟果穗暗棕色；雌花无小苞片。小坚果披针形，长 1～1.2 毫米，褐色，果皮通常无斑点。种子褐色，椭圆形，长不足 1 毫米。花期 5～6 月，果期 7～9 月。

分布与生境 分布于我国东北、华北、西北、西南地区，俄罗斯、日本、巴基斯坦及欧洲、大洋洲、亚洲其他国家均有分布。生于水旁、河湖淤积水低地、沼泽。

用途 本种经济价值较高。花粉即蒲黄，入药。叶片用于编织、造纸等。幼叶基部和根状茎先端可作蔬食；雌花序可作枕芯和坐垫的填充物，是重要的水生经济植物之一。另外，本种叶片挺拔，花序粗壮，常用于花卉观赏。

果穗

植株

植株

406 | 香蒲

Typha orientalis Presl.
香蒲科 Typhaceae
香蒲属 *Typha*

别名 东方香蒲

形态特征 多年生沼生或水生草本，高约2～2.5米。根状茎粗壮，灰褐色。地上茎粗壮，向上渐细。叶片条形，长1.3～1.5米，宽6～10毫米，光滑无毛，上部扁平，下部腹面微凹，背面逐渐隆起呈凸形，横切面呈半圆形，细胞间隙大，海绵状；叶鞘松软，平行脉明显。雌雄花序紧密相连；雄花序在上，自基部向上具1～3枚叶状苞片，花后脱落；雌花序在下，基部具1枚叶状苞片，花后脱落；雄花通常由3枚雄蕊组成，有时2枚，或4枚雄蕊合生；孕性雌花柱头匙形，外弯；不孕雌花子房近于圆锥形，不发育柱头宿存。小坚果椭圆形至长椭圆形；果皮具长形褐色斑点。种子褐色，微弯。花期7月，果期8～9月。

分布与生境 分布于我国东北、华北、华东、西南地区，俄罗斯、朝鲜、日本、菲律宾也有分布。生于水旁、河湖淤积水低地、沼泽。

用途 本种经济价值较高，用途同宽叶香蒲。

植株

果穗

407 | 青绿薹草

Carex breviculmis R. Br.
莎草科 Cyperaceae
薹草属 *Carex*

别名 青菅

形态特征 多年生草本，高8～40厘米。根状茎短。秆丛生，纤细，三棱形，基部叶鞘淡褐色，撕裂成纤维状。叶短于秆，宽2～5毫米。苞片最下部的叶状，长于花序，具短鞘，其余的刚毛状，近无鞘。小穗2～5个，上部的接近，下部的远离，顶生小穗雄性，近无柄，紧靠近其下面的雌小穗；侧生小穗雌性；雄花鳞片倒卵状长圆形，顶端渐尖，具短尖，膜质，黄白色，背面中间绿色；雌花鳞片长圆形，倒卵状长圆形，先端截形或圆形，膜质，苍白色，背面中间绿色，具3条脉，向顶端延伸成长芒，芒长2～3.5毫米。果囊近等长于鳞片，膜质，淡绿色，上部密被短柔毛，具短柄，顶端急缩成圆锥状的短喙，喙口微凹。小坚果紧包于果囊中，卵形，长约1.8毫米，栗色，顶端缢缩成环盘。花柱基部膨大成圆锥状，柱头3个。花果期3～6月。

分布与生境 分布于我国东北、华北、西北、西南、华南地区，俄罗斯、朝鲜、日本、印度、缅甸也有分布。生于山坡草地、路边、山谷沟边。

用途 可用于花坛、草坪绿化。

果穗

植株

408 | 弓喙薹草

Carex capricornis Meinsh.
ex Maxim.
莎草科 Cyperaceae
薹草属 *Carex*

果穗

植株

别名 弓嘴薹草、羊角薹草

形态特征 多年生草本，高30～70厘米。根状茎短。秆丛生，粗壮，三棱形。叶长于秆或稍短于秆，宽3～8毫米，上面具短的横隔节，具鞘。苞片叶状，长于小穗，通常无鞘。小穗3～5个，密集于秆的上端，有时最下面一个稍远离，顶生小穗为雄小穗，通常不超过邻近雌小穗或有时稍高出一些，棍棒形或线状圆柱形，长2～3厘米；侧生小穗为雌小穗；雄花鳞片披针形，长约5毫米，顶端渐尖成较短的芒，淡锈色，具3条脉；雌花鳞片长圆形，长4～5毫米，顶端渐尖成芒，芒几与鳞片等长，中间具3条脉，淡绿色，两侧淡褐色。果囊斜展或极叉开，长于鳞片，扁三棱形，长6～8毫米，厚膜质，淡黄绿色，无毛，顶端渐狭成长喙，喙具两长齿，齿向两侧外弯。小坚果疏松地包于果囊内，椭圆形，三棱形，长1～1.5毫米，深褐色。花柱细长，多次弯曲，柱头3个。花果期6～8月。

分布与生境 分布于我国东北、华北、华东地区，俄罗斯、朝鲜、日本也有分布。生于水边及沼泽边湿地。

用途 常用于人工湿地及水边湿地绿化。可作饲料及造纸的原料。

409 | 寸草

Carex duriuscula C. A. Mey.
莎草科 Cyperaceae
薹草属 *Carex*

别名 卵穗薹草

形态特征 多年生草本,高5～20厘米。根状茎细长、匍匐。秆纤细,平滑,基部叶鞘灰褐色,细裂成纤维状。叶短于秆,宽1～1.5毫米,内卷。苞片鳞片状。穗状花序卵形或球形;小穗3～6个,卵形,密生,长4～6毫米,雄雌顺序;雌花鳞片宽卵形或椭圆形,长3～3.2毫米,锈褐色,边缘及顶端为白色膜质,顶端锐尖,具短尖。果囊稍长于鳞片,长3～3.5毫米,平凸状,革质,锈色或黄褐色,基部有海绵状组织,顶端急缩成短喙,喙缘稍粗糙,喙口白色膜质,斜截形。小坚果稍疏松地包于果囊中,近圆形或宽椭圆形。花柱基部膨大,柱头2个。花果期5～6月。

分布与生境 分布于我国东北、西北地区,俄罗斯、蒙古、朝鲜也有分布。生于草原、山坡、路边及河岸湿地。

用途 可作水土保持植物。

植株

植株

410 | 异穗薹草

Carex heterostachya Bunge
莎草科 Cyperaceae
薹草属 *Carex*

形态特征 多年生草本，高 20 ～ 40 厘米。具根状茎，具长的地下匍匐茎。秆三棱形，基部具红褐色无叶片的鞘。叶短于秆，宽 2 ～ 3 毫米，平张，具叶鞘。苞片芒状，常短于小穗或最下面的稍长于小穗。小穗 3 ～ 4 个，常较集中生于秆的上端，间距较短，上端 1 ～ 2 个为雄小穗，长 1 ～ 3 厘米，其余为雌小穗，长 8 ～ 18 毫米；雄花鳞片卵形，长约 5 毫米，膜质，褐色，具白色透明的边缘，具 3 条脉；雌花鳞片圆卵形或卵形，长约 3.5 毫米，顶端急尖，具短尖，上端边缘有时呈啮蚀状，膜质，中间淡黄褐色，两侧褐色，边缘白色透明，具 3 条脉，中脉绿色。果囊斜展，稍长于鳞片，钝三棱形，长 3 ～ 4 毫米，革质，褐色，顶端急狭为稍宽而短的喙，喙口具两短齿。小坚果较紧地包于果囊内，宽倒卵形或宽椭圆形，三棱形，长约 2.8 毫米。柱头 3 个。花果期 4 ～ 6 月。

分布与生境 分布于我国东北、华北、华东、华中地区，朝鲜也有分布。生于山坡、草地、路旁、堤岸边坡。

用途 可用于固堤护岸，为优良的水土保持植物。

植株

花序

411 | 大披针薹草

Carex lanceolata Boott
莎草科 Cyperaceae
薹草属 *Carex*

别名 披针薹草、凸脉薹草

形态特征 多年生草本，高 10～35 厘米。根状茎粗壮，斜生。秆密丛生，纤细，扁三棱形。叶初时短于秆，后渐延伸，与秆近等长或超出，宽 1～2.5 毫米，质软。苞片佛焰苞状，苞鞘背部淡褐色，其余绿色具淡褐色线纹，腹面及鞘口边缘白色膜质，下部的在顶端具刚毛状的短苞叶，上部的呈突尖状。小穗 3～6 个，彼此疏远，顶生的 1 个雄性，侧生的 2～5 个小穗雌性；小穗柄通常不伸出苞鞘外，仅下部的 1 个稍外露；雄花鳞片长圆状披针形，长 8～8.5 毫米，顶端急尖，膜质，褐色或褐棕色，具宽的白色膜质边缘，有 1 条中脉；雌花鳞片披针形或倒卵状披针形，长 5～6 毫米，顶端急尖或渐尖，具短尖，纸质，两侧紫褐色，有宽的白色膜质边缘，中间淡绿色，有 3 条脉。果囊明显短于鳞片，钝三棱形，长约 3 毫米，淡绿色，密被短柔毛，顶具短喙，喙口截形。小坚果倒卵状椭圆形，三棱形，长 2.5～2.8 毫米，顶端具外弯的短喙。花柱基部稍增粗，柱头 3 个。花果期 4～6 月。

分布与生境 分布于我国东北、华北、西北、华东、华中地区，俄罗斯、朝鲜、蒙古、日本也有分布。生于山坡林下、林边。

用途 茎叶可作造纸原料，嫩茎叶是牲畜的饲料。

花序

果穗

花序

植株

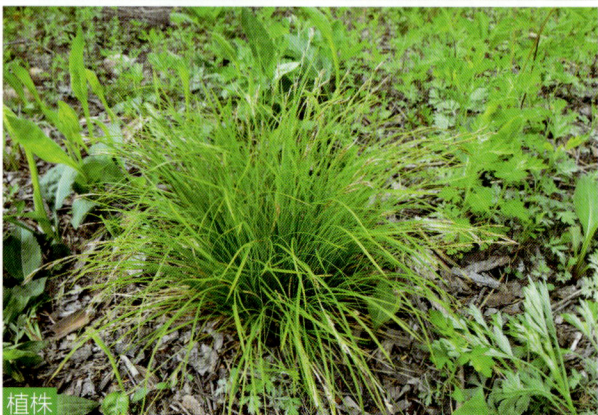
植株

412 | 尖嘴薹草

Carex leiorhyncha C. A. Mey.
莎草科 Cyperaceae
薹草属 *Carex*

别名 三棱草

形态特征 多年生草本，高 20 ～ 70 厘米。根状茎短，木质。秆丛生，三棱形，基部叶鞘锈褐色。叶短于秆，宽 3 ～ 5 毫米。苞片刚毛状，下部 1 ～ 2 枚叶状，长于小穗。小穗多数，卵形，长 5 ～ 12 毫米，雄雌顺序；雄花鳞片长圆形，先端渐尖，长 2.2 ～ 2.5 毫米，淡黄色，具锈色点线；雌花鳞片卵形，先端渐尖成芒尖，长 2.2 ～ 3 毫米，锈黄色，边缘膜质，具紫红色点线。果囊长于鳞片，披针状卵形或长圆状卵形，平凸状，长 3.5 ～ 4 毫米，膜质，淡黄色或淡绿色，先端渐狭成长喙，喙平滑，喙口 2 齿裂。小坚果疏松地包于果囊中，平凸状或微双凸状，长 1 ～ 1.2 毫米，顶端圆形，具小尖头。花柱基部不膨大，柱头 2 个。花果期 5 ～ 7 月。

分布与生境 分布于我国东北、华北、西北地区，俄罗斯、朝鲜、日本也有分布。生于湿地、山坡草地、林缘、路旁。

用途 可作牲畜的饲料。

植株

花序

417

413 | 二柱薹草

Carex lithophila Turcz.
莎草科 Cyperaceae
薹草属 *Carex*

别名　卵囊薹草

形态特征　多年生草本，高 15～60 厘米。根状茎长而匍匐，被黑褐色鳞片状鞘。秆直立，基部具无叶片的叶鞘。叶短于秆，宽 2～4 毫米，平张，稍内卷。苞片鳞片状。穗状花序圆柱形或近圆锥形，下部常间断，上部及下部小穗雌性，中部和中上部为雄性，有时小穗为雄雌顺序；小穗 10～20 个，雄小穗披针形，长 5～9 毫米；雌小穗宽卵形，长 7～10 毫米；雄花鳞片长圆形，先端渐尖，长 3.5 毫米，淡锈色；雌花鳞片卵状披针形或长圆状卵形，顶端锐尖，长约 3.5 毫米，淡锈褐色，边缘白色膜质。果囊长于鳞片，平凸状，长 3.5～4 毫米，近膜质，淡黄褐色，先端明显收缩为喙，喙直立，扁平，喙口 2 齿裂。小坚果稍松地包于果囊中，平凸状，长 1.5～1.8 毫米，淡黄褐色。花柱基部稍膨大，柱头 2 个。花果期 5～7 月。

分布与生境　分布于我国东北、华北、西北地区，俄罗斯、朝鲜、蒙古、日本也有分布。生于沼泽、河边湿地。

用途　可作为固堤护岸的水土保持植物。

花序

植株

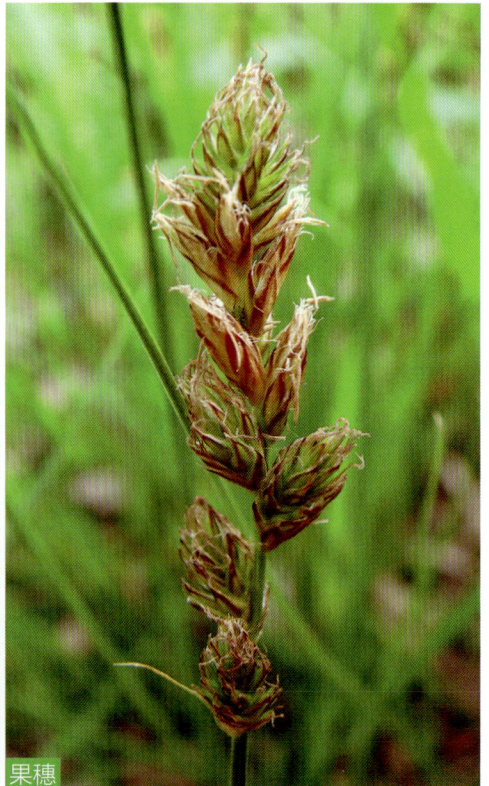
果穗

414 | 翼果薹草

Carex neurocarpa Maxim.
莎草科 Cyperaceae
薹草属 *Carex*

植株

别名 脉果薹草、头状薹草

形态特征 多年生草本,高 20～60 厘米,全株密生锈色点线。根状茎短,木质。秆丛生,扁钝三棱形,基部叶鞘无叶片,淡黄锈色。叶短于或长于秆,宽 2～3 毫米,基部具鞘,鞘腹面膜质,锈色。苞片下部的叶状,显著长于花序,无鞘,上部的刚毛状。穗状花序紧密,呈尖塔状圆柱形;小穗多数,雄雌顺序;雄花鳞片长圆形,长 2.8～3 毫米,锈黄色;雌花鳞片卵形至长圆状椭圆形,顶端具芒尖,长 2～4 毫米,锈黄色。果囊长于鳞片,长 2.5～4 毫米,稍扁,膜质,中部以上边缘具宽而微波状不整齐的翅,锈黄色,顶端急缩成喙,喙口 2 齿裂。小坚果疏松地包于果囊中,平凸状,长约 1 毫米,淡棕色,平滑,有光泽,具短柄,顶端具小尖头。花柱基部不膨大,柱头 2 个。花果期 6～8 月。

分布与生境 分布于我国东北、华北、西北地区,俄罗斯、朝鲜、日本也有分布。生于草甸、水边湿地。

用途 茎、叶可作为造纸原料。

果穗

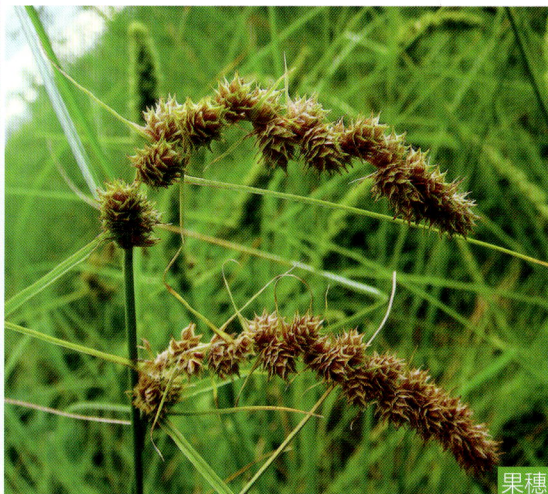
果穗

419

415 | 针叶薹草

Carex onoei Franch. et Savat.
莎草科 Cyperaceae
薹草属 *Carex*

别名 阴地针薹草

形态特征 多年生草本，高 20～40 厘米。根状茎短。秆丛生，柔软，基部叶鞘淡褐色。叶稍短于秆，宽 1～1.5 毫米，平张，柔软。小穗 1 个，顶生，宽卵形至球形，长 5～7 毫米，雄雌顺序；雄花部分不显著，具 2～3 花；雌花部分显著而占小穗的极大部分，通常具 5～6 花；雄花鳞片椭圆状卵形，长约 2.5 毫米，具 1 脉，淡棕色；雌花鳞片宽卵形，长约 2.5 毫米，膜质，中间部分色淡而具 3 脉，两侧淡棕色。果囊卵状长圆形，略成三棱形，长 2.5～3 毫米，成熟后水平开展，膜质，侧脉明显，先端急缩成短喙，喙口有 2 微齿。小坚果紧包于果囊中，三棱形，长约 2 毫米。花柱基部不膨大，宿存，柱头 3 个。花果期 5～7 月。

分布与生境 分布于我国东北、华北、西北、西南地区，俄罗斯、朝鲜、日本也有分布。生于林下、湿草地、溪边。

用途 可用以点缀花园，作观赏植物。

花序

果穗

植株

植株

植株

416 豌豆形薹草

Carex pisiformis Boott
莎草科 Cyperaceae
薹草属 *Carex*

别名 白穗薹草、白雄穗薹草、白鳞薹草

形态特征 多年生草本，高 20～50 厘米。根状茎短或具匍匐茎。秆丛生，纤细，扁三棱形，基部叶鞘淡黄褐色至锈褐色，分裂成纤维状。叶短于或长于秆，宽 1.5～3 毫米，平张。苞片下部的叶状，上部的刚毛状，短于或等长于花序，具鞘。小穗 2～4 个，远离，顶生小穗雄性，侧生小穗雌性，有的顶端具雄花；小穗柄内藏于苞鞘或稍伸出；雄花鳞片倒披针形，顶端具短尖，苍白色或苍白带淡褐色，背面中间绿色，长 4.5～6毫米；雌花鳞片倒卵形，顶端截形，苍白色或淡褐色，背面中间绿色，向顶端延伸成芒尖。果囊长于或近等长于鳞片，钝三棱形，长约 3 毫米，淡黄绿色，上部渐狭成圆锥状的喙，喙口具 2 齿。小坚果紧包于果囊中，三棱形，长约 1.5 毫米，成熟时灰黑色。柱头 3 个。花果期 5～6 月。

分布与生境 分布于我国东北、华北地区，朝鲜、日本也有分布。生于山坡草地、林下、路旁。

用途 茎、叶可作造纸原料。可用作园林绿化植物。

植株

果穗

花序

花序

417 | 锥囊薹草

Carex raddei Kukenth.
莎草科 Cyperaceae
薹草属 *Carex*

别名　河沙薹草

形态特征　多年生草本，高40～80厘米。根状茎长而粗壮。秆疏丛生，锐三棱形，平滑，基部具红褐色无叶片的鞘，老叶鞘常撕裂成纤维状和网状。叶短于秆，宽3～4毫米，平张，稍外卷，具小横隔脉。苞片下部的叶状，稍短于或近等长于花序，具稍长的鞘，上部的呈刚毛状，具很短的鞘。小穗4～6个，上面的间距较短，下面的间距稍长，顶端2～3个为雄小穗，其余为雌小穗；雄花鳞片披针形，顶端渐尖成芒，膜质，淡锈色，中间具3条脉；雌花鳞片卵状披针形或披针形，长约6～8毫米，顶端渐尖成芒，膜质，两侧淡锈色，中间具3条脉，色浅。果囊斜展，长于鳞片，稍鼓胀三棱形，长8～10毫米，革质，初时为淡绿色，成熟时麦秆黄色，顶端渐狭成短喙，喙口深裂成两齿，背面裂口较腹面深且呈半圆形，齿长约1毫米。小坚果疏松地包于果囊内，三棱形，长约3毫米。柱头3个。花果期6～7月。

分布与生境　分布于我国东北、华北地区，俄罗斯、朝鲜也有分布。生于河边沙地、田边湿地、池塘水边湿地、沼泽化草甸。

用途　茎、叶可作为造纸原料。本种为优良的固岸护坡水土保持植物。

花序

植株

植株

418 | 异型莎草

Cyperus difformis L.
莎草科 Cyperaceae
莎草属 *Cyperus*

植株

别名 球穗莎草

形态特征 一年生草本，高 10～45 厘米。根为须根。秆丛生，扁三棱形，平滑。叶短于秆，宽 2～6 毫米，平张或折合；叶鞘稍长，褐色。苞片 2～3 枚，叶状，长于花序。长侧枝聚伞花序简单，少数为复出，具 3～9 个辐射枝，不等长；头状花序球形，具极多数小穗；小穗密聚，长 2～8 毫米，宽约 1 毫米；鳞片排列稍松，膜质，长不及 1 毫米，中间淡黄色，两侧深红紫色或栗色边缘具白色透明的边；雄蕊 2；柱头 3。小坚果倒卵状椭圆形，三棱形，几与鳞片等长，淡黄色。花果期 7～10 月。

分布与生境 分布于我国东北、华北、西北、华东、华中、西南地区，俄罗斯、朝鲜、日本及非洲、北美洲各国均有分布。生于稻田或水边湿地。

用途 本种为水田及低洼潮湿的旱地杂草。

花序

419 | 头状穗莎草

Cyperus glomeratus L.
莎草科 Cyperaceae
莎草属 *Cyperus*

别名 头穗莎草、三轮草、状元花、喂香壶

形态特征 一年生草本，高 50～150 厘米。具须根。秆散生，粗壮，钝三棱形，基部稍膨大，具少数叶。叶短于秆，宽 4～8 毫米；叶鞘长，红棕色。叶状苞片 3～4 枚，较花序长；复出长侧枝聚伞花序具 3～8 个辐射枝，辐射枝不等长；穗状花序无总花梗，长 1～3 厘米，宽 6～17 毫米；小穗排列极密，长 5～10 毫米；小穗轴具白色透明的翅；鳞片排列疏松，膜质，长约 2 毫米，棕红色；雄蕊 3；柱头 3。小坚果长圆形，三棱形，长为鳞片的 1/2，灰色。花果期 6～10 月。

分布与生境 分布于我国东北、华北、西北地区，俄罗斯、朝鲜、日本也有分布。生于河岸、稻田、沼泽、路旁阴湿地。

用途 茎秆可供造纸。茎叶嫩时可作饲料。

植株

花序

小穗

420 | 碎米莎草

Cyperus iria L.
莎草科 Cyperaceae
莎草属 *Cyperus*

别名 三棱草、细三棱、三楞草

形态特征 一年生草本，高 10～50 厘米。具须根。秆丛生，扁三棱形。叶短于秆，宽 2～5 毫米，平张或折合，叶鞘红棕色或棕紫色。叶状苞片 3～5 枚，下面的 2～3 枚比花序长；长侧枝聚伞花序复出，具 4～9 个辐射枝；穗状花序卵形或长圆状卵形，具 5～22 个小穗；小穗排列松散，长 4～10 毫米，宽约 2 毫米；鳞片排列疏松，膜质，顶端微缺，具极短的短尖，不突出于鳞片的顶端，背面具龙骨状突起，绿色，两侧呈黄色或麦秆黄色，上端具白色透明的边；雄蕊 3；柱头 3。小坚果倒卵形或椭圆形，三棱形，与鳞片等长，褐色，具密的微突起细点。花果期 6～10 月。

分布与生境 分布于我国东北、华北、西北、华东、华南地区，俄罗斯、朝鲜、日本、印度、越南等国家也有分布。生于田间、山坡、路旁湿地。

用途 本种为常见的农田恶性杂草。全草入药，有祛风除湿、活血调经的功能，主治风湿筋骨疼痛、瘫痪、月经不调、闭经、痛经。

花序

植株

植株

421 | 旋鳞莎草

Cyperus michelianus (L.) Link
莎草科 Cyperaceae
莎草属 *Cyperus*

别名　白莎草、头穗薦草

形态特征　一年生草本，高 2～25 厘米。具须根。秆密丛生，扁三棱形。叶长于或短于秆，宽 1～2.5 毫米；基部叶鞘紫红色。苞片 3～6 枚，叶状，较花序长很多。长侧枝聚伞花序呈头状，具极多数密集的小穗；小穗长 3～4 毫米，宽约 1.5 毫米；鳞片螺旋状排列，膜质，长约 2 毫米，淡黄白色稍带锈色，中脉呈龙骨状突起，绿色，延伸出顶端呈一短尖；雄蕊 2；柱头 2 或 3。小坚果狭长圆形，三棱形。花果期 6～9 月。

分布与生境　分布于我国东北、华北、华中、华南地区，俄罗斯、朝鲜、印度、日本也有分布。生于河岸沙地、水边潮湿地上。

植株

花序

植株

422 | 白鳞莎草

Cyperus nipponicus Franch. et Savat.
莎草科 Cyperaceae
莎草属 *Cyperus*

别名 日本莎草

形态特征 一年生草本，高 5～25 厘米。具须根。秆密丛生，细弱，扁三棱形。叶通常短于秆或近等长，宽 1.5～2 毫米，平张或有时折合；叶鞘膜质，淡红棕色或紫褐色。苞片 3～5 枚，叶状，较花序长数倍。长侧枝聚伞花序短缩成头状，圆球形，直径 1～2 厘米，具多数密生的小穗；小穗无柄，压扁，长 3～8 毫米，宽 1.5～2 毫米；鳞片二列，稍疏的复瓦状排列，顶端锐尖，长约 2 毫米，背面沿中脉处绿色，两侧白色透明；雄蕊 2；柱头 2。小坚果长圆形，黄棕色。花果期 8～9 月。

分布与生境 分布于我国东北、华北、西北地区，俄罗斯、朝鲜、日本也有分布。生于田野、湿地、及河岸沙地。

花序

植株

423 | 三轮草

Cyperus orthostachyus Franch. et Savat.
莎草科 Cyperaceae
莎草属 *Cyperus*

别名 毛笠莎草

形态特征 一年生草本,高8～60厘米。具须根。秆扁三棱形。叶少,短于秆,宽3～5毫米,边缘具密刺;叶鞘较长,褐色。苞片多3～4枚,下面1～2枚常长于花序。长侧枝聚伞花序简单,具4～9个不等长的辐射枝;穗状花序具5～32个小穗;小穗排列稍疏松,长4～25毫米,宽1.5～2毫米;鳞片排列稍疏,膜质,背面稍呈龙骨状突起,绿色,两侧紫红色,上端具白色透明的边;雄蕊3;柱头3。小坚果倒卵形,顶端具短尖,三棱形,几与鳞片等长,棕色。花果期8～10月。

分布与生境 分布于我国东北、华北、华东、华中、西南地区,俄罗斯、朝鲜、日本也有分布。生于水边及沼泽湿地。

用途 根入药,用于治妇科病;全草入药,有祛风止痛、清热泻火的功能,主治感冒、咳嗽、疟疾。

植株　小穗

424 | 烟台飘拂草

Fimbristylis stauntoni Debeaux et Franch.
莎草科 Cyperaceae
飘拂草属 *Fimbristylis*

别名 光果飘拂草

形态特征 一年生草本，高5～40厘米。无根状茎而有须根。秆丛生，扁三棱形，具纵槽。叶短于秆，平张，宽1～2.5毫米；鞘前面膜质，鞘口斜裂，淡棕色。苞片2～3枚，叶状，稍长或稍短于花序。长侧枝聚伞花序简单或复出；小穗单生于辐射枝顶端，长3～7毫米；鳞片膜质，锈色，背面具绿色龙骨状突起，顶端具短尖；雄蕊1；柱头2～3个。花果期7～10月。

分布与生境 分布于我国东北、华北、华东、西北地区，朝鲜、日本也有分布。生于湿地、湿草地、稻田埂上。

植株 花序

425 | 具刚毛荸荠

Heleocharis valleculosa Ohwi f. *setosa*
(Ohwi) Kitag.
莎草科 Cyperaceae
荸荠属 *Heleocharis*

植株

别名 针蔺、刚毛槽秆荸荠

形态特征 多年生草本，高10～50厘米。有匍匐根状茎。秆多数或少数，单生或丛生，圆柱状，直径1～3毫米。叶缺如，在秆的基部有1～2个长叶鞘，膜质，下部紫红色，鞘口平。小穗长圆状卵形，长7～20毫米；在小穗基部有2片鳞片中空无花，其余鳞片全有花，背部淡绿色或苍白色，两侧狭，淡血红色，边缘很宽，白色，干膜质；下位刚毛4条，其长明显超过小坚果，具密的倒刺；柱头2。小坚果圆倒卵形，双凸状，长1毫米。花果期6～8月。

分布与生境 分布于我国南北各地，朝鲜、日本也有分布。生于湿地浅水中。

用途 常用于水边湿地绿化。

植株

果穗

426 | 牛毛毡

Heleocharis yokoscensis (Franch. et Savat.) Tang et Wang
莎草科 Cyperaceae
荸荠属 *Heleocharis*

别名 牛毛草

形态特征 多年生草本，高 2～15 厘米。匍匐根状茎非常细。秆多数，细如毫发，密丛生如牛毛毡。叶鳞片状；叶鞘微红色，膜质，管状，长 5～15 毫米。小穗卵形，长 3 毫米，宽 2 毫米，淡紫色；鳞片膜质，背部淡绿色，有三条脉，两侧微紫色，边缘无色；下位刚毛 1～4 条，长为小坚果两倍，有倒刺；柱头 3。小坚果狭长圆形，无棱，呈浑圆状，顶端缢缩。花果期 4～11 月。

分布与生境 分布于我国南北各地，俄罗斯、朝鲜、蒙古、日本、印度、缅甸也有分布。生于河岸湿地、水田中、沼泽。

用途 全草入药，有发散风寒、祛痰平喘、活血化瘀的功能，主治风寒感冒、支气管炎、跌打损伤。

植株

植株

植株

427 | 短叶水蜈蚣

Kyllinga brevifolia Rottb.
莎草科 Cyperaceae
水蜈蚣属 *Kyllinga*

别名 水蜈蚣、三莱草

形态特征 多年生草本，高5～20厘米。根状茎长而匍匐，外被膜质、褐色的鳞片，具多数节间，每一节上长一秆。秆成列地散生，扁三棱形，基部具4～5个圆筒状叶鞘，鞘口斜截形，上面2～3个叶鞘顶端具叶片。叶短于或稍长于秆，宽2～4毫米。叶状苞片3枚，极展开。穗状花序单个，极少2或3个；小穗压扁，长约3毫米；鳞片膜质，下面鳞片短于上面的鳞片，白色，具锈斑，背面的龙骨状突起绿色，具刺；雄蕊2；柱头2。小坚果倒卵状长圆形，扁双凸状。花果期5～9月。

分布与生境 分布于我国东北、华北、华中、华南、西南地区，俄罗斯、朝鲜、日本、印度、菲律宾、马来西亚、越南等国家也有分布。生于河岸沙地、田边草地、路旁湿草丛。

用途 全草药用，有疏风解表、清热利湿、止咳化痰、祛瘀消肿的功能，主治伤风感冒、支气管炎、百日咳、疟疾、肝炎、乳糜尿、跌打损伤和风湿性关节炎；外用治疗毒蛇咬伤、皮肤瘙痒、疖肿等症。

植株

植株

428 | 球穗扁莎

Pycreus flavidus (Retz.) T. Koyama
莎草科 Cyperaceae
扁莎属 *Pycreus*

别名 扁莎、球穗莎草

形态特征 多年生草本，高 10～50 厘米。根状茎短，具须根。秆丛生，钝三棱形，一面具沟。叶短于秆，宽 1～2 毫米；叶鞘长，下部红棕色。苞片 2～4 枚，长于花序。简单长侧枝聚伞花序具 1～6 个不等长的辐射枝；小穗密聚于辐射枝上端呈球形，辐射展开，线状长圆形或线形，极压扁，长 6～18 毫米，宽 1.5～3 毫米；鳞片稍疏松排列，膜质，长 1.5～2 毫米，背面龙骨状突起绿色，两侧黄褐色、红褐色或为暗紫红色，具白色透明的狭边；雄蕊 2；柱头 2。小坚果倒卵形，褐色或暗褐色。花果期 6～11 月。

分布与生境 分布于我国东北、华北、华东、华南、西南地区，俄罗斯、朝鲜、日本、印度、越南及非洲南部各国均有分布。生于田边、沟边等潮湿处。

用途 全草入药，有止咳、化痰的功能，主治慢性支气管炎。

植株

小穗

429 | 红鳞扁莎

Pycreus sanguinolentus (Vahl) Nees
莎草科 Cyperaceae
扁莎属 *Pycreus*

别名 红鳞扁莎草、红颖披球草

形态特征 一年生草本，高 10 ～ 40 厘米。根为须根。秆密丛生，扁三棱形。叶常短于秆，宽 2 ～ 4 毫米，边缘具白色透明的细刺。苞片 3 ～ 4 枚，叶状，长于花序。简单长侧枝聚伞花序具 3 ～ 5 个辐射枝；花序近似头状；小穗辐射展开，长 5 ～ 12 毫米，宽 2.5 ～ 3 毫米；鳞片稍疏松地覆瓦状排列，长约 2 毫米，背面中间部分黄绿色，两侧具较宽的槽，麦秆黄色或褐黄色，边缘暗血红色或暗褐红色；雄蕊 3；柱头 2。小坚果双凸状，成熟时黑色。花果期 7 ～ 12 月。

分布与生境 分布于我国东北、华北、西北、华中、华南、西南地区，俄罗斯、朝鲜、日本、越南、印度、菲律宾及非洲各国均有分布。生于田边、水边潮湿处。

用途 根入药，用于治肝炎；全草入药，有清热解毒、除湿的功能。

植株　小穗

430 | 萤蔺

Schoenoplectus juncoides (Roxb.) Palla
莎草科 Cyperaceae
水葱属 *Schoenoplectus*

花序

别名 野马蹄草、大井氏水莞

形态特征 多年生草本，高 20～40 厘米，丛生。根状茎短，具许多须根。秆稍坚挺，圆柱状，基部具 2～3 个鞘，鞘的开口处斜截形，边缘为干膜质，无叶片。苞片 1 枚，为秆的延长，直立，长 3～15 厘米。长侧枝聚伞花序聚缩为头状，有小穗 1～7 个，假侧生，卵形或长圆状卵形，长 8～17 毫米，宽 3.5～4 毫米，棕色或淡棕色；鳞片宽卵形或卵形，顶端骤缩成短尖，长 3.5～4 毫米，背面绿色，两侧棕色或具深棕色条纹；下位刚毛 5～6 条，与小坚果近等长，有倒刺；雄蕊 3；柱头 2，极少 3 个。小坚果宽倒卵形，或倒卵形，平凸状，长约 2 毫米，稍皱缩，成熟时黑褐色，具光泽。花果期 8～10 月。

分布与生境 我国除内蒙古、甘肃、西藏外，全国各地均有分布，俄罗斯、朝鲜、日本及北美洲各国也有分布。生于沼泽湿地及水边湿地。

用途 茎用于编织和造纸。全草入药，有清热解毒、凉血利尿、止渴明目的功能。

植株

431 | 扁秆藨草

Schoenoplectus planiculmis (F. Schmidt) Egorova
莎草科 Cyperaceae
水葱属 *Schoenoplectus*

别名 紧穗三棱草

形态特征 多年生草本，高40～100厘米。具匍匐根状茎和块茎。秆三棱形，基部膨大，具秆生叶。叶扁平，宽2～5毫米，具长叶鞘。叶状苞片1～3枚，常长于花序。长侧枝聚伞花序短缩成头状，或有时具少数辐射枝，通常具1～6个小穗；小穗卵形或长圆状卵形，锈褐色，长10～16毫米，宽4～8毫米；鳞片膜质，长6～8毫米，褐色或深褐色，背面具一条中肋，顶端延伸成芒；下位刚毛4～6条，上生倒刺；雄蕊3；柱头2。小坚果宽倒卵形，扁，两面稍凹。花期5～6月，果期7～9月。

分布与生境 分布于我国东北、华北、华东、西北地区，俄罗斯、朝鲜、日本也有分布。生于河岸、沼泽等湿地。

用途 茎叶可造纸、编织等用；也可作为麝鼠的饲料。块茎及根状茎含淀粉，可酿酒。块茎可代荆三棱供药用，有祛瘀通经、行气消积的功能，主治闭经、痛经、产后瘀阻腹痛、胸腹胁痛、消化不良。

果穗

植株

植株

花序

432 | 水葱

Schoenoplectus tabernaemontani
(Gmel.) Palla
莎草科 Cyperaceae
水葱属 *Schoenoplectus*

别名 水葱藨草

形态特征 多年生草本，高1～2米。匍匐根状茎粗壮，具许多须根。秆高大，圆柱状，基部具3～4个叶鞘，管状，膜质，最上面一个叶鞘具叶片。叶片线形，长1.5～11厘米。苞片1枚，为秆的延长，直立，钻状，常短于花序。长侧枝聚伞花序简单或复出，假侧生，具4～13或更多个辐射枝；小穗单生或2～3个簇生于辐射枝顶端；鳞片顶端稍凹，具短尖，膜质，长约3毫米，棕色或紫褐色，背面有铁锈色突起小点；下位刚毛6条，等长于小坚果，红棕色，有倒刺；雄蕊3；柱头2。小坚果倒卵形或椭圆形，双凸状。花果期6～9月。

分布与生境 分布于我国东北、华北、西北、华东、华中、华南地区，俄罗斯、朝鲜、日本也有分布。生于路旁湿地、及水边湿地。

用途 茎用于编织和造纸。可栽培作观赏用。全草入药，有利水消肿的功能，主治水肿胀满、小便不利。

植株

花序

433 | 三棱水葱

Schoenoplectus triqueter (L.) Palla
莎草科 Cyperaceae
水葱属 *Schoenoplectus*

别名 藨草、三棱藨草

形态特征 多年生草本，高达1米。匍匐根状茎长。秆散生，粗壮，三棱形，基部具2～3个鞘，最上一个鞘顶端具叶片。叶片扁平，长1.5～6厘米。苞片1枚，为秆的延长，三棱形，长1.5～7厘米。简单长侧枝聚繖花序假侧生，有1～8个辐射枝，每辐射枝顶端有1～8个簇生的小穗；小穗卵形或长圆形；鳞片长圆形、椭圆形，长3～4毫米，膜质，黄棕色，背面具1条中肋，延伸出顶端呈短尖；下位刚毛3～5条，几等长或稍长于小坚果，生有倒刺；雄蕊3；柱头2。小坚果倒卵形，成熟时褐色，具光泽。花果期6～9月。

分布与生境 分布于我国东北、华北、西北、西南地区，俄罗斯、朝鲜、日本及欧洲、美洲各国均有分布。生于河岸湿地及沼泽地。

用途 茎为造纸、人造纤维、编织的原料。全草入药，有开胃消食、清热利湿的功能，主治饮食积滞、胃纳不佳、呃逆饱胀、热淋、小便不利。

花序

植株

植株

[1] 中国科学院中国植物志编辑委员会. 中国植物志 [M]. 北京：科学出版社，1959-2004.

[2] 刘慎谔，等. 东北草本植物志 [M]. 北京：科学出版社，1958-2005.

[3] 李书心，等. 辽宁植物志（上册）[M]. 沈阳：辽宁科学技术出版社，1988.

[4] 李书心，等. 辽宁植物志（下册）[M]. 沈阳：辽宁科学技术出版社，1992.

[5] 傅沛云，等. 东北植物检索表 [M]. 北京：科学出版社，1995.

[6] 高松，等. 辽宁中药志（植物类）[M]. 沈阳：辽宁科学技术出版社，2010.

中文名称索引

注：粗体为正名，白体为别名。

拉丁学名索引